普通高等教育“十二五”规划教材

示范院校重点建设专业系列教材

# 钢筋混凝土主体结构施工

主　编　赵　鑫　李万渠

副主编　冯金钰　兰晓峰　赵　楠　李浩洋

主　审　于建华

## 内 容 提 要

本教材为普通高等教育"十二五"规划教材、示范院校重点建设专业建筑工程技术专业核心课程教材。全书共四个学习情境：学习情境一为混凝土结构工程施工导论，学习情境二为多层混凝土结构施工，学习情境三为高层混凝土结构施工，学习情境四为预应力混凝土构件施工。书中施工工艺中设置的各项目强调实践性、应用性。

本教材可作为高职高专建筑工程类专业的项目驱动、任务导向改革教材，也可作为建筑工程设计、施工人员及建筑爱好者的参考用书。

**图书在版编目（CIP）数据**

钢筋混凝土主体结构施工 / 赵鑫，李万渠主编. -- 北京 : 中国水利水电出版社，2016.6

普通高等教育"十二五"规划教材. 示范院校重点建设专业系列教材

ISBN 978-7-5170-4510-6

Ⅰ. ①钢… Ⅱ. ①赵… ②李… Ⅲ. ①钢筋混凝土结构-工程施工-高等学校-教材 Ⅳ. ①TU755

中国版本图书馆CIP数据核字(2016)第149246号

| | |
|---|---|
| 书　　名 | 普通高等教育"十二五"规划教材<br>示范院校重点建设专业系列教材<br>**钢筋混凝土主体结构施工** |
| 作　　者 | 主　编　赵　鑫　李万渠<br>副主编　冯金钰　兰晓峰　赵　楠　李浩洋<br>主　审　于建华 |
| 出版发行 | 中国水利水电出版社<br>（北京市海淀区玉渊潭南路1号D座　100038）<br>网址：www.waterpub.com.cn<br>E-mail：sales@waterpub.com.cn<br>电话：(010) 68367658（发行部） |
| 经　　售 | 北京科水图书销售中心（零售）<br>电话：(010) 88383994、63202643、68545874<br>全国各地新华书店和相关出版物销售网点 |
| 排　　版 | 中国水利水电出版社微机排版中心 |
| 印　　刷 | 北京纪元彩艺印刷有限公司 |
| 规　　格 | 184mm×260mm　16开本　13.5印张　320千字 |
| 版　　次 | 2016年6月第1版　2016年6月第1次印刷 |
| 印　　数 | 0001—3000册 |
| 定　　价 | **34.00**元 |

# 前言

本教材是普通高等教育“十二五”规划教材，根据全国高职高专教育土建类专业教学指导委员会制定的建筑工程技术专业人才培养方案和课程标准，严格以国家现行的建筑工程标准、规范和规程为依据编写，面对建筑工程技术专业的学生就业，充分考虑了企业和毕业生对就业岗位的需求。结合行业发展要求“宽口径、厚基础”的专业人才，培养具有“严谨、审慎、精细、诚实”的职业素养和创新意识的高素质技术技能型专门人才的定位，突出高职高专教育的特色。

本教材作为高等职业建筑工程技术专业一门重要的专业课，它所研究的内容是建筑工程施工的重要组成部分，包括钢筋工程、模板工程、混凝土工程三个工种工程，涉及钢筋工、模板工、架子工、混凝土工、砌筑工等工种。混凝土结构工程施工对保证混凝土结构的工程质量、确保建筑工程混凝土结构施工过程的施工安全起到核心作用。本教材以“实用、适用、先进”为编写原则，以主题学习单元构建学习情境，以培养学生职业能力为主线，紧密结合我国现行的建筑工程标准、规范和规程。编写过程中引入近几年的新成就、新技术、新材料、新经验和新规范，有机融入建筑行业岗位培训教材的内容，注重理论与实践相结合，突出实用性，强调与职业岗位接轨。

本教材编写团队力图打破传统学科课程模式，知识构建以职业能力发展为目标，以学习情境为核心，以学习单元及工作任务为载体，以工作过程为导向。全书共分为混凝土结构工程施工导论、多层混凝土结构施工、高层混凝土结构施工、单层装配式混凝土结构施工、预应力混凝土构件施工五个学习情境。

本教材由赵鑫主持编写并统稿，由赵鑫、李万渠担任主编，由冯金钰、兰晓峰（四川万能建筑工程有限公司）、赵楠、李浩洋担任副主编，于建华担任主审。

本教材在编写过程中参考了许多文献资料和相关施工经验，未在书中一一注明，谨此对文献作者和相关经验的创造者表示诚挚的感谢。

由于编写时间仓促和水平有限，难免存在不妥之处，诚恳地希望读者与同行批评指正。

**编者**

2015 年 10 月

# 前言

# 目录

## 学习情境四　预应力混凝土构件施工

# 学习情境一　混凝土结构工程施工导论

**【情境描述】** 通过调研混凝土结构工程施工的现状与发展趋势，了解混凝土结构工程施工的内容及发展方向。

**【任务描述】** 调研混凝土结构工程施工的现状与发展趋势。

**【能力目标】** 能参与撰写混凝土结构工程施工的现状与发展趋势调查报告并制作汇报PPT。

**【知识目标】**

（1）掌握钢筋混凝土结构的材料、构件与结构的基本概念。

（2）掌握钢筋混凝土结构工程施工的基本概念。

（3）掌握技术经济资料准备的基本知识。

（4）掌握施工现场准备的基本知识。

（5）掌握施工队伍及物资准备的基本知识。

## 学习单元一　认识混凝土结构工程施工

### 知识链接一　钢筋混凝土材料与构件

混凝土是由水泥、石子、砂和水按一定比例配合，经搅拌、捣实、养护而成的一种人造石。混凝土是脆性材料，混凝土的抗压强度高，而抗拉强度却比抗压强度比低得多，仅为抗压强度的1/10～1/20。钢筋具有良好的抗拉强度，且与混凝土有良好的黏结力，其热膨胀系数与混凝土接近。在混凝土中配置一定数量的钢筋，使之与混凝土结合成一体协同作用，大大提高了构件的承载力，就形成了钢筋混凝土。钢筋混凝土除了能合理地利用钢筋和混凝土两种材料的特性外，还有下述一些优点：

（1）在钢筋混凝土结构中，混凝土强度是随时间而不断增长的，同时，钢筋被混凝土所包裹而不致锈蚀，所以，钢筋混凝土结构的耐久性是较好的。钢筋混凝土结构的刚度较大，在使用荷载作用下的变形较小，故可有效地用于对变形有要求的建筑物中。

（2）钢筋混凝土结构既可以整体现浇也可以预制装配，并且可以根据需要浇制成各种构件形状和截面尺寸。

（3）钢筋混凝土结构所用的原材料中，砂、石所占的比重较大，而砂、石易于就地取材，故可以降低建筑成本。

但是钢筋混凝土结构也存在一些缺点，例如：钢筋混凝土构件的截面尺寸一般较相应的钢结构大，因而自重较大，这对于大跨度结构是不利的；抗裂性能较差，在正常使用时往往是带裂缝工作的；施工受气候条件影响较大；修补或拆除较困难等。

钢筋混凝土结构虽有缺点，但毕竟有其独特的优点，所以它的应用极为广泛，无论是桥梁工程、隧道工程、房屋建筑、铁路工程，还是水工结构工程、海洋结构工程等都已广泛采用。随着钢筋混凝土结构的不断发展，上述缺点已经或正在逐步加以改善。

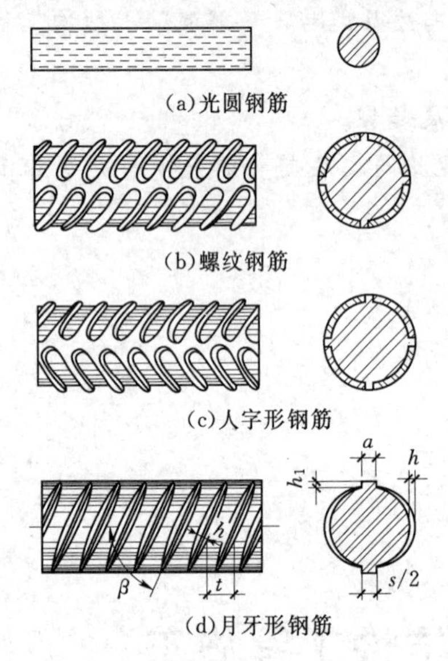

图 1-1　热轧钢筋的外形

混凝土的强度等级分为 C15、C20、C25、C30、C35、C40、C45、C50、C55、C60、C65、C70、C75、C80 十四个等级。

普通钢筋按照外形特征可分为热轧光圆钢筋和热轧带肋钢筋（图 1-1）。热轧光圆钢筋是经热轧成型并自然冷却的表面平整、截面为圆形的钢筋。热轧带肋钢筋是经热轧成型并自然冷却而其圆周表面通常带有两条纵肋和沿长度方向有均匀分布横肋的钢筋，其中横肋斜向一个方向而成螺纹开的称为螺纹钢筋；横肋斜向不同方向而呈“人”字形的，称为人字形钢筋。纵肋与横肋不相交且横肋为月牙形状的，称为月牙纹钢筋。

钢筋混凝土构件中常用的钢筋有热轧Ⅰ级普通低碳钢 HPB300 的光圆钢筋、热轧Ⅱ级 HRB335、Ⅲ级 HRB400、Ⅳ级 HRB500 普通低碳钢的带肋钢筋，热处理钢筋，冷拉钢筋，冷轧带肋钢筋等。常用钢筋的等级和代号见表 1-1。

**表 1-1　　　　常用钢筋的种类和代号**

| 种类 | | 代号 | 种类 | | 代号 |
|---|---|---|---|---|---|
| 热轧钢筋 | HPB300（Ⅰ） | Φ | 冷拉钢筋 | Ⅰ | $Φ^l$ |
| | HRB335（Ⅱ） | Φ | | Ⅱ | $Φ^l$ |
| | HRB400（Ⅲ） | Φ | | Ⅲ | $Φ^l$ |
| | HRB500（Ⅳ） | Φ | | Ⅳ | $Φ^l$ |
| 热处理钢筋 | | $Φ^{hl}$ | 冷轧带肋钢筋 | | $Φ^R$ |

为了防止钢筋锈蚀，提高耐火性以及加强钢筋与混凝土的黏结力，钢筋外边缘到构件表面应有一定厚度的混凝土，该混凝土层即为保护层。梁、柱的保护层最小厚度为 25mm，板和墙的保护层厚度为 10～15mm。为了增强钢筋在混凝土构件中的锚固能力，可以使用带有人字纹或螺纹的受力筋。如果受力筋为光圆钢筋，则在钢筋的两端要做成弯钩的形状。弯钩的形式一般有半圆弯钩、直弯钩。

钢筋混凝土构件按施工方式有：①预制构件，即在预制构件加工厂或在工地预制完成后吊装就位；②现浇构件，即在工地现场就位直接浇注；③预应力钢筋混凝土构件。

## 知识链接二　钢筋混凝土构件图的内容及图示方法

钢筋混凝土构件图由模板图、配筋图、预埋件详图和钢筋用量表等组成。

模板图主要表达构件的外形尺寸，同时需标明预埋件的位置，预留孔洞的形状、尺寸及位置，是构件模板制作、安装的依据。简单的构件模板图可与配筋图合并表示。

在配筋图中，构件轮廓用细实线表示，钢筋用粗实线表示，钢筋的断面用黑圆点表示。

在钢筋混凝土结构中配置的钢筋按其作用不同可分为以下几种，如图 1－2 所示。

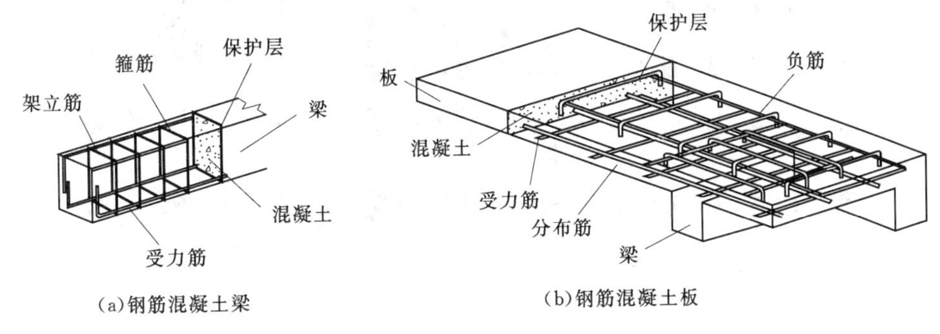


(a)钢筋混凝土梁　(b)钢筋混凝土板

图 1－2　钢筋混凝土构件中钢筋的种类

(1) 受力筋。承受拉、压作用的钢筋。用于梁、板、柱、剪力墙等构件中。

(2) 架立筋。用于梁内，作用是固定箍筋位置，与梁内的纵向受力钢筋形成钢筋骨架，并承受由于混凝土收缩及温度变化产生的应力。

(3) 箍筋。梁、柱中承担剪力的钢筋，同时起固定受力筋和架立筋形成钢筋骨架的作用。

(4) 分布筋。板中与受力筋垂直，在受力筋内侧的钢筋。主要作用是固定受力筋的位置，并将荷载均匀地传给受力筋，同时也可抵抗因混凝土收缩及温度变化的应力。

(5) 负筋。现浇板边（或连续梁边）受负弯矩处放置的钢筋。

(6) 其他钢筋。按构件的构造要求和施工安装要求而配置的构造筋、吊环等。

在配筋图中，钢筋的标注方法有两种形式：一种是标注钢筋的根数、级别和直径，如“3Φ20”，表示 3 根直径为 20mm 的Ⅱ级钢筋；另一种是标注钢筋的级别、直径和间距，如“Φ8@200”表示直径为 8 mm 的Ⅰ级钢筋，间距 200mm。为了清楚表达钢筋的形状和尺寸，还需单独绘出钢筋详图，将钢筋形状用粗实线绘出，并标注每段尺寸。该尺寸不包括弯钩长度，一般钢筋所注尺寸为外皮尺寸，箍筋所注尺寸为内皮尺寸。

在设预埋件的构件中还应预绘出预埋件详图。

钢筋用量表是供预算和工程备料用的图。在钢筋表中应标明构件代号、构件数量、钢筋简图、钢筋编号、钢筋规格、直径、长度、根数、总长度、总重量等。

## 知识链接三　混 凝 土 结 构

混凝土结构是工业与民用建筑的主要结构之一，包括素混凝土结构、钢筋混凝土结构和预应力混凝土结构等。

由于高层建筑结构要同时承受垂直荷载和水平荷载，所以对结构类型和结构体系都有严格要求。高层建筑的结构形式繁多，以材料来分有配筋砌体结构、钢筋混凝土结构、钢结构和钢-混凝土组合结构等，国内较多采用钢筋混凝土结构。从承重方式来看，高层建筑的结构体系通常采用框架结构［图 1-3（a）］、剪力墙结构［图 1-3（b）］、框架-剪力墙结构［图 1-3（c）］、框支剪力墙结构［图 1-3（d）］和筒体结构［图 1-3（e）、（f）］等，下面对这几种结构体系进行简要的介绍。

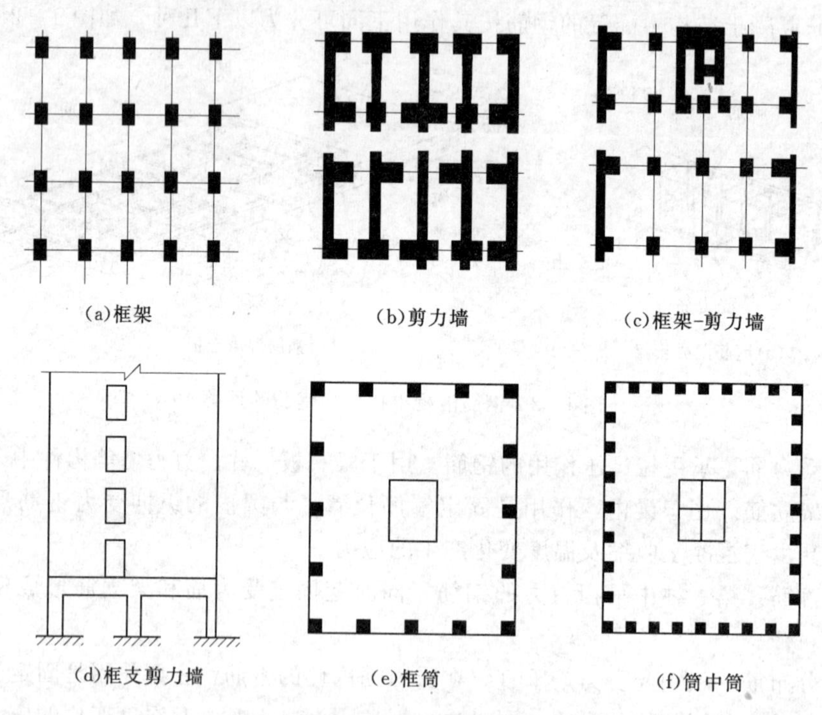


图 1-3　高层建筑结构体系示意图

## 一、框架结构体系

框架结构是由梁和柱形成的框架承受竖向和水平荷载的结构，梁和柱之间的连接为刚结点。这种结构体系的优点是建筑平面布置灵活，可以布置较大的使用空间，因此在宾馆、写字楼等高层建筑中得到较多应用。框架结构的垂直和水平荷载都通过楼板传递给梁，由梁传递到柱，由柱传递到基础。框架结构的柱因为板所承受的荷载并不均匀，再加上水平荷载的作用，所以同时要承担弯矩，且弯矩的方向也是可变动的。框架结构在水平荷载作用下的变形示意图如图 1-4 所示。由于框架结构中梁柱构件截面较小，而框架中的墙体全部为填充墙，只起分隔和围护作用，因此结构的整体刚度较小，抗震性能较差。这就限制了它的使用高度，所以框架结构一般不适宜超过 20 层或建筑高度超过 60m。

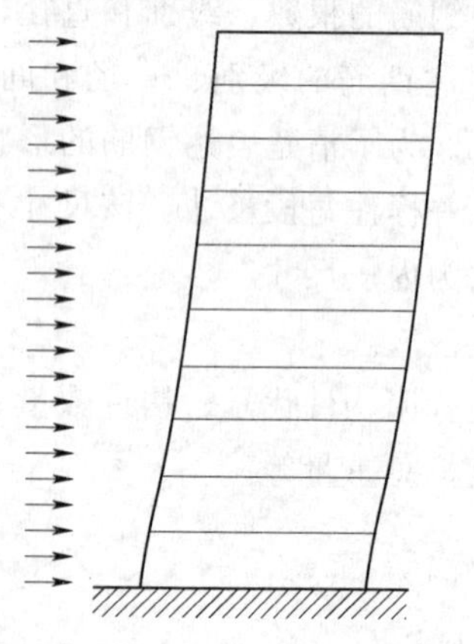

图 1-4　框架结构变形示意图

## 二、剪力墙结构体系

剪力墙结构是指由剪力墙（一般为钢筋混凝土墙）作为承重骨架，承受竖向和水平荷载，墙体同时也作为围护和分隔构件的结构体系。当墙体承受平面内的水平荷载时，因其抗弯刚度很大，所以弯矩所产生的应力很小，墙体主要承受剪力，所以称之为剪力墙。剪力墙结构在水平荷载下的变形示意图如图 1－5 所示。由于剪力墙结构的整体刚度大，具有良好的抗震性能，加之在泵送混凝土技术和机械化模板技术普及的条件下，剪力墙结构的施工速度很快，所以这种高层建筑的结构形式得到广泛应用。但这种结构的缺点是由于剪力墙的间距不能太大，所以建筑平面布置不灵活，难以满足大面积公共房间的需求，同时，剪力墙结构的自重也较大。因此，它主要用于住宅和旅馆等建筑，我国 10～30 层的高层住宅大多采用这种结构。

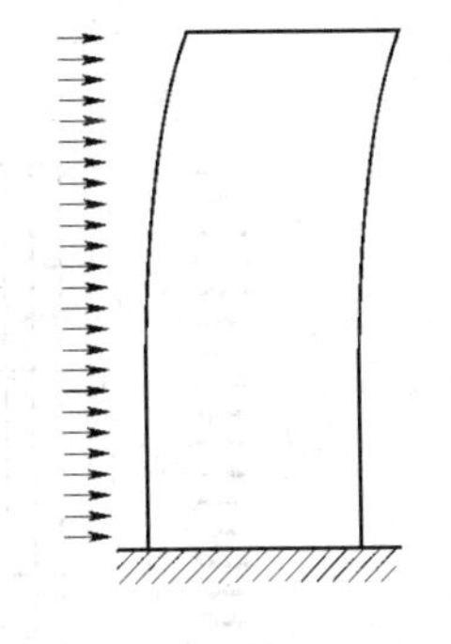

图 1－5　剪力墙结构变形示意图

实际工程中剪力墙分为整体墙和联肢墙。整体墙如一般房屋端部的山墙、鱼骨式结构片墙及小开洞墙，整体墙受力如同竖向悬臂梁。洞口大的内外墙体的受力状态可看作联肢墙，联肢墙是由连梁连接起来的剪力墙。因为上下洞口之间的部分的刚度比左右洞口之间的墙肢刚度小得多，墙肢的单独作用显著，上下洞口之间的部位的受力状态接近梁，所以称为连梁。

## 三、框架-剪力墙结构体系

框架-剪力墙结构是在框架结构中布置一定数量剪力墙的结构，简称框剪结构。框剪结构是由框架和剪力墙结构两种不同的抗侧力结构组成的新的受力形式，由于两种结构在水平荷载下的变形具有互补性，所以这种体系的受力性能较好。在剪力墙和框架协同工作的条件下，框剪结构的上部由框架来承担大部分水平力，下部则由剪力墙承担大部分水平力。由于在水平荷载作用下，底层的内力都是最大的，顶层的内力是最小的，所以说剪力墙承受了建筑物大部分的水平力。

由于框架结构能获得大空间的房屋，房间布置灵活，而剪力墙结构侧向刚度大，可减小侧移，因此，框架-剪力墙结构既能灵活布置各种空间的房屋，又具有较大的侧向刚度，在我国框剪结构广泛用于 15～30 层的高层建筑中。

## 四、筒体结构体系

筒体结构是由竖向筒体为主组成的承受竖向和水平作用的高层建筑结构。筒体结构的筒体是指由剪力墙围成的薄壁筒和由密柱框架或壁式框架围成的框筒等。把剪力墙围成筒形后，使结构整体成为一个固定于基础上的箱形悬臂构件，具有很高的抗弯和抗扭刚度，大大提高了抗水平荷载的能力，所以通常使用在 30 层以上的高层建筑。筒体结构目前可分为框筒、筒中筒、桁架筒、成束筒等结构体系。

### （一）框筒结构

在框架-剪力墙结构体系中，如果把剪力墙围成筒体，可称为框架-筒体结构，简称为框筒结构。框筒结构可看成是箱型截面的悬臂构件，在弯矩作用下各柱轴力分布规律如图 1－6 所示。各柱的轴力分布不是直线规律，如能减少这种现象，使各柱受力尽量均匀，则可大大增加框筒的侧向刚度及承载能力。在建筑布置时，框筒结构主要由外墙筒体来承担水平荷载，内部的柱仅仅承受垂直荷载，所以筒体结构的内部空间可以做到灵活布局。另外，还可以用筒体做电梯间、楼梯间和竖向管道井。

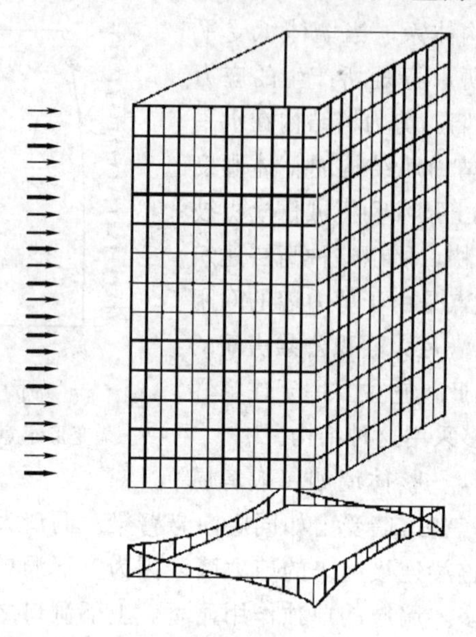

图 1-6　框筒结构柱轴力示意图

图 1-7　筒中筒结构示意图

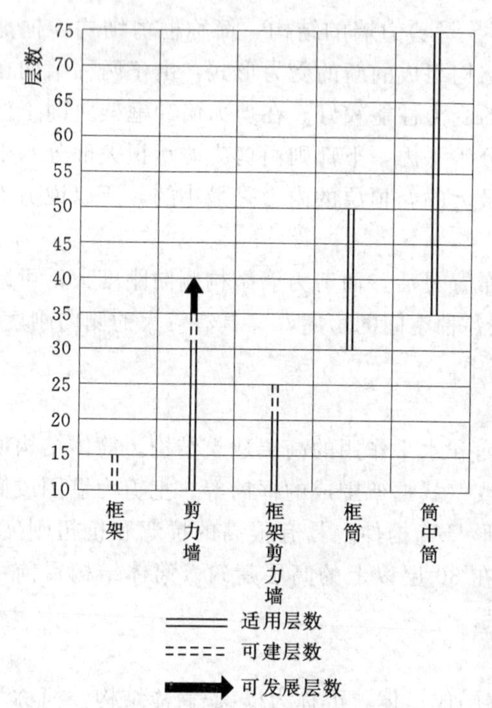


图 1-8　几种结构的适用层数

（二）筒中筒结构

在上述框筒结构核心部位中布置一个实腹筒内核，就叫筒中筒结构（图 1-7）。在这种结构中，内外筒体之间用平面内刚度很大的楼板形成肋，使内外筒协同工作，从而形成了一个比仅有外框筒刚度更大的空间结构。同时，由于取消了内柱，在内外筒之间形成了更加使用灵活的宽阔空间，而电梯、管道设施都可以布置在内筒中。筒中筒结构受力明确，侧向刚度很大，平面布局灵活，因此在多功能的高层建筑中获得了广泛应用。

（三）成束筒结构

由若干个筒体并列连接为整体的结构叫成束筒结构或多筒结构。这种结构可以用于侧向刚度很大、总体高度很高、平面布局很复杂的高层建筑。美国 443m 高的芝加哥西尔斯大厦就采用了 9 个 30m×30m 的框筒集束而成。

由于以上几种结构的受力特点不同，因此各自的适用层数也不同。各种钢筋混凝土结构体系的适用层数如图 1-8 所示。

## 知识链接四　混凝土结构工程施工概述

一幢建筑物或一个建筑群的施工是一个复杂的过程，它是由许多分部工程组成的。它包括土石方工程、砌体工程、混凝土结构工程、结构吊装工程、装饰工程等。建筑施工技术是研究建筑工程中主要工种工程的施工规律、施工工艺原理和施工方法的学科，即根据工程具体条件，选择合理的施工方案，运用先进的生产技术达到控制工程造价、缩短工期、保证工程质量、降低工程成本的目的，实现技术与经济的统一。

混凝土结构工程按房屋的高度不同有单层、多层与高层之分。混凝土结构按施工方法分为现浇混凝土结构和预制装配混凝土结构。本教材重点介绍多层混凝土结构工程施工、高层混凝土结构工程施工及预应力混凝土结构构件施工。

钢筋混凝土结构工程可划分为模板工程、钢筋工程和混凝土工程几个分项工程，其施工工艺流程如图 1-9 所示。

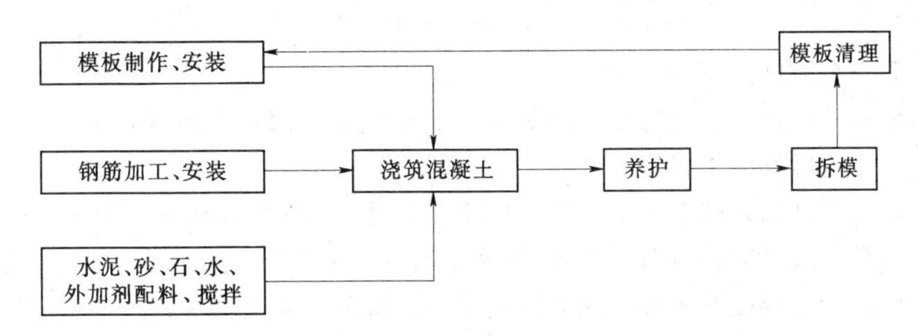


图 1-9　钢筋混凝土结构工程施工工艺流程图

**【实践任务】** 调研混凝土结构工程施工的现状与发展趋势。

# 学习单元二　混凝土结构工程施工准备

**【项目描述】** 通过参与某多层混凝土结构工程施工图的识读，熟悉施工图识读的方法，了解该工程基本情况。

**【任务描述】** 识读某多层混凝土结构工程施工图。

**【能力目标】** 能参与识读某多层混凝土结构工程施工图。

**【知识目标】**

(1) 掌握技术经济资料准备的基本知识。

(2) 掌握施工现场准备的基本知识。

(3) 掌握施工队伍及物资准备的基本知识。

施工单位从接受施工任务到工程竣工验收，一般可分为施工任务、施工规划、施工准备、组织施工和竣工验收等五个阶段，其先后顺序和内容如下。

为使建筑施工能多、快、省地完成，从施工全局出发，确定开工前的各项准备工作、选择施工方案和组织流水施工、各工种工程在施工中的搭接与配合，劳动力的安排和各种技术物资的组织与供应，施工进度的安排和现场的规划与布置等，用以全面安排和正确指导施工的顺利进行，达到工期短、质量好、成本低的目标。可将施工准备工作分为两个阶段：第一个阶段是全局性的准备，做好整个施工现场施工规划准备工作，包括编制施工组织总设计在内；第二阶段是局部性的准备，做好单位工程或一些大的复杂的分部分项工程开工前的准备工作，包括编制施工组织设计和施工方案，是贯穿于整个施工过程中的准备工作。一般来说，施工准备工作包括以下内容。

## 知识链接一　混凝土结构房屋的结构施工图识读与会审

技术准备就是通常所说的内业技术工作，它是现场准备工作的基础和核心工作，其内容一般包括：熟悉与会审施工图纸，签订分包合同，编制施工组织计划，编制施工图预算和施工预算。

### 一、熟悉与会审施工图

施工技术管理人员，对设计施工图等应该非常熟悉，深入了解设计意图和技术要求，在此基础上，才能做好施工组织设计。

在熟悉施工图纸的基础上，由建设、施工、设计、监理等单位共同对施工图纸组织会审。一般先由设计人员对设计施工图纸的设计意图、工艺技术要求和有关问题作设计说明，对可能出现的错误或不明确的地方作出必要的修改或补充说明。然后其余各方根据对图纸的了解，提出建议和疑问，对于各方提出的问题，经协商将形成“图纸会审纪要”，参加会议各单位一致会签盖章，作为与设计图纸同时使用的技术文件。

在熟悉图纸过程中，对发现的问题应做出标记，做好记录，以便在图纸会审时提出。图纸会审主要内容包括以下几个方面：

（1）建筑的设计是否符合国家的有关技术规范。

（2）设计说明是否完整、齐全、清楚；图纸的尺寸、坐标、轴线、标高、各种管线和道路交叉连接点是否正确；一套图纸的前后设备图及建筑与结构施工图是否一致，是否矛盾；地下与地上的设计是否矛盾。

（3）技术装备条件能否满足工程设计的有关技术要求；采用新结构、新工艺、新技术或工程的工艺设计与使用的功能要求，对土建、设备安装、管道、动力、电器安装，在要求采取特殊技术措施时，施工单位技术上有无困难；能否确保施工质量和施工安全。

（4）所选用的各种材料、配件、构件（包括特殊的、新型的），在组织采购供应时，其品种、规格、性能、质量、数量等方面能否满足设计规定的要求。

（5）图中不明确或有疑问处，请设计人员解释清楚。

（6）有关的其他问题，并对其提出合理化建议。

### 二、签订分包合同

包括建设单位（甲方）和施工单位（乙方）签订工程承包合同；与分包单位（机械施工工程、设备安装工程、装饰工程等）签订总分包合同；物资供应合同，构件半成品加工订货合同。

### 三、编制施工组织计划

施工组织设计是施工准备工作的主要技术经济文件，是指导施工的主要依据，是根据拟建工程的工程规模、结构特点和建设单位要求，编制的指导该工程施工全过程的综合性文件。它结合所收集的原始资料、施工图纸和施工预算等相关信息，综合建设单位、监理单位、设计单位的具体要求进行编制，以保证工程施工好、快、省并且安全、顺利地完成。

### 四、编制施工图预算和施工预算

施工图预算是施工单位依据施工图纸所确定的工程量、施工组织设计拟定的施工方案、建筑工程预算定额和相关费用定额等编制的建筑安装工程造价和各种资源需要量的经济文件。施工预算是施工单位根据施工图纸、施工组织设计和施工方案、施工定额等文件进行编制的企业内部经济文件。编制单位工程施工图预算和施工预算，以确定人工、材料和机械费用的支出，并确定人工数量、材料消耗数量及机械台班使用量等。

## 知识链接二　施 工 现 场 准 备

施工现场的准备工作主要是为了给拟建工程的施工创造有利的施工条件，是保证工程按计划开工和顺利进行的重要环节。一项工程开工之前，除了做好各项技术经济的准备工作外，还必须做好现场的各项施工准备工作，其工作按施工组织设计的要求划分为拆除障碍物、“三通一平”、施工测量和搭设临时设施等。

### 一、拆除障碍物

施工现场内的一切地上、地下障碍物，都应在开工前拆除。这项工作一般由建设单位来完成，但也有委托施工单位来完成的。

对于房屋的拆除，一般只要把水源、电源切断后即可进行拆除。若房屋较大、较坚固，需要采用爆破的方法时，必须经有关部门批准，由专业的爆破作业人员来承担。架空电线（电力、通信）、地下电缆（电力、通信）的拆除，以及燃气、热力、供水、排污等管线的拆除，要与相关部门联系并办理有关手续后方可进行。场内若有树木，需报林业部门批准后方可砍伐。

### 二、三通一平

在工程用地的施工现场，应该通施工用水、用电、道路、通信及燃气，做好施工现场排水及排污畅通和平整场地的工作，但是最基本还是通水、通电、通路和场地平整工作，这些工作简称为“三通一平”。

（1）通水，专指给水，包括生产、生活和消防用水。在拟建工程开工之前，必须接通给水管线，尽可能与永久性的给水结合起来，并且尽量缩短管线的长度，以降低工程的成本。

（2）通电，包括施工生产用电和生活用电。在拟建工程开工之前，必须按照安全和节能的原则，接通电力和电信设施。电源首先应考虑从建设单位给定的电源上获得，如其供电能力不能满足施工用电需要，则应考虑在现场建立自备发电系统，确保施工现场动力设备和通信设备的正常运行。

（3）通路，指施工现场内临时道路与场外道路连接，满足车辆出入的条件。在拟建工程开工之前，必须按照施工总平面图的要求，修好施工现场的永久性道路（包括场区铁路、场区公路）以及必要的临时性的道路，以便确保施工现场运输和消防用车等的行驶畅通。

（4）场地平整，指在建筑场地内，进行厚度在300mm以内的挖、填土方及找平工作。其根据建筑施工总平面图规定的标高，通过测量计算出填挖土方工程量，设计土方调配方案，组织人力或机械进行平整工作。

“三通一平”工作一般都是由建设单位完成的，也可以委托施工单位来完成，其不仅仅要求在开工前完成，而且要保障在整个施工过程中都要达到要求。

### 三、测量放线

为了使建筑物或构筑物的平面位置和高程符合设计要求，施工前应按总平面图设置永久的经纬坐标桩及水平坐标桩，建立工程测量控制网，以便建筑物在施工前的定位放线。建筑物定位、放线，一般通过设计定位图中平面控制轴线来确定建筑物四周的轮廓位置。测定经自检合格后，提交有关技术部门和甲方验线，以保证定位的准确性。沿红线建的建筑物放线后还要由城市规划部门验线，以防止建筑物压红线或超红线。

在测量放线时，应校验和校正经纬仪、水准仪、钢尺等测量仪器；校核接桩线与水准点，制定切实可行的测量方案，包括平面控制、标高控制、沉降观测和竣工测量等工作。

### 四、搭设临时设施

施工企业的临时设施是指企业为保证施工和管理的进行而建造的生产、生活所用的临时设施，包括各种仓库、搅拌站、预制厂、现场临时作业棚，机具棚、材料库、办公室、休息室、厕所、蓄水池等设施；临时道路、围墙；临时给排水、供电、供热等设施；临时简易周转房，以及现场临时搭建的职工宿舍、食堂、浴室、医务室、托儿所等临时性福利设施。

所有生产和生活临时设施，必须合理选址、正确用材，确保满足使用功能和安全、卫生、环保、消防要求；并尽量利用施工现场或附近原有设施和在建工程本身供施工使用的部分用房，尽可能减少临时设施的数量，以便节约用地、节省投资。现场所需的临时设施，应报请规划、市政、消防、交通、环保等有关部门审查批准。

## 知识链接三　施工队伍及物资准备

### 一、施工队伍的准备

一项工程完成的好坏，很大程度上取决于承担这一工程的施工人员的素质。现场施工人员包括施工的组织指挥者和具体操作者两大部分。这些人员的组合，将直接关系到工程质量、施工进度及工程成本。因此，施工现场人员的准备是开工前施工准备的一项重要内容。

（1）项目组的组建。施工组织机构的建立应遵循以下原则。根据工程规模、结构特点和复杂程度，确定施工组织的领导机构名额和人选；坚持合理分工与密切协作相结合的原则；把有经验、有创新精神、工作效率高的人选入领导机构；认真执行因事设职，因职选人的原则。对于一般单位工程可设项目经理一名，施工员（即工长）一名，技术员、材料员、预算员各一名；对于大中型施工项目工程，则需配备完整的领导班子，包括各类管理

人员。

（2）建立施工队组，组织劳动力进场。施工队组的建立要考虑专业、工种的配合，技工、普工的比例要满足合理的劳动组织，符合流水施工组织方式的要求；要坚持合理、精干的原则，建立相应的专业或混合工作队组，按照开工日期和劳动力需要量计划，组织劳动力进场。

（3）做好技术，安全交底和岗前培训。施工前，应将设计图纸内容、施工组织设计、施工技术、安全操作规程和施工验收规范等要求向施工队组和工人讲解交代，以保证工程严格地按照设计图纸、施工组织设计等要求进行施工。同时企业要对施工队伍进行安全、防火和文明等方面的岗前教育和培训，并安排好职工的生活。

（4）建立各项管理制度。为了保证各项施工活动的顺利进行，必须建立健全的工地管理制度。如工程质量检查与验收制度，工程技术档案管理制度，建筑材料（构件、配件、制品）的检查验收制度，材料出入库制度，技术责任制、职工考勤、考核制度，安全操作制度等。

## 二、施工物资的准备

施工物资准备是指施工中必需的劳动手段（施工机械、工具、临时设施）和劳动对象（材料、配件、构件）等的准备。它是一项较为复杂而又细致的工作，一般考虑以下几个方面的内容。

### 1. 建筑材料的准备

建筑材料的准备主要是根据施工预算、施工进度计划、材料储备定额和消耗定额来确定材料的名称、规格、使用时间等，汇总后编制出材料需要量计划，并依据工程进度，分别落实货源厂家进行合同评审与订货，安排运输储备，以满足开工之后的施工生产需要。建筑材料的准备包括三材、地方材料、装饰材料的准备。

材料的储备应根据施工现场分期分批使用材料的特点，按照以下原则进行材料储备。

（1）应按工程进度分期分批进行。现场储备的材料多了会造成积压，增加材料保管的负担，同时也多占用了流动资金；储备少了又会影响正常生产。所以材料的储备应合理、适量。

（2）做好现场保管工作，以保证材料的原有数量和原有的使用价值。

（3）现场材料的堆放应合理。现场储备的材料应严格按照平面布置图的位置堆放，以减少二次搬运，且应堆放整齐，标明标牌，以免混淆。此外，应做好防水、防潮、易碎材料的保护工作。

（4）应做好技术试验和检验工作，对于无出厂合格证明和没有按规定测试的原有材料一律不得使用。不合格的建筑材料和构件，一律不准出厂和使用，特别对于没有使用过的材料或进口原材料、某些再生材料更要严格把关。

### 2. 预制构件和混凝土的准备

工程项目施工需要大量的预制构件、门窗、金属构件、水泥制品以及卫生洁具等，对这些构件、配件必须优先提出定制加工单。对于采用商品混凝土现浇的工程，则先要到生产单位签订供货合同，注明品种、规格、数量、需要时间及送货地点等。

3. 施工机械的准备

施工选定的各种土方机械、混凝土、砂浆搅拌设备、垂直及水平运输机械、吊装机械、动力机具、钢筋加工设备、木工机械、焊接设备、打夯机、抽水设备等应根据施工方案和施工进度，确定数量和进场时间。需租赁机械时，应提前签约。

4. 模板和脚手架的准备

模板和脚手架是施工现场使用量大、堆放占地大的周转材料。模板及其配件规格多、数量大，对堆放场地要求比较高，一定要分规格、型号整齐堆放，以利于使用与维修。大钢模一般要求立放，并防止倾倒，在现场也应规划出必要的存放场地。钢管脚手架、桥式脚手架、吊栏脚手架等都应按指定的平面位置堆放整齐，扣件等零件还应防雨，以防锈蚀。

**【实训任务】** 识读某混凝土结构工程施工图。根据某职工住房项目施工图进行识图。

# 学习情境二　多层混凝土结构施工

**【情境描述】** 通过对某多层混凝土结构工程施工的学习，熟悉脚手架工程、模板工程、钢筋工程、混凝土工程等方案的编制，了解多层混凝土结构工程施工工艺。

**【任务描述】** 编制脚手架工程、模板工程、钢筋工程、混凝土工程等方案。

**【能力目标】** 学会多层混凝土结构工程施工方案的编制。

**【知识目标】**

（1）掌握脚手架的基本知识。

（2）掌握模板工程的基本知识。

（3）掌握钢筋工程的基本知识。

（4）掌握混凝土工程的基本知识。

**【任务载体】** 本项目为某职工住房项目3号楼，位于成都市，建筑面积1956.24$m^2$。建筑层数6层，建筑高度18.95m，建筑形式框架，多层住宅建筑，其耐火等级为2级，抗震烈度Ⅷ度。框架柱主要截面尺寸600mm×500mm、500mm×500mm；框架梁最大断面尺寸300mm×750mm；楼板厚100mm。构造柱、过梁、压顶圈梁为C20。梁、柱、板、基础、楼梯为C30。

**【思考】**

（1）各构件模板如何施工？

（2）钢筋如何施工？

（3）各构件混凝土如何浇筑？

## 学习单元一　脚 手 架 工 程

**【知识链接】**

脚手架是进行建筑工程施工必不可少的装备和手段，脚手架是为高处作业人员提供进行操作的必备条件，也可为建筑施工的外防护提供可靠的保证。但是如果不按规范进行设计计算，不按标准进行搭设，就会留下安全隐患有可能还会造成事故。

### 一、脚手架的分类

脚手架分类可根据施工对象的位置关系、支承特点、结构形式以及使用材料等划分为多种类型。

#### （一）按建筑物的位置关系分类

1. 外脚手架

外脚手架统指在建筑物外围所搭设的脚手架，使用广泛，各种落地式外脚手架、挂式脚手架、挑式脚手架、吊式脚手架等，一般均在建筑物外围搭设。外脚手架多用于外墙砌筑、外立面装修以及钢筋混凝土工程，沿建筑物外围从地面搭起，既用于外墙砌筑，又可用于外装饰施工。其主要形式有多立杆式、框式、桥式等。多立杆式应用最广，框式次之。

2. 里脚手架

里脚手架是指建筑物内部使用的脚手架。里脚手架有各种形式，常见的有凳式里脚手架、支柱式里脚手架、梯式里脚手架、组合式操作平台等。常用于内墙砌筑、外墙砌筑、内部装修工程以及安装和钢筋混凝土工程，搭设于建筑物内部，每砌完一层墙后，即将其转移到上一层楼面，进行新的一层砌体砌筑，它可用于内外墙的砌筑和室内装饰施工。里脚手架用料少，但装拆频繁，故要求轻便灵活，装拆方便。其结构型式有折叠式、支柱式和门架式等多种。

（二）按脚手架支承特点分类

1. 落地式外脚手架

它是自地面搭设的外脚手架。落地式外脚手架中有各种多立杆式钢管脚手架、门式钢管脚手架、桥式脚手架等，它们的结构均支承于地面。

2. 挂式脚手架

挂式脚手架是指挂置于建筑物的柱、墙等结构上的，并随建筑物的外高而移动的脚手架。挂式脚手架在高层建筑外装修工程中较多地采用。

3. 挑式脚手架

挑式脚手架是指在建筑物中挑出的专设结构上搭设的脚手架。挑式脚手架可以给建筑物下部空间割让出来，为其他施工活动提供方便，并使得在地面狭窄而难于搭设落地式脚手架的情况下搭设外脚手架成为可能。

4. 吊式脚手架

吊式脚手架是指从建筑物顶部或楼板上设置悬吊结构，利用吊索悬吊吊架或吊篮，由起重机具来提升或下降的脚手架。吊式脚手架在高层建筑装修施工中广泛使用，并用于维修。

5. 升降式附壁脚手架

升降式附壁脚手架是在使用挂、挑、吊式脚手架的基础上而发展起来的新型脚手架，它是附着于建筑物外墙、柱、梁等结构上的，并可附壁上下升降的脚手架。升降附壁脚手架具有挂、挑、吊式脚手架的某些优点，使高层建筑脚手架耗用成本降低，使用灵活方便，操作简单安全，它多用于高层建筑的外墙砌筑、外立面装修以及钢筋混凝土工程。

（三）按脚手架结构形式分类

1. 多立杆式脚手架

多立杆式脚手架是通过众多的立杆与大横杆、斜杆、小横杆等杆件，采用扣件、螺栓、碗扣、绑扎等连接方式而构成的脚手架。

杆件主要采用钢管、木杆、竹杆，是一种广泛使用的脚手架。

钢管脚手架采用多立杆形式搭设，根据主要杆件的连接方式又可分为扣件式、碗扣式、螺栓式钢管脚手架。

2. 桥式脚手架

桥式脚手架是指采用支承架作为竖向支承结构，在支承架之间安装可以升、降的桁架工作平台而组成的脚手架。

3. 门式脚手架

门式钢管脚手架施工前，应按 JGJ 128—2010《建筑施工门式钢管脚手架安全技术规范》的规定，对脚手架结构构件与立杆地基承载力进行设计计算验收，应编制施工组织设计，严格执行规范标准。

## 二、脚手架搭设安全技术要求

（1）架子工必须经过专业安全技术培训，考试合格，持特种作业操作证上岗作业。架子工的徒工必须办理学习证，在技工带领、指导下进行作业，非架子工未经同意不得单独进行作业。

（2）架子工必须经过体检，凡患高血压、心脏病、癫痫病、晕高症或高度近视以及不适合于登高作业的不得从事高空架设工作。

（3）正确使用个人安全防护用品，必须着装灵便（紧身紧袖），在高处（2m 以上）作业时，必须佩戴安全帽、扣好帽带，正确使用安全绳，安全绳与已搭好的立、横杆挂牢，作业人员必须穿防滑鞋，严禁穿硬底易滑鞋、高跟鞋和拖鞋，作业时精神要集中，团结协作、互相呼应、统一指挥，不得翻爬脚手架，严禁打闹玩笑、酒后上班。

（4）班组（队）接受任务后，必须组织全体人员认真学习领会脚手架专项安全施工组织设计和安全技术措施交底，研讨搭设方法，分工明确，并派 1 名技术好、有经验的人员负责搭设技术指导和监护。

（5）风力 6 级以上（含 6 级）强风和高温、大雨、大雪、大雾等恶劣天气，应停止高处露天作业。风、雨、雪过后要进行检查，发现倾斜下沉、松扣、崩扣要及时修复，合格后方可使用。

（6）脚手架要结合工程进度搭设，搭设未完的脚手架，在离开岗位时不得留有未固定构件和安全隐患，确定架子稳定。

（7）在带电设备附近搭、拆脚手架时，宜停电作业，在外电架空线路附近作业时，脚手架外侧边缘与外电架空线路的边缘之间的最小安全距离 1kV 以下的水平距离为 4m，垂直距离为 6m，1～10kV 的水平距离为 6m，垂直距离为 6m，35～110kV 的水平距离为 8m，垂直距离 7～8m。

（8）各种非标准的脚手架，跨度过大、负载超重等特殊架子或其他新型脚手架，按专项安全施工组织设计批准的意见进行作业。

（9）脚手架搭设到高于在建建筑物顶部时，里排立杆要低于沿口 40～50mm，外排立杆高出沿口 1～1.5m，搭设两道护身栏，并挂密目安全网。

（10）脚手架搭设、拆除、维修必须由架子工负责，非架子工不得从事脚手架操作。

（11）脚手架应由立杆、纵向水平杆（大横杆、顺水杆）、横向水平杆（小横杆）、剪刀撑、抛撑、纵、横扫地杆和拉接点等组成，脚手架必须有足够的强度、刚度和稳定性，在允许施工荷载作用下，确保不变形、不倾斜、不摇晃。

（12）脚手架搭设前应清除障碍物、平整场地、夯实基土、做好排水沟，根据脚手架专项安全施工组织设计（施工方案）和安全技术措施交底的要求，基础验收合格后，放线定位。

(13) 垫板宜采用长度不小于2跨，厚度不小于5cm的木板，也可采用槽钢，底座应准确在定位位置上。

(14) 立杆应纵成线、横成方，垂直偏差不得大于1/200。立杆接长应使用对接扣件连接，相邻的两根立杆接头应错开500mm，不得在同一步架内。立杆下脚应设纵、横向扫地杆。

(15) 纵向水平杆在同一步架内纵向水平高差不得超过全长的1/300，局部高差不得超过50mm。纵向水平杆应使用对接扣件连接，相邻的两根纵向水平接头错开500mm，不得在同一跨内。

(16) 横向水平杆应设在纵向水平杆与立杆的交点处，与纵向水平杆垂直。横向水平杆端头伸出外立杆应大于100mm，伸出里立杆为450mm。

(17) 剪刀撑的设置应在外侧立面整个高度上连续设置。剪刀撑斜杆的剪刀撑与地面夹角为45°～60°。

(18) 剪刀撑斜杆应采用旋转扣件固定在与之相交的横向水平杆（小横杆）的伸出端或立杆上，旋转扣件中心线至主节点的距离不宜大于150mm。

(19) 脚手架的两端均必须设横向斜撑，中间宜每隔6跨设置一道。

(20) 同一立面的小横杆，应对等交错设置，同时立杆上下对直。

(21) 脚手架搭设必须设置警戒区域，严禁在脚手架下站人和休息。严禁非作业人员进入警戒区域内。

(22) 脚手架搭设时，必须设置上下通道和行人通道，通道必须保持畅通，严禁在通道上乱堆乱放物料。通道的搭设必须符合规范要求。

(23) 严禁将电线、电缆线直接拴在脚手架上，电线、电缆线必须拴在木头上或其他绝缘物上。

**三、脚手板的要求**

(1) 脚手板可采用钢、木材料两种，每块重量不宜大于30kg。

(2) 木脚手板应采用杉木或松木制作，其长度为2～6m，厚度不小于5cm，宽度为23～25cm，不得使用有腐朽、裂缝、斜纹及大横透节的板材。两端应设置直径为4mm的镀锌钢丝箍两道，严禁出现探头板。

(3) 脚手板必须铺满，设置挡脚板，脚手架四角做好防雷接地保护。

**四、钢管的要求**

(1) 钢管采用外径为48mm的管材。钢管应平直光滑、无裂缝、分层、硬弯、毛刺、压痕和深的划道，钢管应有产品合格证，钢管必须涂有防锈漆并严禁打孔。

(2) 脚手架钢管的尺寸外径为48mm、壁厚为3.5mm，横向水平杆长为2200mm，其他杆长6000～6500mm。

**五、扣件的要求**

(1) 采用可锻造铁制作的扣件，其材质应符合GB 15831—2006《钢管脚手架扣件》的规定。新扣件必须有产品合格证。

(2) 旧扣件使用前应进行质量检查，有裂缝、变形的严禁使用，出现滑牙的螺栓必须更换。

(3) 所有扣件紧固力矩，应达到45～55N·m，不得大于65N·m。

**六、安全网的要求**

(1) 平网宽度不得小于3m，长度不得大于6m，立网的高度不得小于1.2m，网眼按使用要求设置，最大不得小于10cm，必须使用维纶、锦纶、尼龙等材料，严禁使用损坏或腐朽的安全网和丙纶网。密目安全网只准做立网使用。

(2) 安全网应与水平面平行或外高里低，一般以15°为宜。

(3) 网的负载高度一般不超过6m（含6m），因施工需要，允许超过6m时，但最大不得超过10m，并必须附加钢丝绳缓冲等安全措施。负载高度5m（含5m）以下时，网应最少伸出建筑物（或最边缘作业点）2.5m。负载高度5m以上至10m时，应最少伸出3m。

(4) 安全网安装时不宜绷得过紧，选用宽度3m和4m的网安装后，其宽度水平投影分别为2.5m和3.5m。

(5) 安全网平面与支撑作业人员的平面之边缘处的最大间隙不得超过10cm。支设安全网的斜杠间距应不大于4m。

(6) 在被保护区域的作业停止后，方可拆除。

(7) 拆除时必须在有经验人员的严密监督下进行。

(8) 拆除安全网时应自上而下，同时要根据现场条件采取其他防坠落、物击措施，如佩戴安全带、安全帽等。

## 任务一　编制扣件式钢管脚手架方案

扣件式钢管落地脚手架是当前采用比较普遍的一种脚手架，这种脚手架是由钢管和专用扣件组成，具有承载力大，装拆方便，搭设灵活，也比较经济适用，这种脚手架不受施工结构形体的限制，所以适用范围比较广。

**一、扣件式脚手架特点**

1. 扣件式钢管脚手架优点

(1) 承载力较大。当脚手架的几何尺寸及构造符合规范的有关要求时，脚手架的单管立柱的承载力可达15～35kN。

(2) 装拆方便。脚手架扣件连接简便，因而可适应各种平面、立面的建筑物与构筑物用，如果精心设计脚手架几何尺寸则一次投资费用较低。

(3) 比较经济。扣件式脚手架加工简单，应注意提高钢管周转使用率，则资料用量也可取得较好的经济效果，扣件钢管架建筑用钢量约15kg/m²。

2. 扣件式钢管脚手架的缺点

(1) 扣件（特别是螺杆）容易丢失，靠抗滑力传送荷载和内力。

(2) 节点处的杆件为偏心连接，因而降低了脚手架的承载能力。

(3) 扣件节点的连接质量受扣件自身质量和工人操作的影响显著。

3. 扣件式钢管脚手架的适应性

（1）构筑各种形式的脚手架、模板和其他支撑架。

（2）组装井字架。

（3）搭设坡道、工棚、看台及其他临时构筑物时，应加强杆件。

（4）作其他种脚手架的辅助。

## 二、施工方案

（1）为了保证脚手架搭设符合标准、安全可靠，同时也要满足施工的需要，在脚手架搭设前，应根据工程的特点和施工工艺，确定脚手架搭设形式，制定搭设方案，在方案中应考虑基础的处理、搭设的要求、杆件的间距、步距、拉结点（连墙件）的设置位置、连接方法，还应绘制施工详图及大样图。

（2）脚手架的搭设高度超过规范规定的，要求进行计算。脚手架搭设高度不宜过高一般不超过 50m，脚手架搭设过高既不安全也不经济。搭设高度超过 24m 时，应对脚手架的整体刚度和稳定性从构造上进行加强，如纵向剪刀撑连续设置，增加横向剪刀撑（斜撑），连墙件（拉结点）的强度相应提高，间距缩小。当搭设高度超过 50m 时，可采用双立杆或加密立杆间距，也可采用分段卸荷或分段搭设的方法，将各段脚手架荷载传给建筑结构承担，但要进行设计计算。

（3）脚手架的设计计算必须符合 JGJ 130—2011《建筑施工扣件式钢管脚手架安全技术规范》的规定，并经企业技术部门的专业技术人员审核，企业技术负责人签字批准。高度超过 24m 的落地式钢管脚手架，必须单独编制专项施工方案，并由施工企业技术部门的专业技术人员及监理单位专业监理工程师进行审核，审核合格由施工企业技术负责人和监理单位总监理工程师签字。

（4）脚手架的施工方案应与施工现场搭设的脚手架相符，当现场因故改变脚手架类型时，必须重新修改脚手架方案并经重新审批后，方可施工。

## 三、立杆基础

（1）根据脚手架的搭设高度、使用的荷载情况、搭设场地的大致情况，对脚手架立杆基础进行处理，基础处理的好与坏直接影响架体稳定性。由于施工进度的不合理要求和施工工艺等多种原因，建筑物基础或地下工程结束后还槽土不能按规范要求进行逐步回填夯实，达不到脚手架基础所需要的承载力，如不采取措施，在脚手架长期荷载作用下特别是雨后，地基会出现不均匀的下沉，轻者造成脚手架严重变形和倾斜，重者造成脚手架坍塌导致恶性事故的发生。所以，必须要保证立杆基础的处理质量，满足脚手架基础承载力的要求，必要时要采取措施增强脚手架基础的整体刚度。

（2）沿脚手架四周应设置排水沟或在周边浇筑混凝土散水坡。如果不设置排水设施，当湿作业或多雨天气时，大量水淤在脚手架基础内，在荷载的作用下，土质逐渐变实、沉降。脚手架将会发生不均匀的下沉，导致架体的严重变形、倾斜。

（3）目前使用脚手管是 $\phi$48mm×3.5mm 的普通低碳高频焊缝钢管，其截面很小，立杆是脚手架的主要受力杆件，它的作用就是将脚手架上所承受的荷载通过大、小横杆传递到立杆的基础，通过底座、垫板传到地基上。为防止发生钢管不均匀陷入地面，引起架体倾斜、倒塌等严重后果，就应根据脚手架搭设的高度来确定立杆底座的处理方式。地基处

理应牢固可靠，垫板厚度不小于 50mm，长度不小于 2m 通长铺设，每块板上不少于 2 根立杆，铺设平稳，不得有悬空，脚手板底座应用钉子钉牢在垫木上，如采用配筋混凝土地梁可不垫板只垫底座。

(4) 脚手架必须设置纵向和横向扫地杆。纵向扫地杆应采用直角扣件固定在与底座下皮不大于 20cm 处的立杆上。横向扫地杆应采用直角扣件固定在紧靠纵向扫地杆下方的立杆上，当立杆基础不在同一高度上时，必须将高处的纵向扫地杆向低处延长两跨立杆固定。靠边坡的立杆轴线到边坡的距离不小于 50cm。

**四、架体与建筑结构拉结**

(1) 脚手架一般搭设都比较高，而架体宽度仅在 1.2m 左右，形成长细比失调。再则，搭设中的立杆很难保证垂直。偏心力矩大，加大了脚手架失稳的比重，因此架设拉结点使架体与建筑结构连接成一体形成整体，从实际情况看造成架体变形、倾覆的主要原因之一就是拉结点稀少和人为地在装修外墙、安装窗口、安装幕墙时乱拆拉结点造成的。由此看来连墙杆（拉结点）是保证脚手架稳定、安全、可靠的重要构造和措施，在施工中不允许随意变更或拆除，如影响施工必须移位的，应有相应的加固措施，实施后方可进行原杆件的移位。

(2) 拉结点的设计拉力不能小于 10kN。连墙拉结点的设计位置，应按规范要求，两步三跨或三步两跨设置，设置在小横杆下方 10cm 左右，距主节点不大于 30cm 脚手架的立杆上。

(3) 要求：

1) 连墙件应均匀布置，形式可以花排，也可以并排，优先采取花排。

2) 连墙件必须从底部第一根纵向水平杆（第一步架的大横杆）处开始设置，当该处设置有困难时，应采用其他可靠措施固定。

3) 一字形、开口型脚手架的两端必须设置连墙件，连墙件的垂直间距不应大于建筑物的层高，并不超过 4m。

4) 脚手架下部不能设连墙件时或脚手架搭设高度小于 7m 时可采用抛撑。抛撑应采用通长杆件与脚手架可靠连接，与地面的夹角应为 45°～60°，连接点距主节点的距离不应大于 30cm。抛撑在连墙件设置后方可拆除。

5) 连墙件主要有两种：一种是刚性，另一种是柔性。但柔性拉结点只能用于承重墙体结构，而且架体搭设高度在 24m 内。其他非承重结构或架体搭设高度超过 24m 均应采用刚性拉结点。

6) 连墙件的连墙杆或拉筋应呈水平，并垂直于墙面设置，与脚手架一端可稍向下斜，不允许向上翘起，当无法水平设置时应下拉不能上拉。

7) 在搭设脚手架时，连墙件应与其他杆件同步搭设。在拆除脚手架时应在其他杆件拆到连墙件高度时，最后拆除连墙件。最后一道连墙件拆除前，应先设置抛撑后再拆连墙件，以确保脚手架拆除过程中的稳定。

**五、杆件间距与剪刀撑**

(1) 立杆是脚手架主要受力杆件，间距应均匀设置并符合规范规定和施工方案的要求，不能加大间距，否则会降低立杆的承载能力，一般立杆纵距施工脚手架不大于 1.5m，装修脚手架不大于 1.8m、防护架不大于 2m，立杆横距一般在 1.3m 以内，最大不超过 1.5m。

(2) 大横杆是约束立杆纵向距离传递荷载的重要杆件，步距的变化直接影响脚手架的承载能力，一般施工脚手架步距 1.2m，装修脚手架步距 1.8m，现在工程大部分是框架结构，脚手架作为外防护多采用步距为 1.5m，用直角扣件固定在立杆的内侧。

(3) 小横杆主要是约束立杆侧向变形，传递脚手架使用荷载，增强脚手架刚度的重要杆件，与大横杆、立杆共同组成脚手架的架体，而且还承担着缩短脚手板使用跨度保证脚手板承受使用荷载的作用。小横杆应符合下列要求：

1) 每一主节点处必须设置一根小横杆，用直角扣件扣紧在大横杆的上方，偏离主节点的轴线距离不大于 15cm，且严禁拆除。

2) 在双排脚手架上，靠墙一侧的外伸长度不应大于 50cm。

3) 操作层上非主节点处的小横杆，应根据支撑脚手板的需要等间距设置，最大间距不应大于立杆间距的 1/2。

4) 单排脚手架的小横杆一端应采用直角扣件固定在大横杆的上方，另一端插入墙内不小于 18cm。但不能用于 18cm 墙、轻质墙、空心墙等稳定性差的墙体。

(4) 剪刀撑是防止脚手架纵向变形的重要杆件和措施，合理设置剪刀撑可以增强脚手架的整体刚度，提高脚手架的承载能力，剪刀撑的设置应符合下列要求。

1) 每组剪刀撑以 4 至 6 跨为宜，但不小于 6m，斜杆与地面的夹角为 45°～60°。

2) 搭设高度在 24m 以下的单、双排脚手架，均必须在外侧立面的两端各设一组剪刀撑，由底部至顶部随脚手架的搭设连续设置，中间部分可间断设置，各组剪刀撑间净距不大于 15m。

3) 搭设高度在 24m 以上的双排脚手架，在外侧立面必须沿长度和高度连续设置。

4) 剪刀撑斜杆应与立杆和伸出的小横杆用扣件扣牢，底部斜杆的下端应置于垫板上。

5) 剪刀撑斜杆的接长，均采用搭接，搭接长度不小于 1m，设置 2 个旋转扣件固定，端部扣件盖板边缘至搭接纵向杆端的距离不应小于 10cm。

6) 一字形、开口型双排脚手架的两端必须设置横向支撑。

7) 脚手架搭设高度超过 24m 时，在转角处及中间沿纵向每隔 6 跨，在横向平面内加横向支撑。

8) 横向支撑斜杆应在 1～2 步内，由底到顶呈之字形，连续布置斜杆应采用旋转扣件固定在与之相交的立杆上，或固定在横杆靠近脚手架节点处。

**六、杆件搭接**

(1) 立杆接长除在顶层可采用搭接外，其余各接头必须采用对接扣件对接，对接、搭接应符合下列规定：

1) 立杆上的对接扣件应交错布置，两个相邻立杆接头不应设在同步同跨内，两相邻立杆接头在高度方向错开的距离不应小于 50cm；各接头中心距主节点的距离不应大于步距的 1/3。

2) 立杆顶层搭接长度不小于 1m，用不少于两个旋转扣件固定，端部扣件盖板的边缘至杆端距离不应小于 10cm。

3）双立杆的副立杆高度不应低于3步，钢管长度不应小于6m。

4）立杆顶端高出建筑物檐口上皮高度1.5m。

5）每根立杆均应设置底座和垫板。

（2）大横杆设置于小横杆的下方，在立杆的里侧，并用直角扣件与立杆扣紧，其接长应符合下列规定：

1）大横杆一般应采用对接扣件连接。

2）对接的接头应交错布置，不应设在同步、同跨内，相邻接头水平距离不应小于50cm，并应避免设在大横杆纵向的跨中。

（3）小横杆不允许有接头。

## 七、脚手板与防护栏杆

脚手板是施工人员的作业平台，必须按脚手架的宽度满铺，板与板之间靠紧，脚手架上铺脚手板是方便施工人员进行施工操作、行走、运输材料等。如不满铺脚手板，容易造成空缺，人员在上行走时容易踏空，造成高处坠落事故。

（1）脚手板一般采用木脚手板和钢脚手板，其材质应符合规范要求。木脚手板应是5cm厚，非脆性木材（如桦木）无腐朽、劈裂；钢脚手板用2mm厚板材冲压制成，如有锈蚀、裂纹不能使用。

（2）脚手板采用对接时，接头处下设两根小横杆；脚手板外伸长度13～15cm，两块脚手板外伸长度的和不大于30cm。

（3）脚手板采用搭接时，接头必须支在小横杆，搭接长度应大于20cm，伸出横向水平杆的长度不应小于10cm。

（4）脚手板应设置在不少于3根小横杆上。

（5）脚手板下设置的小横杆，两端应与大横杆用直角扣件扣牢。

（6）脚手板应满铺、铺稳，离开墙面12～15cm，板下方应设安全网，防止脚手板折断发生事故。

（7）作业层脚手板探头长度应取15cm，并不应大于20cm。探头板过长可能造成坠落事故，其板长两端均应与支撑小横杆可靠固定。

（8）脚手架的外侧应按规定设置密目安全网，安全网设置在外排立杆的里侧，安全网必须合格，使用符合要求的绳扣牢系在脚手管上。

（9）作业层在脚手架外侧大横杆与脚手板之间，应按临边防护的要求设置防护栏杆和挡脚板，防止作业人员坠落和脚手板上物料滚落。

（10）自顶层操作层的脚手板往下计，每隔10m铺一层脚手板或设置安全平网做隔离。

## 八、交底与验收

（1）脚手架搭设前，施工负责人应按照施工方案要求，结合施工现场作业条件和队伍情况，做详细的技术交底和安全交底，并有专人指挥搭设，交底主要包括下列内容：

1）搭设场地的平整，基础的处理。

2）脚手架的用途、形式和所用的材料。

3）杆件间距和剪刀撑及拉结的设置方法。

4）脚手架搭设的顺序及搭设的质量标准和分段方法。

5）材料的选择及检验。

6）搭设过程中的安全注意事项及劳动保护。

7）特别应强调的有关事宜。

8）其他应该交代的事项等。

（2）脚手架搭设完毕应由施工负责人组织有关人员参加，按照施工方案和规范逐项检查、验收、确认符合后，方可投入使用。

（3）检查验收的内容如下：

1）杆件、扣件的材质、锈蚀情况及刷防锈漆情况。

2）脚手板材质及几何尺寸。

3）地基与基础及基础排水情况，底座是否松动，立杆有无悬空。

4）杆件的间距、连接、拉结点、支撑、门洞桁架等构造是否符合要求。

5）扣件螺栓的紧固力矩。

6）立杆的垂直度、横杆的平直度。

7）安全防护措施及使用情况。

8）其他应该检查验收的内容等。

**九、架体内封闭**

（1）脚手架铺设脚手板一般不少于两层，上层在作业层下层为防护，当作业层脚手板发生问题而落人、落物时，下层有一层起防护作用，也可以用于平网做隔离措施，间隔不大于10m。

（2）当作业层脚手板与建筑物之间缝隙大于15cm就会构成落人、落物危险，也应采取防护措施，不使落物时对作业层以下发生伤害。

（3）脚手架内立杆距建筑物一般在30cm左右，有的为躲避挑檐等建筑造型内立杆距建筑物很可能更大，所以必须采取措施封闭作业层。可在内外排架体大横杆向内排架外侧挑出小横杆铺设脚手板，但不能大于50cm，非作业层可用平网封闭。

**十、通道（斜道）**

为了方便各类人员上下脚手架，必须搭设人行通道（斜道）供人员行走，人员不得攀爬脚手架，通道可附着在建筑物设置，也可附着在脚手架外侧设置，但搭设通道（斜道）的杆件必须独立设置。架高6m以下宜采用一字形斜道，架高6m以上宜采用之字形斜道。斜道构造应符合下列要求：

（1）人行斜道宽度不应小于1m，坡度宜采用1∶3（高∶长）；运输斜道宽度不应小于1.5m，坡度宜采用1∶6。

（2）拐弯处应设置平台，宽度不小于斜道宽度。

（3）斜道两侧及平台外围均必须设置栏杆及挡脚板。栏杆高度为1.2m，挡脚板高度不应小于15cm。

（4）运输斜道两侧、平台外围和端部均按拉结点的要求与建筑物设置连墙件，每两步应加设水平斜杆，同时应按剪刀撑的规定设置剪刀撑和横向斜撑。

斜道脚手板应符合下列要求：

（1）脚手板横铺时，应在横向水平杆上增设纵向支撑斜杆，斜杆间距不应大于50cm。

（2）脚手板顺铺时，脚手板的接头宜采用搭接，下面的板头压住上面的板头，板头的凸棱处应用三角木填顺。

（3）人行、运输斜道的脚手板上每隔25～30cm设置一根防滑木条，木条厚度宜采用2～3cm。

## 十一、安全管理

### 1. 人员要求

（1）脚手架搭设人员必须是经过按国家安全生产监督管理总局令第30号《特种作业人员安全技术考核管理规定》考核合格的专业架子工。上岗人员应定期体检，合格者方可持证上岗。

（2）脚手架搭设人员必须佩戴安全帽、安全带，穿防滑鞋。

### 2. 搭设要求

（1）脚手架的构配件质量必须按规范标准要求进行检验，合格后方可使用。

（2）脚手架应按分部分段进行质量检查，发现问题应及时校正：

1）基础完工后及脚手架搭设前。

2）操作层上施加荷载前。

3）每搭设完一个施工层高度后，没有施工层的每搭设完10m高度后。

4）达到设计高度后。

（3）脚手架的搭设质量必须符合规范规定要求后方能投入使用。

### 3. 使用要求

（1）作业层上的施工荷载应符合设计要求，不得超载。不得将模板支架、揽风绳、泵送混凝土和砂浆的输送管等固定在脚手架上，严禁悬挂起重设备。

（2）当有6级及以上大风和雾、雨、雪天气时应停止脚手架作业（包括搭设和拆除作业以及使用等）。雨、雪后上架作业应有防滑措施，并应扫除积雪。

（3）应设专人负责对脚手架进行经常检查和保养。有下列情况时必须对脚手架进行检查。

1）大风、大雨后。

2）冬季施工结束开冻后。

3）停用超过一个月，复工前。

检查维护下列项目：

1）各主节点处的杆件安装，连墙件、支撑、门洞等构造是否符合施工组织设计要求。

2）地基基础是否有积水，底座是否有松动，立杆是否有悬空。

3）扣件螺栓是否有松动。

4）基础是否有沉降，架体是否有变形，垂直度是否超过允许偏差。

5）安全防护措施是否符合要求。

（4）在脚手架使用期间，严禁任意拆除下列杆件：

1）主节点处的纵、横向水平杆，纵、横向扫地杆。

2）连墙件。

3）支撑（剪刀撑、斜撑）。

4）栏杆、挡脚板。

要拆除或移动上述杆件均必须采取安全措施，经项目负责人同意，并指令专人监督下实施。

（5）不得任意在脚手架基础及临近处进行挖掘作业，否则应采取安全措施，并报主管部门批准。

（6）临街搭设脚手架时，外侧应有防止坠物伤人的防护措施。

（7）在脚手架上进行电、气焊作业时，必须有防火措施和专人看守。

（8）高大脚手架或较空旷环境搭设的脚手架，应采取避雷措施，并应符合JGJ 46—2005《施工现场临时用电安全技术规范》的有关规定。

（9）超高脚手架的卸荷。搭设高度超过50m的落地脚手架，必须采取卸荷措施才能保证架体的安全。卸荷方式一般有两种，一种是分段悬挑搭设，另一种是分段斜拉。一般不提倡分段斜拉，因为这种方式很不经济，也不便于检查和维护，必须使用时应保证斜拉卸荷处能承受斜拉处以上全部荷载。

## 任务二　编制碗扣式钢管脚手架方案

碗扣式钢管脚手架的立杆与横杆使用碗扣接头。这种脚手架是一种多功能新型脚手架，它接头构造合理，安全可靠，并具有重量轻、装拆方便等特点。其主要构件依然是立杆、横杆、斜杆、底座等。

### 一、碗扣接头

碗扣接头由上、下碗扣、横杆扣以及上碗扣限位销组成。脚手架的立杆上每间隔600mm安装一付带齿碗扣接头。碗扣接头分为上碗扣与下碗扣，下碗扣直接焊于立杆上，是固定的；上碗扣可以沿立杆滑动，用限位销限位。当上碗扣的缺口对准限位销时，上碗扣即能沿立杆上下滑动。碗扣接头可同时连接4根横杆，即可相互垂直又可偏转一定角度。其构造如图2-1所示。

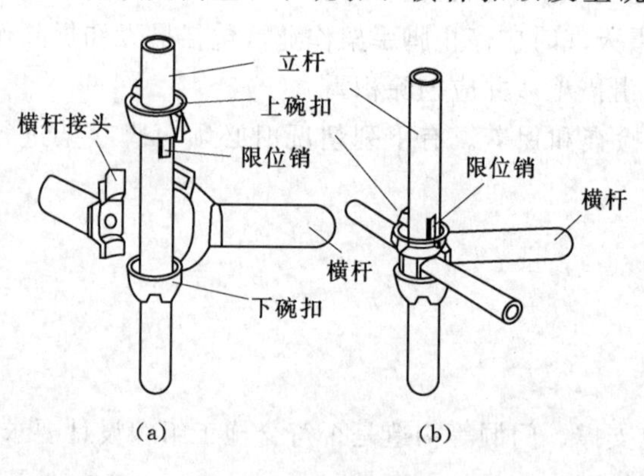


图2-1　碗扣接头

连接时按以下顺序进行：横杆接头插入下碗扣周边带齿圆槽内→将上碗扣滑下→旋紧。

碗扣接头的加工，上碗扣采用精密铸造件，下碗扣采用冲压件，横杆接头采用模锻或精密铸造。

### 二、杆件规格

杆件采用外径48mm、壁厚3.5mm或外径50mm、壁厚3～4mm的钢管。

立杆长度分为1.8m和3.0m两种，以便接头错开。其上每隔600mm安装一付碗扣

接头。

## 三、辅助配件

包括底座、搭边横杆（为使用非规定长度的普通脚手板所配，以防窜动）、间横杆（相当于扣件架子的跨中小横杆）、搭边间横杆（与搭边横杆配合使用的间横杆）、挑梁、搭边挑梁、立杆连接销（用于立杆的接头销定）、连墙撑、直角撑（连接直接相交的脚手架，加强整体性）等，如图2－2所示。

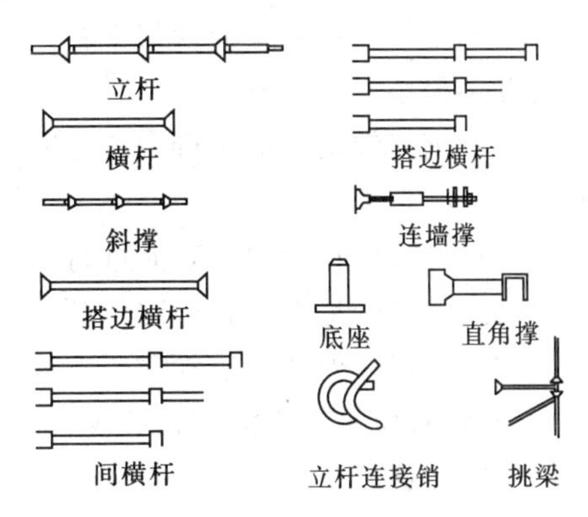

图2－2　杆件及辅助配件

碗扣式钢管脚手架，用独创的带齿碗扣接头连接各种杆件，采用$\phi$48mm×3.5mmQ235A级焊接钢管做主构件，立杆和顶杆是在一定长度的钢管上每隔60cm安装一套碗扣接头制成，碗扣分上碗扣和下碗扣，下碗扣焊在钢管上，上碗扣对应地套在钢管上，其销槽对准焊在钢管上的限位销，即能上、下滑动。横杆是在钢管两端焊接横杆接头制成。连接时只需将横杆接头插入下碗内，将上碗扣沿限位销扣下，并按顺时针旋转，靠上碗扣螺旋面使之与限位销顶紧，从而将横杆和立杆牢固地连接在一起，形成框架结构。每个下碗扣内可同时装4个横杆接头，位置任意。

1. 主要构配件

（1）立杆。立杆是脚手架的主要受力杆件，顶端焊有连接套管，长度有1.2m、1.8m、2.4m和3m四种标准规格，还有长度1.5m、0.9m和0.6m等非标准规格。

（2）横杆。横杆是组成框架的横向连接杆件，由一定长度的钢管两端焊接横杆接头制成，长度有1.8m、1.5m、1.2m、0.9m、0.6m、0.3m六种规格。

（3）间横杆。间横杆是钢管两端焊有插卡装置的专门用于脚手板下方的横杆，有0.9m和1.2m两种。

（4）专用外斜杆。专用外斜杆是一种两端有旋转式接头的斜向杆件，是为增强脚手架稳定强度而设计的，是在脚手架外侧专用系列杆件，有五种规格分别适用于五种框架平面。

（5）专用斜杆。专用斜杆包括钢管两端焊有连接件的水平连接斜杆和双排脚手架两立杆之间的竖向斜杆也叫廊道斜杆，有多种规格。

（6）底座。底座是安装立杆根部，防止立杆下沉，并将上部荷载分散传递给地基基础的构件。常用规格有两种：一种不可调，另一种可调。可调长度有30cm、45cm和60cm三种规格。

（7）辅助构件。包括间横杆、专用脚手板、斜道板、挡脚板、挑梁、架梯等。

（8）用于连接的辅助构件。包括立杆、连接销、直角撑、连墙撑、高层拉接杆等。

（9）其他用途辅助构件

包括立杆、托撑、立杆可调支撑、横托撑、可调横托撑、安全网支架等。

（10）专用构件。包括窄挑梁、宽条梁等。

2. 制作质量

(1) 碗扣式钢管脚手架钢管规格应为 $\phi$48mm×3.5mm，钢管壁厚应为 (3.50+0.25)mm。

(2) 立杆连接处外套管与立杆间隙应不大于 2mm，外套管长度不得小于 160mm，外伸长度不得小于 110mm。

(3) 钢管焊接前应进行调直除锈，钢管直线度应小于 1.5$L$/1000 ($L$ 为使用钢管的长度)。

(4) 焊接应在专用工装上进行。

(5) 主要构配件的制作质量及形位公差要求，应符合规范的规定。

(6) 构配件外观质量应符合下列要求：

1) 钢管应平直光滑、无裂纹、无锈蚀、无分层、无结巴、无毛刺等，不得采用横断面接长的钢管。

2) 铸造件表面应光整，不得有砂眼、缩孔、裂纹、浇冒口残余等缺陷，表面粘砂应清除干净。

3) 冲压件不得有毛刺、裂纹、氧化皮等缺陷。

4) 各焊缝应饱满，焊药应清除干净，不得有未焊透、夹砂、咬肉、裂纹等缺陷。

5) 构配件防锈漆涂层应均匀，附着应牢固。

6) 主要构配件上的生产厂标识应清晰。

(7) 架体组装质量应符合下列要求：

1) 立杆的上碗扣应能上下窜动、转动灵活，不得有卡滞现象。

2) 立杆与立杆的连接孔处应能插入 $\phi$10mm 连接销。

3) 碗扣节点上应在安装 1～4 个横杆时，上碗扣均能锁紧。

(8) 可调底座底板的钢板厚度不得小于 6mm，可调托撑钢板厚度不得小于 5mm。

(9) 可调底座及可调托撑丝杆与调节螺母啮合长度不得少于 6 扣，插入立杆内的长度不得小于 150mm。

(10) 主要构配件性能指标应符合下列要求：

1) 上碗扣抗拉强度不应小于 30kN。

2) 下碗扣组焊后剪切强度不应小于 60kN。

3) 横杆接头剪切强度不应小于 50kN。

4) 横杆接头焊接剪切强度不应小于 25kN。

5) 底座抗压强度不应小于 100kN。

3. 施工方案

架体方案设计应包括下列内容：

(1) 工程概括：工程名称、工程结构、建筑面积、高度、平面形状及尺寸等。

(2) 架体结构设计和计算顺序如下。

第一步：制订方案；

第二步：绘制架体结构图（平、立、剖）及计算简图；

第三步：荷载计算；

第四步：最不利立杆、横杆及斜杆承载力验算，连墙件及地基承载力验算。

（3）确定各个部位斜杆的连接措施及要求，模板支撑架应绘制立杆顶端及底部节点构造图。

（4）说明结构施工流水步骤，架体搭设、使用和拆除方法。

（5）编制构配件用料表及供应计划。

（6）搭设质量及安全的技术措施。

4. 双排脚手架构造要求

（1）双排脚手架的搭设应根据连墙件的距离、荷载的大小、封闭的不同以及风压的变化、立杆的间距、横杆步距的不同，严格按规范要求控制搭设高度。

（2）当曲线布置的双排脚手架组架时，应按曲率要求使用不同长度的内外横杆组架，曲率半径应大于 2.4m。

（3）当双排脚手架拐角为直角时，宜采用横杆直接组架；当双排脚手架拐角处为非直角时，可采用钢管扣件组架。

（4）双排脚手架首层立杆应采用不同的长度交错布置，底层纵、横向横杆作为扫地杆距地面高度应小于或等于 350mm，严禁施工中拆除扫地杆，立杆应配置可调底座或固定底座。

（5）双排脚手架专用外斜杆设置应符合下列规定：

1）斜杆应设置在有纵、横向横杆的碗扣节点上。

2）在封圈的脚手架拐角处及一字形脚手架端部应设置竖向通高斜杆。

3）当脚手架高度不大于 24m 时，每隔 5 跨应设置一组竖向通高斜杆；当脚手架高度大于 24m 时，每隔 3 跨应设置一组竖向通高斜杆；斜杆应对称设置。

4）当斜杆临时拆除时，拆除前应在相邻立杆间设置相同数量的斜杆。

（6）当采用钢管扣件作斜杆时应符合下列规定：

1）斜杆应每步与立杆扣接，扣接点距碗扣节点的距离不应大于 150mm；当出现不能与立杆扣接时，应与横杆扣接，扣件扭紧力矩应为 40～65N·m。

2）纵向斜杆应在全高方向设置成八字形且内外对称，斜杆间距不应大于两跨。

（7）连墙件的设置应符合下列规定：

1）连墙件应呈水平设置，当不能呈水平设置时，与脚手架连接的一端应下斜连接。

2）每层连墙件应在同一平面，其位置应由建筑结构和风荷载计算确定，且水平间距不应大于 4.5m。

3）连墙件应设置在有横向横杆的碗扣节点处，当采用钢管扣件做连墙件时，连墙件应与立杆连接，连接点距碗扣节点距离不应大于 150mm。

4）连墙件应采用可承受拉、压荷载的刚性结构，连接应牢固可靠。

（8）当脚手架高度大于 24m 时，顶部 24m 以下所有的连墙件层必须设置水平斜杆，水平斜杆应设置在纵向横杆之下。

（9）脚手板设置应符合下列规定：

1）工具式钢脚手板必须有挂钩，并带有自锁装置与廊道横杆锁紧，严禁浮放。

2）冲压钢脚手板、木脚手板、竹串片脚手板，两端应与横杆绑牢，作业层相邻两根廊道横杆间应加设间横杆，脚手板探头长度应不大于 150mm。

（10）人行通道坡度宜不大于1∶3，并应在通道脚手板下增设横杆，通道可折线上升。

（11）脚手架内立杆与建筑物距离应不大于150mm；当脚手架内立杆与建筑物距离大于150mm时，应按需要分别选用窄挑梁或宽挑梁设置作业平台。挑梁应单层挑出，严禁增加层数。

5. 施工组织

（1）双排脚手架及模板支撑架施工前必须编制专项施工方案，并经批准后方可实施。

（2）双排脚手架搭设前，施工管理人员应按双排脚手架专项施工方案的要求对操作人员进行技术交底。

（3）对进入现场的脚手架构配件，使用前应对其质量进行复检。

（4）对经检验合格的构配件应按品种、规格分类放置在堆料区内或码放在专用架上，清点好数量备用；堆放场地排水应畅通，不得有积水。

（5）当连墙件采用预埋方式时，应提前与相关部门协商，按设计要求预埋。

（6）脚手架搭设场地必须平整、坚实、有排水措施。

6. 基础处理

脚手架搭设前，首先根据荷载等情况验算地基承载力，确定地基的处理方法。一般立杆底座位置沿架体纵向通长铺板。并根据季节、地势情况设置排水沟，以防地基积水，引起脚手架不均匀沉陷。当地基高差较大时，可利用立杆0.6m节点差进行调整。

7. 脚手架搭设

（1）根据架体设计确定的立杆间距，在处理好的基础垫板上安放立杆底座（立杆底座或立杆可调底座），然后将立杆插在底座上，立杆应采用3m和1.8m两种不同长度立杆交错、参差布置，上面各层均采用3m长立杆接长，顶部再用其他长度立杆找齐，（或同一层用同一种规格立杆，最后找齐），以避免立杆接头处于同一水平面上。架设在结实平整的地基基础上的脚手架，其立杆底座可直接用立杆底座。地势不平或高层及承重载的脚手架底部应用可调底座。

（2）碗扣式脚手架的底层组架最为关键，其组装的质量好坏直接影响到整体脚手架的质量，因此要严格控制搭设质量。当组装完两层横杆后，应检查调整水平框架的直角度和纵向直线度，同时要检查横杆的水平度；并检查立杆底脚，保证立杆不悬空，底座不松动。当底层架子符合搭设要求后，检查所有碗扣接头，并锁紧。

（3）底座和垫板应准确地放置在定位线上；垫板宜采用长度不少于立杆两跨、厚度不小于50mm的木板；底座的轴心线应与地面垂直。

（4）双排脚手架搭设应按立杆、横杆、斜杆、连墙件的顺序逐层搭设，底层水平框架的纵向直线度偏差应小于1/200架体长度；横杆间水平度偏差应小于1/400架体长度。

（5）双排脚手架的搭设应分阶段进行，每段搭设后必须经检查验收合格后，方可投入使用。

（6）双排脚手架的搭设应与建筑物的施工同步上升，并应高于作业面1.5m。

（7）当双排脚手架高度$H$不大于30m时，垂直度偏差应不大于$H/500$；当高度$H$大于30m时，垂直度偏差应不大于$H/1000$。

（8）当双排脚手架内外侧加挑梁时，在一跨挑梁范围内不得超过一名施工人员操作，

严禁堆放物料。

(9) 连墙件必须随双排脚手架升高及时在规定的位置处设置，严禁任意拆除。

(10) 作业层设置应符合下列规定：

1) 脚手板必须铺满、铺实，外侧应设 180mm 挡脚板及 1200mm 高两道防护栏杆。

2) 防护栏杆应在立杆 0.6m 和 1.2m 的碗扣接头处搭设两道。

3) 作业层下部的水平安全网设置应符合 JGJ 59—2011《建筑施工安全检查标准》的规定。

(11) 当采用钢管扣件作加固件、连墙件、斜撑时，应符合 JGJ 130—2011《建筑施工扣件式钢管脚手架安全技术规范》的有关规定。

8. 双排脚手架拆除

(1) 双排脚手架拆除时，必须按专项施工方案，在专人统一指挥下进行。

(2) 拆除作业前，施工管理人员应对操作人员进行安全技术交底。

(3) 双排脚手架拆除时必须划出安全区，并设置警戒标志，派专人看守。

(4) 拆除前应清理脚手架上的器具及多余的材料和杂物。

(5) 拆除作业应从顶层开始，逐层向下进行，严禁上下层同时拆除。

(6) 连墙件必须在双排脚手架拆到该层时方可拆除，严禁提前拆除。

(7) 拆除的构配件应采用起重设备吊运或人工传递到地面，严禁抛掷。

(8) 当双排脚手架采取分段、分立面拆除时，必须事先确定分界处的技术处理方案。

(9) 拆除的构配件应分类堆放，以便于运输、维护和保管。

9. 检查与验收

(1) 进入现场的构配件应具备以下证明资料：

1) 主要构配件应有产品标识及产品质量合格证。

2) 供应商应配套提供钢管、零件、铸件、冲压件等材质、产品性能检验报告。

(2) 构配件进场应重点检查以下部位质量：

1) 钢管壁厚、焊接质量及外观质量。

2) 可调底座和可调托撑材质及丝杆直径、与螺母配合间隙等。

(3) 双排脚手架搭设应重点检查下列内容：

1) 保证架体几何不变性的斜杆、连墙件等设置情况。

2) 基础的沉降，立杆底座与基础面的接触情况。

3) 上碗扣锁紧情况。

4) 立杆连接销的安装、斜杆扣接点及扣件拧紧程度。

(4) 双排脚手架搭设质量应按下列情况进行检验：

1) 首段高度达到 6m 时，应进行检查与验收。

2) 架体随施工进度升高应按结构层进行检查。

3) 架体高度大于 24m 时，在 24m 处或在设计高度 $H/2$ 处及达到设计高度后，进行全面检查与验收。

4) 遇 6 级及以上大风、大雨、大雪后施工前检查。

5) 停工超过一个月恢复使用前。

（5）双排脚手架搭设过程中，应随时进行检查，及时解决存在的结构缺陷。

（6）双排脚手架验收时，应具备下列技术文件：

1）专项施工方案及变更文件。

2）安全技术交底文件。

3）周转使用的脚手架构配件使用前的复验合格记录。

4）搭设的施工记录和质量安全检查记录。

10. 安全管理

（1）作业层上的施工荷载应符合设计要求，不得超载，不得在脚手架上集中堆放模板、钢筋等物料。

（2）混凝土输送管、布料杆、缆风绳等不得固定在脚手架上。

（3）遇6级及以上大风、雨雪、大雾天气时，应停止脚手架的搭设与拆除作业。

（4）脚手架使用期间，严禁擅自拆除架体结构杆件；如需拆除必须经修改施工方案并报请原方案审批人批准，确定补救措施后方可实施。

（5）严禁在脚手架基础及邻近处进行挖掘作业。

（6）脚手架应与输电线路保持安全距离，施工现场临时用电线路架设及脚手架接地防雷措施等应按JGJ 46—2005《施工现场临时用电安全技术规范》的有关规定执行。

（7）搭设脚手架人员必须持证上岗。上岗人员应定期体检，合格者方可持证上岗。

（8）搭设脚手架人员必须戴安全帽、系安全带、穿防滑鞋。

**【知识扩展】** 脚手架工程标准做法

（1）脚手架材料应按国家现行标准进行100％外观检查，所有脚手架材料经检验合格后进行合格品标识妥善保管，必须具备产品质量合格证、生产许可证、专业检测单位检测报告，如图2-3所示。

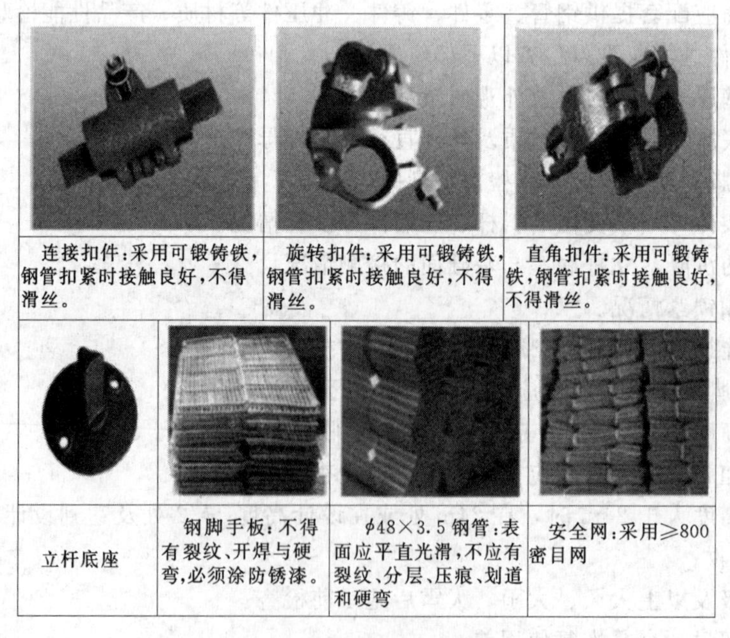


图2-3　脚手架材料检验

(2) 安全防护设备及测量作业设备齐全，如图 2-4 所示。

图 2-4 安全防护设备及测量设备

(3) 总包单位向甲方项目部申报的脚手架搭设专项施工方案通过后，组织施工单位进行技术交底并做好书面交底记录。

(4) 所有脚手架作业人员必须持证上岗。

(5) 图纸深化：按照脚手架搭设专项方案图纸跟建筑物施工图核对，计算立杆的步距及横距，并绘制立杆放线定位图及悬挑卸载层悬挑钢梁排版图。

(6) 基础要求：采用混凝土硬化处理，混凝土厚度不小于 100mm，混凝土标号不小于 C20，必须满足脚手架搭设施工方案的荷载要求，按照立杆放线定位图放线。

(7) 基础周边设置排水沟，基础地面不积水，接地线采用 40mm×4mm 镀锌扁钢用两道螺栓卡箍与立杆主体结构连成一体，防雷接点不小于四处（建筑物 4 个大角设置防雷点），并满足防雷专项方案要求，保证防雷接地有效，如图 2-5 所示。

图 2-5 脚手架基础周边设置排水沟

(8) 纵横向扫地杆。纵向扫地杆采用直角扣件固定在距底座下皮 20cm 处的立柱上，横向扫地杆则用直角扣件固定在紧靠纵向扫地杆下方的立柱上，通道出入口位置存在绊倒的危险时可不用安装扫地杆，如图 2-6 所示。

(9) 立杆两个相邻立柱接头避免出现在同步同跨内，并在高度方向错开的距离不小于

500mm，如图 2－7 所示。

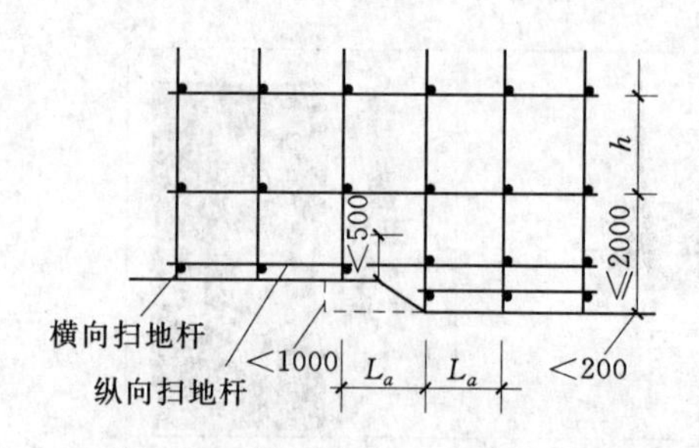


图 2－6　纵横向扫地杆（单位：mm）

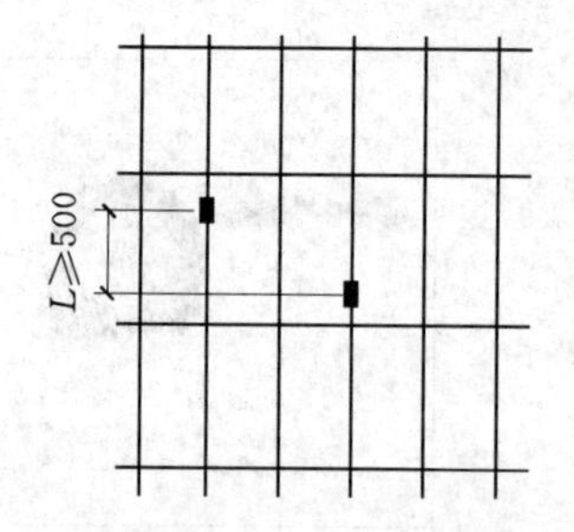


图 2－7　相邻立杆搭设（单位：mm）

（10）纵向水平杆相邻接头水平距离不小于 500mm，各接头距立柱的距离不大于 500mm，接头交错布置，不在同步、同跨内，如图 2－8 所示。

（11）剪刀撑斜杆的接长采用扣件进行搭接。长度不少于 1m，不小于 3 个扣件，如图 2－9 所示。

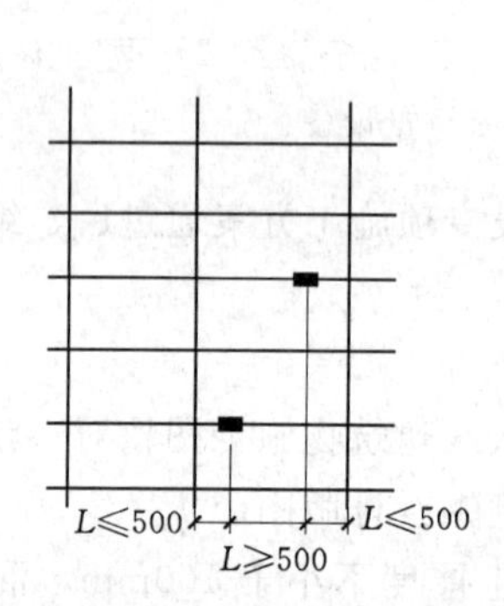


图 2－8　相邻纵向水平杆搭设（单位：mm）

图 2－9　剪刀撑搭设

（12）对头铺设的脚手板接头下面必须设置两根小横杆，板端距小横杆 100～150mm。

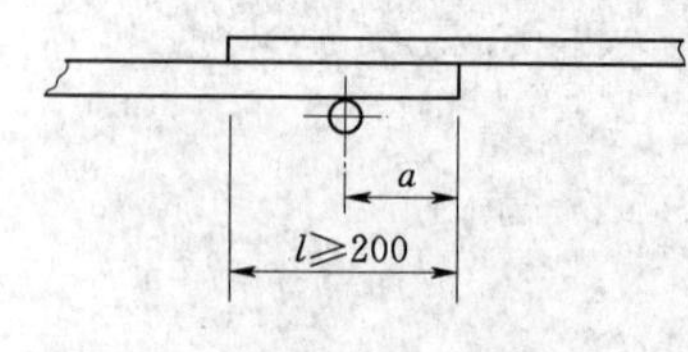


图 2－10　脚手板搭设（单位：mm）

（13）搭接的脚手板必须搭在小横杆上，搭接长度不小于 200mm。拐弯处的脚手板必须交叉搭铺，接缝的搭接长度 $a \geqslant 100$mm，$l \geqslant 200$mm，每张脚手板必须四点绑扎，如图 2－10 所示。

（14）脚手架应在外侧立面整个长度和高度上连续设置剪刀撑。

（15）主节点处各扣件中心点距离要求：$a \leqslant 150$mm，如图 2－11 所示。

（16）连墙件采用刚性连接，按两步三跨设置，但要满足连墙杆覆盖面积不大于 $27m^2$，在结构混凝土侧面预埋⌀ 20 钢筋，钢筋预埋长度及焊接宽度必须满足专项方案荷载要求，连墙杆靠近主节点设置，偏离主节点的距离不大于 300mm，如图 2－12 所示。

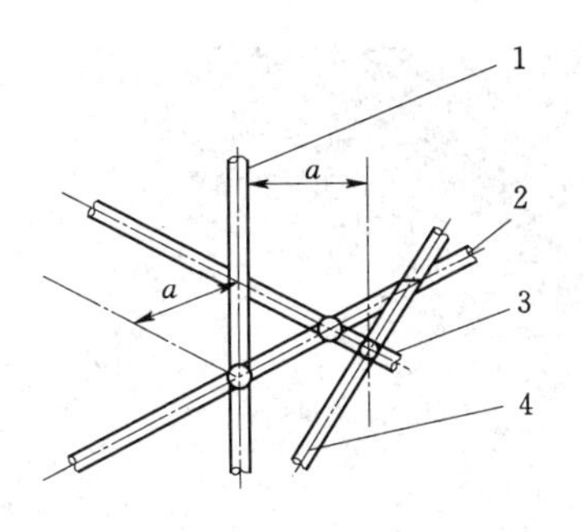


图 2-11 扣件中心点距离要求
1—立杆；2—纵向水平杆；3—横向水平杆；4—剪刀撑

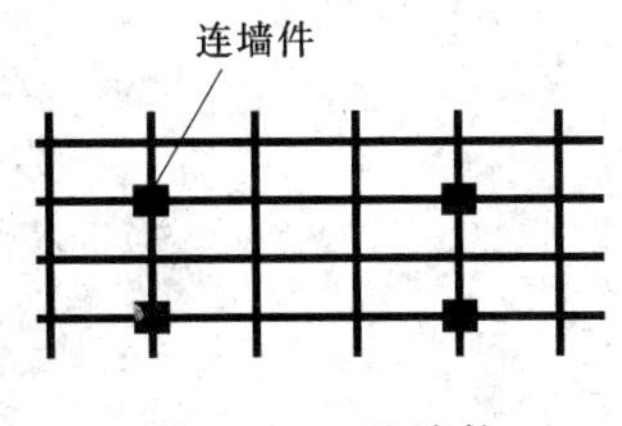


图 2-12 连墙件

(17) 钢丝绳卸载预埋件原材料要求：采用直径不小于 20mm 的圆钢，推荐使用预埋螺母装配式预埋件，预埋长度必须满足专项方案荷载要求。

(18) 钢丝绳卸载预埋件安装要求：预埋位置结构梁外侧，混凝土未够 28d 龄期严禁连接卸载钢丝绳，如图 2-13 所示。

(19) 悬挑载预埋件原材料要求：采用直径不小于 20mm 的圆钢，严禁使用螺纹钢，预埋长度必须满足专项方案荷载要求，如图 2-14 所示。

图 2-13 钢丝绳卸载预埋件

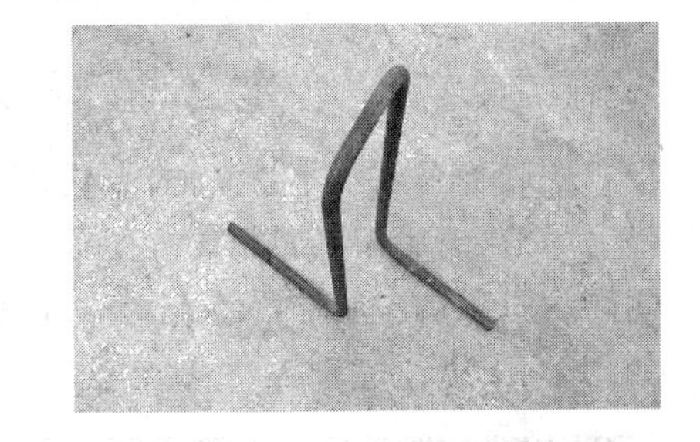

图 2-14 悬挑载预埋件

(20) 脚手架预埋连墙件要求：采用直径不小于 20mm 的圆钢预埋件，并跟脚手架满焊连接，预埋件严禁使用螺纹钢，预埋长度及焊接长度必须满足专项方案荷载要求；推荐使用、预埋钢板螺母的连接方法。

(21) 悬挑卸载设置要求：悬挑钢梁采用不小于 16 号工字钢，工字钢悬挑架体高度(无钢丝绳卸载) 不能超过 24m；如高度超过 24m 要有专项卸载方案，经监理及甲方确认方可实施。

(22) 电梯洞口防护栏要求：护栏高度不小于 1.6m，竖向钢筋间距不大于 100mm，顶部标准楼层及警示语，底部安装 180mm 高的踢脚板，踢脚板采用不小于 9mm 厚的胶合板制作，电梯井内侧必须设置低压照明。

(23) 楼梯护栏设置要求：采用可拆卸水管护栏，高度不小于 1.2m；临边超过 3m 落差的楼梯必须挂网及底部安装 180mm 高的踢脚板，踢脚板采用不小于 9mm 厚的胶合板制作，如图 2-15 所示。

(24) 楼层内洞口长宽不小于 400mm×400mm 的封闭防护要求：洞口内用四点膨胀

图 2-15　楼梯护栏设置

螺丝固定Φ6@150 钢筋网，面再封不小于 10mm 厚的胶合板，四周覆盖压边 200mm，再砂浆封边。

（25）楼层内洞口长宽小于 400mm×400mm 的封闭防护要求：10mm 厚胶合板固定，刷醒目油漆标识。

（26）临边护栏设置要求：采用可拆卸水管护栏，高度 1.2m，安装完毕后再挂安全网防护，底部安装 180mm 高的踢脚板，踢脚板采用不小于 9mm 厚的胶合板制作，如图 2-16所示。

（27）脚手架兜底网设置要求：每 3 层楼设置一层兜底网，底部安装 180mm 高的踢脚板，踢脚板采用不小于 9mm 厚的胶合板制作。

（28）脚手架硬封闭设置要求：材料采用 10mm 厚的胶合板，每 6 层楼设置一层硬封闭防护脚手板，底部安装 180mm 高的踢脚板，踢脚板采用不小于 9mm 厚的胶合板制作，如图 2-17 所示。

图 2-16　临边护栏设置

图 2-17　脚手架硬封闭设置

（29）基坑护栏设置要求：采用可拆卸水管护栏，高度 1.2m，再挂安全网防护，底部安装 180mm 高的踢脚板，踢脚板采用不小于 9mm 厚的胶合板制作，推荐使用混凝土反坎踢脚板，如图 2-18 所示。

（30）无法用胶合板封闭护栏设置要求：采用可拆卸水管护栏，高度不小于 1.2m；临

图 2－18 基坑护栏设置

边超过，底部安装 180mm 高的踢脚板，踢脚板采用不小于 9mm 厚的胶合板制作。

(31) 安全通道设置要求：材料采用 10mm 厚的胶合板，设置双层胶合板硬封闭防护，人行通道层高度不小于 2m，如图 2－19 所示。

(32) 塔吊调运覆盖范围防护棚设置要求：材料采用 10mm 厚的胶合板密铺，设置双层胶合板硬封闭防护。

(33) 踢脚板设置要求：材料采用不小于 9mm 厚的胶合板，高度 180mm，每层必须设置一层踢脚板；踢脚板设置在立杆及安全网之间，如图 2－20 所示。

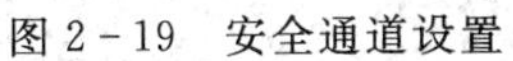

图 2－19 安全通道设置

图 2－20 踢脚板设置

(34) 施工楼梯搭设原材料要求：采用钢管、钢网踏步板或钢板踏步板，5mm 厚的胶合板踢脚板。施工楼梯搭设要求：踏步板宽 300mm，楼梯宽度不小于 1000mm，休息平台宽度不小于 1000mm，踢脚板高 180mm，坡度宜采用 1∶3，栏杆高度 1.2m。

(35) 整体预制式卸料平台原材料要求：底盘架外围为不小于［18 的槽钢，中间为不小于［12 的槽钢，底板及侧板为不小于 3mm 厚的花纹钢板，吊环采用不小于 20mm 厚的钢板，围栏四角立柱和上部扶手中间立柱、水平杆均为 $\phi48\times3.5$mm 的钢管，钢丝绳采用不小于 $\phi18.5$mm，钢丝绳端部的固定采用绳卡，绳卡应与绳径匹配，其数量不得少于 4 个。

整体预制式卸料平台标识要求：每次安装完毕后必须经监理公司验收合格后方可投入

使用，并做好每次验收的书面记录，限重标志采用“傻瓜式”限重标识牌。堆放高度不能超过卸料护栏高度；如堆放钢管时，伸出卸料平台外尺寸不得超过钢管总长度的1/4。

整体预制式卸料平台搭设要求：使用前总包单位必须提供专项方案，栏杆抗侧压强度满足堆放钢管要求。安全系数不小于2，经监理及甲方确认方可实施。

（36）塔吊上下班通行通道搭设要求：采用扣件式水管护栏，高度1.2m，安装完毕后再挂安全网防护，底部安装180mm高的踢脚板，踢脚板采用不小于9mm厚的胶合板制作，如图2-21所示。

（37）人货梯通道搭设要求：底部采用10mm厚的胶合板密铺，防护门采用外挂锁头保护。

（38）人货梯通道插销伸出长度不小于150mm，人货梯铁门中部铁板封300mm宽，上下封密钢网，如图2-22所示。

图2-21　塔吊通行通道设置

图2-22　人货梯通道搭设

（39）悬挑平挡板及斜挡板的设置要求：材料采用10mm厚的胶合板，设置双层硬封闭；禁止使用通透材料封闭，总包单位必须提供专项方案，经监理及甲方确认方可实施，如图2-23所示。

（40）悬挑平台板底部排水沟设置：有外墙展示需要的建筑物必须要安装镀锌铁皮排水沟天沟，总包单位必须提供专项方案，经监理及甲方确认方可实施，如图2-24所示。

图2-23　悬挑平挡板及斜挡板设置

图2-24　悬挑平台板底部排水沟设置

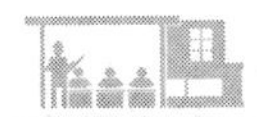

（41）作业层脚手架搭设要求：脚手架高出作业面高度不小于1.8m。

（42）每层脚手架搭设完成后，必须经施工单位自验合格，并报经监理公司验收合格后方可进行楼面梁底板安装，并做好每次验收的书面记录。

（43）安全警戒要求：脚手架搭设及拆除施工过程中必须有安全员全程负责警戒，不得中途离场，禁止非脚手架作业人员进入安全警戒区域，如安全员或警戒员中途离场，不得施工。

（44）警戒区域采用安全铁马隔离并有专人负责警戒，不得中途离场，如安全员或警戒员中途离场，不得施工。

（45）拆除脚手架的原则是先搭后拆，后搭先拆；全面检查脚手架的扣件连接、连墙件、支撑体系等是否符合构造要求；应根据检查结果补充完善脚手架拆除施工方案中的拆除顺序和措施，经甲方项目部批准后方可实施；拆除脚手架前必须先清除脚手架上杂物及地面障碍物。

（46）连墙件必须随脚手架逐层拆除，严禁先将连墙件整层或数层拆除后再拆脚手架；分段拆除高差不应大于2步，如高差大于2步，应增设连墙件加固。

（47）当脚手架采取分段时，对不拆除的脚手架两端，两端有封闭防护，按照专项方案要求增加连墙杆，总包单位必须提供专项方案，经监理及甲方确认方可实施。

（48）当脚手架采取分立面拆除时（如人货电梯位置保留不拆），对不拆除的脚手架两端，两端有封闭防护，按照专项方案要求增加连墙杆，总包单位必须提供专项方案，经监理及甲方确认方可实施。

# 学习单元二　模　板　工　程

**【知识链接】**

## 一、模板的要求

模板系统是保证混凝土在浇筑过程中保持正确的形状和尺寸，在硬化过程中进行防护和养护的工具。为此，要求模板和支架必须符合下列规定：

（1）保证工程结构和构件各部位形状尺寸和相互位置的正确。

（2）承载能力、刚度和稳定性高，能可靠地承受新浇混凝土的自重和侧压力，以及其他施工荷载。

（3）构造简单、装拆方便，并便于钢筋的绑扎、安装和混凝土的浇筑、养护。

（4）模板的拼缝严密不应漏浆，并能多次周转使用。

## 二、模板的种类

（1）按材料分，有木模板、竹模板、钢木模板、钢模板、塑料模板、铸铝合金模板、玻璃钢模板等。

（2）按工艺分，有组合式模板、大模板、滑升模板、爬升模板、永久性模板以及飞模、模壳、隧道模等。

(3) 按施工方法可分为现场装拆式模板、固定式模板和移动式模板。

(4) 按结构构件的类型可分为基础模板、柱模板、梁模板、楼板模板、楼梯模板、墙模板和各种构筑物模板等。

## 三、模板工程的作用与重要性

混凝土结构工程由横板工程、钢筋工程和混凝土工程三个主要工种工程组成。

模板工程是指支撑新浇筑混凝土的整个系统。模板结构主要由模板、支撑结构和连接件三部分组成。模板是直接接触新浇筑混凝土的承力板；支撑结构则是支撑模板、混凝土和施工荷载的临时结构，保证模板结构牢固地组合，使其不变形、不破坏；连接件是将模板与支撑结构连接成整体的配件。

在现浇混凝土结构工程中，模板工程一般占混凝土结构工程造价的20%～30%，占工程用工量的30%～40%，占工期的50%左右。模板技术对于提高工程质量、加快施工进度、降低工程成本和实现文明施工，都具有重要的影响。

在施工技术上，许多高、难、大的工程主要集中在混凝土结构工程上，而混凝土工程中，主要技术又集中在模板工程上，模板技术问题解决了，工程就可上去了，体现了模板技术的主导作用。

在工程质量上，模板施工质量直接影响混凝土工程的质量，如混凝土结构工程，主要看模板施工的混凝土表面质量。清水混凝土模板施工工程必须选择高质量的模板，利用这种模板可以完成各种装饰混凝土面和饰面清水混凝土面，不仅减少了混凝土面层湿作业的材料和人工费，也提高了结构工程的档次。

## 四、模板设计

模板和支架的设计，包括选型、选材、荷载计算、结构计算、拟定制作安装和拆除方案、绘制模板图。定型模板、常用模板和工具式支撑系统在其适用范围不需进行设计或验算，但重要结构、特殊形式的模板和超出适用范围的定型模板及支撑系统应进行设计或验算。

### （一）设计原则

(1) 保证构件的形状尺寸及相互位置的正确。

(2) 模板有足够的强度、刚度和稳定性，能承受新浇混凝土的重力、侧压力及各种施工荷载，变形不大于2mm。

(3) 构造简单、装拆方便，不妨碍钢筋绑扎、不漏浆。

(4) 配制的模板应使其规格和块数最少、镶拼量最少。

(5) 模板长向拼接宜错开布置，以增加模板的整体刚度。

(6) 内钢楞应垂直模板长度方向，外钢楞应与内钢楞垂直。

(7) 对拉螺栓和扣件根据计算配置，减少模板的开孔。

(8) 支架系统应有足够的强度和稳定性，节间长细比宜小于110，安全系数$K>3$。

### （二）设计步骤

(1) 划分施工段，确定流水作业顺序和流水工期，明确配置模板的数量。

(2) 确定模板的组装方法及支架搭设方法。

(3) 按配模数量进行模板组配设计。

(4) 进行夹箍和支撑件的设计计算和选配工作。

(5) 明确支撑系统的布置、连接和固定方法。

(6) 确定预埋件、管线的固定及埋设方法，预留孔洞的处理方法。

(7) 将所需模板、连接件、支撑及架设工具等统计列表，以便于备料。

## (三) 荷载及组合

### 1. 荷载标准值

设计和验算模板、支架时应考虑下列荷载。

(1) 模板及支架自重，可按图纸或实物计算确定，或参考表 2-1 计算。

**表 2-1　　模板及支架自重**

| 模　板　构　件 | 木模板/($kN/m^2$) | 定型组合钢模板/($kN/m^2$) |
|---|---|---|
| 平板模板及小楞自重 | 0.3 | 0.5 |
| 楼板模板自重（包括梁的模板） | 0.5 | 0.75 |
| 楼板模板及支架自重（楼层高度 4m 以下） | 0.75 | 1.1 |

(2) 新浇筑混凝土的自重标准值，普通混凝土 $24kN/m^3$，其他混凝土按实际重力密度确定。

(3) 钢筋自重标准值，每 $m^3$ 混凝土：楼板 1.1kN，梁 1.5kN。

(4) 施工人员及设备荷载标准值。计算模板及小楞时，均布活荷载 $2.5kN/m^2$，另以集中荷载 2.5kN 验算，取两者中较大值；计算支撑小楞的构件时，均布活荷载 $1.5kN/m^2$；计算支架立柱等构件时，均布活荷载 $1.0kN/m^2$。

(5) 振捣混凝土时产生的荷载标准值。水平面模板 $2.0kN/m^2$；垂直面模板 $4.0kN/m^2$（作用范围在有效压头高度之内）。

(6) 新浇筑混凝土对模板侧面的压力标准值。当采用内部振动器时，新浇筑的混凝土作用于模板的最大侧压力。

### 2. 荷载组合

(1) 荷载设计值。计算模板及支架时，应将前述的 6 项荷载标准值乘以相应的荷载分项系数以求得荷载设计值，荷载分项系数按表 2-2 采用。

**表 2-2　　荷载设计值**

<table>
<tr><th>项次</th><th>荷载类别</th><th>$\gamma_i$</th></tr>
<tr><td>1</td><td>模板及支架自重</td><td rowspan="3">1.2</td></tr>
<tr><td>2</td><td>新浇筑混凝土自重</td></tr>
<tr><td>3</td><td>钢筋自重</td></tr>
<tr><td>4</td><td>施工人员及施工设备荷载</td><td rowspan="2">1.4</td></tr>
<tr><td>5</td><td>振捣混凝土时产生的荷载</td></tr>
<tr><td>6</td><td>新浇筑混凝土对模板侧面的压力</td><td>1.2</td></tr>
<tr><td>7</td><td>倾倒混凝土时产生的荷载</td><td>1.4</td></tr>
</table>

(2) 荷载组合。对不同结构的模板及支架进行计算时，应分别取不同的荷载效应组

合，荷载组合的规定见表 2-3。

表 2-3　参与模板及支架荷载效应组合的各项荷载

| 模板类别 | 参与组合的荷载项 | |
| --- | --- | --- |
| | 计算承载能力 | 验算刚度 |
| 平板和薄壳的模板及支架 | 1+2+3+4 | 1+2+3 |
| 梁和拱模板的底板及支架 | 1+2+3+5 | 1+2+3 |
| 梁、拱、柱（边长不大于 300mm）、墙（厚不大于 100mm）的侧面模板 | 5+6 | 6 |
| 大体积结构、柱（边长大于 300mm）、墙（厚大于 100mm）的侧面模板 | 6+7 | 6 |

## 五、模板拆除

1. 拆除要求

混凝土成型并养护一段时间，当强度达到一定要求时，即可拆除模板。模板的拆除日期取决于混凝土硬化的快慢、模板的用途、结构的性质及环境温度。及时拆模可提高模板周转率、加快工程进度；过早拆模，混凝土会变形，甚至断裂、造成重大质量事故。现浇结构的模板及支架的拆除，如设计无规定时，应符合下列规定：

(1) 侧模应在混凝土强度能保证其表面及棱角不因拆模板而受损坏时方可拆除；对后张法预应力混凝土结构构件，侧模宜在预应力张拉前拆除。

(2) 底模及支架拆除时的混凝土强度应符合设计要求，设计无要求时，应在与结构同条件养护的混凝土试块达到表 2-4 规定时方可拆除。

表 2-4　底模拆除时的混凝土强度要求

| 构件类型 | 构件跨度/m | 达到设计的混凝土立方体抗压强度标准值的百分率/% |
| --- | --- | --- |
| 板 | ≤2 | ≥50 |
| | >2，≤8 | ≥75 |
| | >8 | ≥100 |
| 梁、拱、壳 | ≤8 | ≥75 |
| | >8 | ≥100 |
| 悬臂构件 | — | ≥100 |

2. 拆模顺序

应遵循“先支后拆、后支先拆”“先非承重部位、后承重部位”以及自上而下的原则进行拆模。重大复杂模板的拆除，事前应制定拆除方案。

3. 拆模注意事项

(1) 拆模时，操作人员应站在安全处，以免发生安全事故。

(2) 拆模时应避免用力过猛、过急，严禁用大锤和撬棍硬砸硬撬，以免损坏混凝土表面或模板。

(3) 拆除的模板及配件应有专人接应传递并分散堆放，不得对楼层形成冲击荷载，严禁高空抛掷。

(4) 模板及支架清运至指定地点，应及时加以清理、修理，按尺寸和种类分别堆放，

以便下次使用。

## 任务一　编制柱模板施工方案

柱模板由模板、柱箍和支撑系统等组成。模板支设特点是：布置零星分散，尺寸和垂直度要求严格，应有足够的稳定性、强度和刚度；同时要求混凝土浇筑和拆模方便。

### 一、材料要求

1. 胶合板

规格：1830mm×915mm，1830mm×1220mm，2135mm×915mm，2135mm×1220mm。

厚度：12mm，15mm，18mm。

其静曲强度标准值和弹性模量（$N/mm^2$）应符合表2-5的要求，出厂时的绝对含水率不得超过14%。

**表2-5　　胶合板的静曲强度标准值和弹性模量**

| 厚度/mm | 静曲强度标准值/($N/mm^2$) | | 弹性模量/($N/mm^2$) | |
|---|---|---|---|---|
| | 平行向 | 垂直向 | 平行向 | 垂直向 |
| 12 | ≥25.0 | ≥16.0 | ≥8500 | ≥4500 |
| 15 | ≥23.0 | ≥15.0 | ≥7500 | ≥5000 |
| 18 | ≥20.0 | ≥15.0 | ≥6500 | ≥5200 |
| 21 | ≥19.0 | ≥15.0 | ≥6000 | ≥5400 |

注　1. 平行向指平行于胶合板表板的纤维方向；垂直向指垂直于胶合板表板的纤维方向。
2. 当立柱或拉杆直接支在胶合板上时，胶合板的剪切强度标准值应大于1.2$N/mm^2$。
3. 胶合板的强度设计值应取胶合板静曲强度除以1.55的系数；弹性模量应乘以0.9的系数。

2. 连接件

面板与楞梁的连接、面板自身的拼接、支架结构自身的连接和其中二者相互间连接所用的零配件。包括卡销、螺栓、扣件、卡具、拉杆等。

3. 钢材

模板的钢材质量应符合下列规定：

(1) 钢材应符合GB/ T 700《碳素结构钢》、GB/T 1591《低合金高强度结构钢》的规定。

(2) 钢管应符合GB/T 13793《直缝电焊钢管》或GB/T 3091《低压流体输送用焊接钢管》中规定的Q235普通钢管的要求，并应符合《碳素结构钢》中Q235A级钢的规定。不得使用有严重锈蚀、弯曲、压扁及裂纹的钢管。

(3) 钢铸件应符合GB 11352《一般工程用铸造碳钢件》中规定的ZG200—400、ZG230—450、ZG270—500、ZG310—570和ZG340—640号钢的要求。

(4) 钢管扣件应符合GB 15831《钢管脚手架扣件》的规定。

(5) 连接用的焊条应符合GB/T 5117《碳钢焊条》或GB/T 5118《低合金钢焊条》中的规定。

(6) 连接用的普通螺栓应符合GB/T 5780《六角头螺栓C级》和GB/T 5782《六角头螺

栓》的规定。

(7) 组合钢模板及配件制作质量应符合 GBJ 214《组合钢模板技术规范》的规定。

4. 木材

在建筑施工模板工程中使用进口木材时，应遵守下列规定：

(1) 选择天然缺陷和干燥缺陷少、耐腐朽性较好的树种木材。

(2) 每根木材上应有经过认可的认证标识，认证等级应附有说明，并应符合商检规定，进口的热带木材，还应附有无活虫虫孔的证书。

(3) 进口木材应有中文标识，并应按国别、等级、规格分批堆放，不得混淆，储存期间应防止木材霉变、腐朽和虫蛀。

(4) 对首次采用的树种，必须先进行试验，达到要求后方可使用。

(5) 施工现场制作的木构件，其木材含水率应符合下列规定：

1) 制作的原木、方木结构，不应大于25%。

2) 板材和规格材，不应大于20%。

3) 受拉构件的连接板，不应大于18%。

4) 连接件，不应大于15%。

## 二、主要机具设备

主要机具设备有撬杠、水平尺、倒链、钢卷尺、线坠、花篮螺栓、扳手、钳子、斧子、锯、锤子等。

## 三、作业条件

(1) 模板设计，根据工程特点及现场施工条件，确定模板平面布置、柱箍的型式及间距、模板组装形式（就位组装或预制拼装），验算模板与支撑的强度、刚度及稳定性，绘制配板图。然后按照施工流水段的划分进行综合分析研究，确定模板的合理配置数量。

(2) 模板预制拼装，拼装场地应平整坚实，易于排水。按配板图将柱模板预拼成4片（一面为一片），拼装时应预留混凝土浇灌孔及清扫。

(3) 模板拼装后进行编号、涂刷脱模剂，分规格堆放。

(4) 放好柱子轴线、模板边线及控制标高线，柱模底口应做水泥砂浆找平层，校正柱模垂直度的钢筋环已在楼板上预埋好。

(5) 柱子钢筋绑扎完，各类预埋件已安装，绑好钢筋保护垫块，并已办完隐检手续。

(6) 施工方案已经批准，并向操作人员进行技术交底。

## 四、施工操作工艺

1. 工艺流程

找平、定位→组装柱模→安装柱箍→安装拉杆或斜撑→校正垂直度→柱模预检→浇筑混凝土→柱模拆除。

2. 施工操作要点

(1) 按标高抹好水泥砂浆找平层，按柱模边线做好定位墩台，以保证标高及柱轴线位置的准确。

(2) 安装就位预拼成的各片柱模。先将相邻的两片就位，就位后用铁丝与主筋绑扎临

时固定；安装完两面模板后再安装另外两面模板。

（3）安装柱箍。

（4）安装拉杆或斜撑。柱模每边设2根拉杆，固定于楼板预埋钢筋环上，用经纬仪控制，用花篮螺栓校正柱模垂直度。拉杆与地面夹角宜为45°，预埋钢筋环与柱距离宜为3/4柱高。

（5）将柱模内清理干净，封闭清扫口，办理柱模预检。

（6）柱子模板拆除。先拆掉柱模拉杆（或支撑），再卸掉柱箍，把连接每片柱模的U形卡拆掉，然后用撬杠轻轻撬动模板，使模板与混凝土脱离。

## 五、质量标准

1. 主控项目

（1）模板及其支架应根据工程结构形式、荷载大小、地基土类别、施工设备和材料供应等条件进行设计。模板及其支架应具有足够的承载能力、刚度和稳定性，能可靠地承受浇筑混凝土的重量、侧压力以及施工荷载。

（2）模板及其支架拆除的顺序及安全措施应按施工技术方案执行。

（3）在涂刷模板隔离剂时，不得沾污钢筋和混凝土接槎处。

2. 一般项目

（1）模板安装应满足下列要求：

1）模板的接缝不应漏浆；在浇筑混凝土前，木模板应浇水湿润，但模板内不应有积水。

2）模板与混凝土的接触面应清理干净并涂刷隔离剂，但不得采用影响结构性能或妨碍装饰工程施工的隔离剂。

3）浇筑混凝土前，模板内的杂物应清理干净。

4）对清水混凝土工程及装饰混凝土工程，应使用能达到设计效果的模板。

（2）用作模板的地坪、胎模等应平整光洁，不得产生影响构件质量的下沉、裂缝、起砂或起鼓等现象。

（3）固定在模板上的预埋件、预留孔和预留洞均不得遗漏，且应安装牢固，其偏差应符合表2-6的规定。

**表2-6　　预埋件和预留孔洞的允许偏差**

| 项　目 | | 允许偏差/mm |
|---|---|---|
| 预埋钢板中心线位置 | | 3 |
| 预埋管、预留孔中心线位置 | | 3 |
| 插筋 | 中心线位置 | 5 |
| | 外露长度 | +10，0 |
| 预埋螺栓 | 中心线位置 | 2 |
| | 外露长度 | +10，0 |
| 预留洞 | 中心线位置 | 10 |
| | 尺寸 | +10，0 |

（4）侧模拆除时的混凝土强度应能保证其表面及棱角不受损伤。

3. 现浇结构模板安装的偏差

现浇结构模板安装的偏差应符合表 2-7 的规定。

表 2-7　现浇结构模板安装的允许偏差及检验方法

| 项　目 | | 允许偏差/mm | 检验方法 |
|---|---|---|---|
| 轴线位置 | | 5 | 钢尺检查 |
| 底模上表面标高 | | ±5 | 水准仪或拉线、钢尺检查 |
| 截面内部尺寸 | 基础 | ±10 | 钢尺检查 |
| | 柱、墙、梁 | +4，−5 | 钢尺检查 |
| 层高垂直度 | 不大于 5m | 6 | 经纬仪或吊线、钢尺检查 |
| | 大于 5m | 8 | 经纬仪或吊线、钢尺检查 |
| 相邻两板表面高低差 | | 2 | 钢尺检查 |
| 表面平整度 | | 5 | 2m 靠尺和塞尺检查 |

## 六、产品保护

（1）吊装模板时轻起轻放，不准碰撞楼板混凝土，并防止模板变形。

（2）柱混凝土强度能保证拆模时其表面及棱角不受损时，方可拆除柱模板。

（3）拆模时不得用大锤硬砸或用撬杠硬撬，以免损伤柱子混凝土表面或棱角。

（4）拆下的模板及时清理修整，涂刷脱模剂，妥善堆放。

## 七、安全措施

（1）安装柱模时，应将柱模与主筋临时拉结固定，防止模板倾覆伤人。

（2）预拼装柱模拆除时，先挂好吊索，再拆除拉杆及两片柱模的连接件，待模板脱离混凝土表面之后吊运柱模。

（3）高处作业应搭设脚手架，操作人员应佩挂安全带。

## 八、施工注意事项

（1）支模前按设计图弹出柱子边线，抹好墩台，并校正钢筋位置，钢筋上部应采用钢管脚手固定，保证钢筋位正确。

（2）柱箍规格及间距应经过计算选用，柱子四角用拉杆和支撑固定。

## 九、质量记录

（1）模板工程技术交底记录。

（2）模板工程预检记录。

（3）模板工程质量评定资料。

# 任务二　编制梁模板施工方案

梁模板指砖混和框架结构每层的独立梁和砖墙上的圈梁模板。这种模板支设的特点是：构件截面小，数量多，布置零星分散，高空作业，一般要求支拆方便、快速，做成工具式，便于周转使用，尺寸要求准确。工程施工应以设计图纸和施工规范为依据。

## 一、材料要求

1. 木模板

所用木材应选用质地坚硬、无腐朽的松木和杉木，不宜低于三等材，含水率低于25%，也可以采用符合国家标准的多层胶合板。

2. 木方、钢楞、钢管脚手架

其规格、种类必须符合配板设计的要求。脚手架钢管 $\phi$48mm×3.5mm，其材质应符合国家碳素钢Q235A级要求。扣件应采用可锻铸铁制造，其质量应符合GB 15831—2006《钢管脚手架扣件规范》的要求。

3. 脱模剂

选择混凝土脱模剂时应综合考虑模板材质、混凝土表面装饰要求及施工条件等因素。

## 二、主要机具设备

1. 机械设备

机械设备包括圆锯机、手电钻、手电锯、电动扳手、砂轮切割机以及电焊设备等。

2. 主要工具

主要工具有斧、锯、钉锤、铁水平尺、扳手、钢尺、钢卷尺、线坠、钢丝刷、毛刷、小油漆桶、墨斗、撬杠、起子、经纬仪、水平仪、塔尺等。

## 三、作业条件

(1) 编制模板支设作业设计和施工方案，并经公司审批。要根据工程结构形式、特点及现场材料和机具供应等条件进行模板配板设计，确定使用模板材料，梁、圈梁模板组装形式，钢楞、支撑系统规格和间距、支撑方法；绘制模板设计配板图，包括模板平面分块图、模板组装图、节点大样图、零件加工图等。根据流水段划分，确定模板的配制数量。

对于梁的离地高度超过8m，或跨度超过18m，或施工总荷载大于10kN/m$^2$，或集中荷载大于15kN/m的模板支撑系统必须编制专项施工方案，并经公司组织专家审定。一般应采用门式钢管脚手架。

(2) 备齐模板、连接、支承工具材料，运进现场进行维修、清理，涂刷隔离剂，并分规格整齐堆放。

(3) 施工机具已运进现场，经维修均完好，作业需要的脚手架已搭设完毕。

(4) 柱和砖墙已施工完一层，并经检查，尺寸、标高、轴线符合要求并办好预检。

(5) 在柱、墙上弹好梁轴线、边线及水平控制标高线，能满足施工需要。

(6) 柱和砖墙上的灰渣、垃圾等已清理干净。

(7) 根据模板作业设计和施工方案以及设计图纸要求和工艺标准，已向工人班组进行技术和安全交底。

## 四、施工操作工艺

1. 梁模板安装

(1) 根据柱弹出的轴线、梁位置和水平线，安装柱头模板。

(2) 按配板设计在梁下设置支柱，间距经设计计算，对一般住宅楼面梁，可为500～1000mm。按设计标高调整支柱的标高，然后安装梁底模板，并拉线找平。当梁跨度不小于4m时，跨中梁底处应按设计要求起拱；如设计无要求时，起拱高度取梁跨的1‰～

3‰。主次梁交接时，先主梁起拱，后次梁起拱。

(3) 底层用钢管脚手杆作支柱时，应支在平整坚实地面上；当支在软土地基上或分层夯实的回填土上，一般在其表面做C20混凝土地面，厚不小于10cm。并在底部加垫5cm厚的木板，分散荷载，以防发生下沉。支柱底部离地高200mm处，设置纵、横双向水平扫地杆；支柱之间根据楼层高度，在纵、横两个方向设水平撑杆（其间距不宜大于1.8m）和交叉斜撑杆，支柱钢管接长时，要用对接接头，同时上、下楼层的支柱应对准。

(4) 梁钢筋一般在底板模板支好后绑扎，找正位置和垫好保护层垫块，清除垃圾杂物，经检查合格后，即可安装侧模板。

(5) 根据墨线安装梁侧模板、压脚板、斜撑等，梁托架（或三脚架）间距应符合配板设计要求。当梁高超过700mm时，应采用对拉螺栓在梁侧中部设置通长横楞，用螺栓紧固。

(6) 梁模板如采用木模板时，侧模要包住底模。

2. 圈梁模板安装

(1) 圈梁模板的底板一般为砖混结构的砖墙，安装前宜用砂浆找平。模板可采用木模板或胶合板。

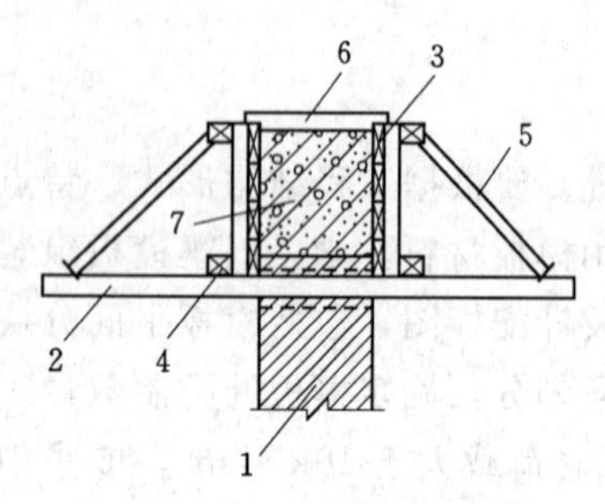


图2-25　扁担支模法

1—砖墙；2—100mm×50mm扁担木；3—侧模；4—夹木；5—斜撑；6—临时撑头木；7—钢筋混凝土圈梁

(2) 圈梁模板支设木模一般采用扁担支模法，系在圈梁底面下一皮砖中，沿墙身每隔0.9～1.2m留一60mm×120mm的顶砖洞口，穿100mm×50mm木底楞作扁担，扁担穿墙平面位置距墙两端240mm，每面墙不宜少于5个洞，在其上紧靠砖墙两侧支侧模，用夹木和斜撑支牢，侧板上口设撑木固定如图2-25所示，上口应弹线找平。

(3) 钢筋绑扎一般在侧模支好后进行。钢筋绑扎完以后应对模板上口宽度进行校正，并以木撑进行校正定位，用圆钉临时固定。

3. 模板拆除

(1) 梁和圈梁侧模板应在保证混凝土表面及棱角不因拆模而受损伤时方可拆除；如圈梁在拆模后要接着砌筑砖墙，则圈梁混凝土应达到设计强度等级的25%时方可拆除。

(2) 拆模顺序为先拆侧模，后拆底模，当上、下楼层连续施工时，上层梁板正在浇筑混凝土时，一般情况下面两层楼面梁、板的底模板和支柱不得拆除，但应结合工程结构形式和施工进度通过分析计算后确定。

## 五、质量标准

1. 主控项目

(1) 模板及其支架应根据工程结构形式、荷载大小、地基土类别、施工设备和材料供应等条件进行设计。模板及其支架应具有足够的承载能力、刚度和稳定性，能可靠地承受浇筑混凝土的重量、侧压力以及施工荷载。

(2) 模板及其支架拆除的顺序及安全措施应按施工技术方案执行。

(3) 在涂刷模板隔离剂时，不得沾污钢筋和混凝土接槎处。

(4) 安装现浇结构的上层模板及其支架时，下层楼板应具有承受上层荷载的承载能力，或加设支架；上、下层支架的立柱应对准，并铺设垫板。

(5) 对梁底模及其支架拆除时的混凝土强度应符合设计要求，当设计无具体要求时，混凝土强度应符合相关规定。

2. 一般项目

(1) 模板安装应满足下列要求：

1) 模板的接缝不应漏浆；在浇筑混凝土前，木模板应浇水湿润，但模板内不应有积水。

2) 模板与混凝土的接触面应清理干净并涂刷隔离剂，但不得采用影响结构性能或妨碍装饰工程施工的隔离剂。

3) 浇筑混凝土前，模板内的杂物应清理干净。

4) 对清水混凝土工程及装饰混凝土工程，应使用能达到设计效果的模板。

(2) 用作模板的地坪、胎模等应平整光洁，不得产生影响构件质量的下沉、裂缝、起砂或起鼓。

(3) 固定在模板上的预埋件、预留孔和预留洞均不得遗漏，且应安装牢固。

(4) 侧模拆除时的混凝土强度应能保证其表面及棱角不受损伤。

(5) 对跨度不小于 4m 的现浇钢筋混凝土梁、板，其模板应按设计要求起拱；当设计无具体要求时，起拱高度宜为跨度的 1/1000～3/1000。

3. 允许偏差项目

(1) 固定在模板上的预埋件、预留孔和预留洞均不得遗漏，且应安装牢固，其偏差应符合规定。

(2) 现浇结构模板安装的偏差应符合规定。

## 六、成品保护

(1) 在砖墙上支圈梁模板时，防止打凿碰动梁底砖墙，以免造成松动；不得用重物冲击已安装好的模板及支撑。

(2) 模板支好后，应保持模内清洁，防止掉入砖头、砂浆、木屑等杂物。

(3) 采取措施保持钢筋位置正确，不被扰动。

## 七、安全措施

(1) 模板安装应在牢固的脚手架上进行，支模过程中，如需中途停歇，应将支撑、搭头、柱头板等钉牢。拆模间歇时，应将已活动的模板、牵杠、支撑等运走或妥善堆放，防止因踏空、扶空而坠落。

(2) 拆楼层外边梁和圈梁模板时，应有防高空坠落、防止模板向外翻倒的措施。

(3) 在拆除模板过程中，如发现梁混凝土有影响结构安全、质量问题时，应暂停拆除，经处理后，方可继续拆模。

(4) 超高、超长、超重的大梁模板、支架的安装与拆除，事先必须有专项施工安全措施。

(5) 拆模时作业人员要站在安全地点进行操作，不许站在正在拆除的模板上，并防止上下在同一垂直面作业。

**八、施工注意事项**

（1）梁模板安装常易出现梁身不平直、梁底不平下挠、梁侧模胀模等质量问题。防止方法是：支模时应将侧模包底模；梁模与柱模连接处，下料尺寸应略为缩短；梁侧支模应设压脚板、斜撑，拉线通直后将梁侧钉牢；梁底模板按规定起拱等。

（2）圈梁模板常易产生外胀和墙面流坠等质量通病。防止方法是：圈梁模板应支撑牢固，模板上口用拉杆钉牢固；侧模与砖墙之间的缝隙用纤维板、木条或砂浆贴牢，模板本身缝隙刮腻子嵌缝等。

（3）梁的模板支柱任何情况都应按 JGJ 130—2011《建筑施工扣件式钢管脚手架安全技术规范》对模板支架的要求拉剪刀撑；同时绑钢筋、浇筑混凝土应避免碰冲模板，以防模板侧向产生变形或失稳。

**九、质量记录**

（1）模板工程技术交底记录。

（2）模板工程预检记录。

（3）模板工程质量评定资料。

## 任务三　编制楼板模板施工方案

主要包括各类建筑物楼、屋面结构每层现浇钢筋混凝土梁板，这种模板支设的特点是：面积较大，整体性要求高，高空作业，模板尺寸要求严，应具有足够的稳定性、强度和刚度；在绑钢筋、浇注混凝土的过程中，不移位、不漏浆，其变形应符合设计要求。

1. 材料要求

同“编制梁模板施工方案”。

2. 主要机具设备

同“编制梁模板施工方案”。

3. 作业条件

同“编制梁模板施工方案”。

4. 施工操作工艺

（1）由主梁、次梁和楼板组成，通常一次支模、绑钢筋、浇筑混凝土。模板支设采取先支主、次梁，再支楼板模板。平面尺寸大时，可采取分段支模，按设计要求或征得设计单位的同意留设后浇带隔断。

（2）楼板模板支设根据使用支承体系不同，一般有以下三种方法。

1）支撑支模法：模板由木或钢支撑支承。主、次梁同时支模时，一般先支好主梁模板，经轴线标高检查校正无误后，加以固定，在主梁上留出安装次梁的缺口，尺寸与次梁截面相同，缺口底部加钉衬口档木，以便与次梁模板相接，主、次梁的支设和支撑方法均与“编制梁模板施工方案”一节矩形梁支模方法相同；楼板模板安装时，先在次梁模板的外侧弹水平线，其标高为楼板板底标高减去模板厚和搁栅高度，再按墨线钉托木，并在侧板木档上钉竖向小木方顶住托木，然后放置搁栅，再在底部用立柱支牢，从一侧向另一侧密铺楼板模板，在两端及接头处用钉钉牢，其他部位少钉，以便拆模如图 2-26 所示。

2）桁架支模法：是在梁底及楼板面下部采用工具式桁架支承上部模板，以代替支柱（顶撑），在梁两端设双支柱支撑或排架，将桁架置于其上，如柱子先浇灌，亦可在柱上预埋型钢上放托木支承桁架。支设时，应根据梁板荷载选定桁架型号和确定间距，支承板的桁架上要设小方木，并用铁丝绑牢。两端支承处要加木楔，在调整标高后钉牢。桁架之间设拉结条使其稳定，如图2-27所示。

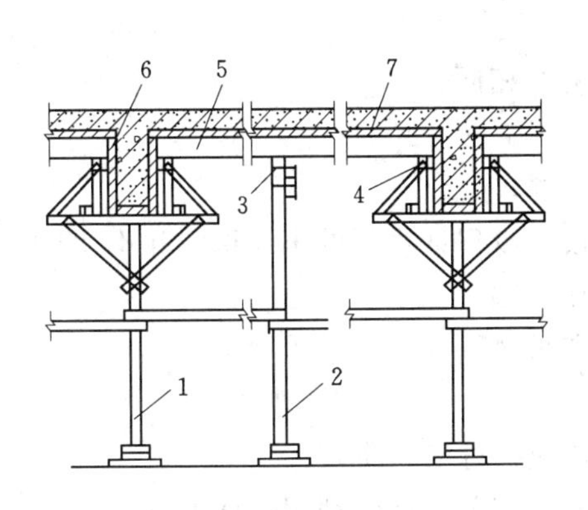


图2-26 楼板支撑支模法
1—支柱（顶撑）；2—立柱；3—牵杠；
4—托木；5—搁栅；6—梁侧模；
7—楼板底模

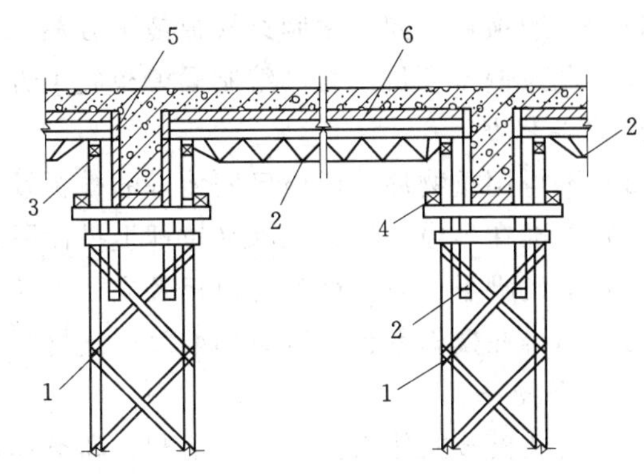


图2-27 楼板桁架支模法
1—排架；2—钢桁架；3—托木；
4—夹木；4—扣件；5—侧模；
6—底模

3）钢管脚手支模法：是在梁、板底部搭设满堂脚手架，脚手杆的间距根据梁板荷载经计算而定，一般在梁两侧应设两根脚手杆，以便固定梁侧模，在梁间根据板跨度和荷载情况设脚手杆，立管、纵、横管交接处用扣件扣牢。梁、板支模同一般梁板支模方法，如图2-28所示。

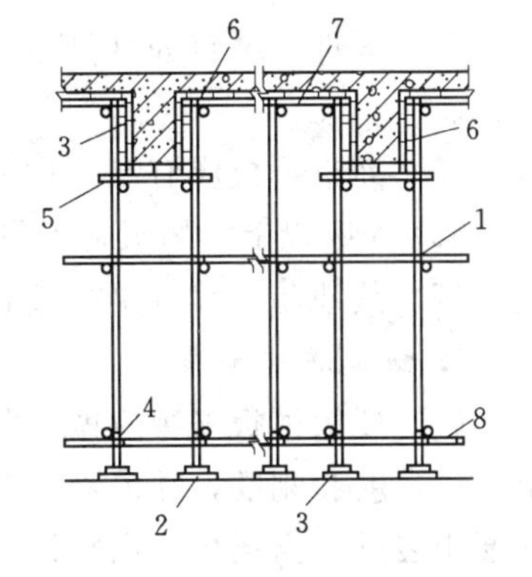


图2-28 楼板钢管脚手架支模法
1—钢管脚手架；2—垫木；3—木楔；
5—横楞；6—定型组合钢模板；
7—楞木或钢管；8—扫地杆

当楼盖梁为超高、超长、超重时，其支架应根据专项设计，采用门式钢管脚手架。

（3）楼板模板支好后，应对模板的尺寸、标高、板面平整度、模板和立柱的牢固情况等进行一次全面检查，如出现较大偏差或松动，应及时纠正和加固，并将板面清理干净。

（4）检查完后，在支柱（顶撑）之间应设置纵、横水平杆和剪刀撑，以保持稳定。扫地杆一般离地面200mm处，扫地杆以上应根据设计每1.6～2.0m为一步设一道纵、横水平杆，支柱底部应铺设50mm厚垫板，垫板下如为分层夯实的回填土，其基础应经计算。

（5）模板拆除。

1）拆模顺序一般应后支的先拆，先支的后拆；先拆除非承重部分，后拆除承重部分。

2）楼板承重模板及其支架拆除，根据要求，当梁、板跨度不大于8m时，应达到设计混凝土强度等级的70%；当跨度大于8m时，应达到100%；梁侧非承重模板应在保证混凝土表面及棱角不因拆模而受损伤时，方可拆除。

3）多层楼板支柱的拆除，应根据施工进度和混凝土强度等级来决定，当上层楼盖正在浇筑混凝土时，一般下面两层楼板的模板和支柱不得拆除，且应使上、下层支架的立柱对准。如荷载很大，拆除应通过计算确定。

5. 质量标准

（1）主控项目。同“编制梁模板施工方案”。

（2）一般项目。同“编制梁模板施工方案”。

（3）允许偏差项目。与“编制梁模板施工方案”相同。

6. 成品保护

（1）不得用重物冲击碰撞已安装好的模板及支撑。

（2）不准在吊模、桁架、水平拉杆上搭设跳板，以保证模板的牢固稳定和不变形。

（3）搭设脚手架时，严禁与模板及支柱连接在一起。

（4）不得在模板平台上行车和堆放大量材料和重物。

7. 安全措施

（1）安装模板操作人员应戴安全帽，高空作业应拴好安全带。

（2）支模应按顺序进行，模板及支撑系统在未固定前，严禁利用拉杆上下人，不准在拆除的模板上进行操作。

（3）拆模时，应按顺序逐块拆除，避免整体塌落；拆除顶板时，应设临时支撑确保安全作业。

（4）零件、圆钉及木工工具，要装入专用背包或箱中，不得随手乱丢，以免掉落伤人。

（5）高空拆模应有专人指挥，并在下面标出作业区，暂停人员通过。

（6）6 级以上大风天，不得安装和拆除模板。

（7）其他与“编制梁模板施工方案”相同。

8. 施工注意事项

（1）楼板模板安装应做好配板设计，保证结构各部形状、尺寸正确，并具有足够的稳定性、强度和刚度；在混凝土浇灌过程中，不位移、无过大变形。模板及其支撑系统应考虑便于装拆、损耗少、周转快、节省模板材料。

（2）采用桁架支模时，要注意桁架与支点的连接，防止桁架滑移。桁架支承应是平直通长的型钢或木方，使桁架支点在同一直线上，防止失稳。

（3）安装主、次梁支柱，当为分层夯实的回填土时，其基础必须经过计算。并在底部设垫木；多层建筑时，上下支柱应在一条竖直线上，否则应采取措施，保证下层结构满足上层结构的施工荷载要求，以防止模板变形、塌陷。

（4）梁多用预组合模板，支设时，吊运就位，要用斜撑与支架拉结，在梁模及支架未拉结稳固前，不得松动吊钩，以防倾倒。

（5）模板的接缝应严密不漏浆，当不能满足拼缝要求时，应采取必要措施，以避免大量漏浆，而影响工程质量。

9. 质量记录

（1）模板工程技术交底记录。

（2）模板工程预检记录。

（3）模板工程质量评定资料。

**【知识扩展】** 模板工程标准做法如图 2-29 所示。

1. 墙柱板及梁侧模板为不小于 18mm 厚黑模板或竹夹板，禁用红模板；梁底模板厚度不小于 40mm 实木板

2. 楼板采用 50mm×100mm 的标准木枋（过刨）或方钢（型钢）

3. 墙柱竖愣采用槽钢、方钢或 50mm×100mm 的标准木枋（过刨）

4. 正负零以上楼板支撑体系采用钢管架，不得使用门式架作为支撑体系，推荐采用碗扣架或可调钢管架作为模板支撑体系

5. 模板集中加工必须采用精密锯木机

6. 锯木机旁边放置木屑收集箱和灭火器，每天工完场清

图 2-29（一） 模板工程标准做法

7. 墙柱模板在集中加工场统一弹线钻洞，每块模板标注正反面

8. 方木使用前应过刨，保证截面尺寸一致

9. 模板放设上下口控制线，控制线距墙柱边 300mm

10. 楼板支撑立管纵横向间距不大于 1.2m

11. 楼板第一排立管距墙柱不大于 400mm，木枋距阴角不大于 150mm

12. 楼板模板木枋间距不大于 300mm，立管顶托旋出长度不大于 300mm，不允许采用底托

图 2-29（二）　模板工程标准做法

13. 楼板扫地杆距楼面不大于200mm，中间水平拉杆步距不大于1.8m

14. 梁支撑立管纵横向间距不大于1.2m

15. 梁表面采用内撑条，间距不大于800mm；内撑条须绑扎固定到位

16. 楼板采用型钢支设，立管间距不大于1.2m

17. 梁底木枋间距不大于300mm

18. 梁侧上下口采用收口木枋，并用步步紧或卡箍加固，间距不大于500mm

图2-29（三）　模板工程标准做法

19. 梁底扫地杆距楼面不大于 200mm，中间水平拉杆步距1.8m

20. 外梁及楼梯间休息平台梁(外侧)增加对拉螺杆，间距不大于 600mm，螺杆对应梁部位放置内撑条

21. 卫生间沉箱采用固定钢模，楼板面混凝土放坡 2%，且不小于 4cm

22. 当梁不小于 550mm 时，与墙柱交接处须另设对拉螺杆，梁中设置 3 道，间距 500mm

23. 梁墙交接处，梁侧模板伸入墙内或梁模伸入墙内不小于500mm

24. 墙柱侧模采用 50mm×100mm 标准木枋或槽钢或方钢，间距不大于 200mm

图 2-29（四）　模板工程标准做法

25. 层高 2.8～3m 的墙柱必须设 6 排螺杆，螺杆间距不大于500mm，第一排螺杆离地小于 200mm，最上面一排螺杆小于300mm

26. 外独立柱双向拉顶结合，楼面上预埋钢筋拉结点

27. 外墙柱采用拉顶结合，楼面上预埋钢筋拉结点，斜拉间距不大于 2m，距墙柱边不大于 50cm

28. 内剪力墙采用钢管对称斜撑，斜撑间距不大于 2m，距墙柱边不大于 50cm，楼板上预留钢筋支撑点

29. 模板安装完成后，对楼板平整度、墙柱模板平整度及垂直度进行复核，将实测数据标注在模板或钢管上

30. 墙柱侧模拼接，小块模板必须放置在中部拼接，不允许在顶部或底部拼接

图 2－29（五）　模板工程标准做法

31. 墙柱阴角采用方木收口，竖楞伸至方木底

32. 安装外墙模板时，上层模板应深入下层墙体，下层墙体相应位置预留钢筋限位，以防跑模或错台

33. 剪力墙采用可卡式内撑条，间距不大于600mm；内撑条须绑扎固定到位

34. 墙柱模板下口提前一天用砂浆封堵，保证强度

35. 墙柱底模板留设直径5cm的小孔，间距1m，浇注混凝土过程中封堵

36. 现浇独立柱采用步步紧加固

图2-29（六）　模板工程标准做法

37. 墙柱模板缝隙采用双面胶封堵防止漏浆

38. 构造柱上口预留牛腿斜口，采用对拉螺栓固定，一次浇筑完成

39. 制作比梁宽小 2mm 的木板，工人进行梁模安装及监理验收时均采用此木板控制梁侧模垂直度及梁截面宽度

40. 混凝土腰梁及反坎采用卡箍加固，间距不大于500mm；腰梁侧模上下口采用 50mm×100mm 方木

41. 构造柱侧边及腰梁下口采用双面胶封堵缝隙，防止漏浆

图 2-29（七）　模板工程标准做法

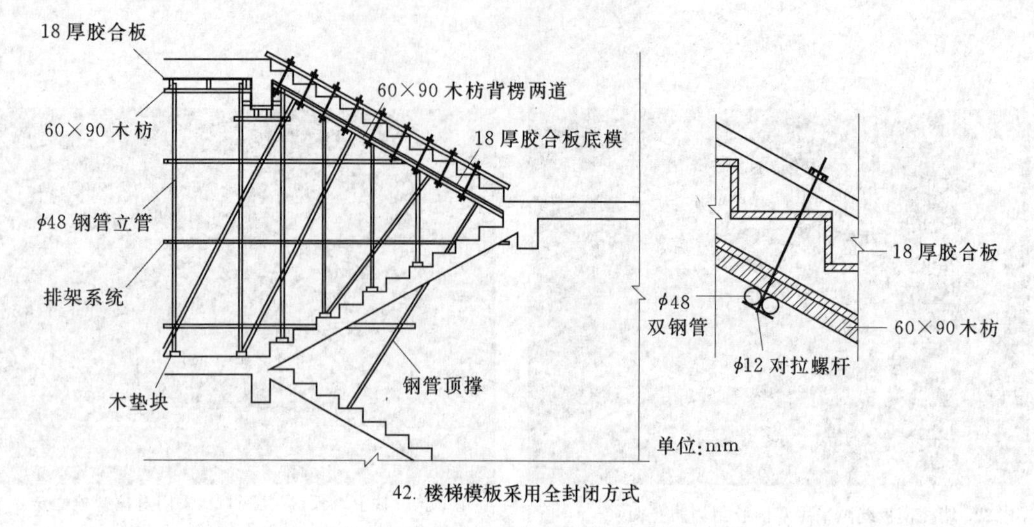


42. 楼梯模板采用全封闭方式

图 2-29（八）　模板工程标准做法

**【习题】**

(1) 试述模板的作用和种类。

(2) 对模板及其支架的基本要求有哪些?

(3) 简述框架柱的安装步骤及拆除要求。

# 学习单元三　钢　筋　工　程

**【知识链接】**

## 一、钢筋的分类

钢筋由于品种、规格、型号的不同和在构件中所起的作用不同，在施工中常常有不同的叫法。对一个钢筋工来说，只有熟悉钢筋的分类，才能比较清楚地了解钢筋的性能和在构件中所起的作用，在钢筋加工和安装过程中不致发生差错。

钢筋的分类方法很多，主要有以下几种。

1. 按钢筋在构件中的作用分类

(1) 受力筋：是指构件中根据计算确定的主要钢筋，包括受拉筋、弯起筋、受压筋等。

(2) 构造钢筋：是指构件中根据构造要求设置的钢筋，包括分布筋、箍筋、架立筋、横筋、腰筋等。

2. 按钢筋的外形分类

(1) 光圆钢筋：钢筋表面光滑无纹路，主要用于分布筋、箍筋、墙板钢筋等。直径6～10mm 时一般做成盘圆，直径 12mm 以上为直条。

(2) 变形钢筋：钢筋表面刻有不同的纹路，增强了钢筋与混凝土的黏结力，主要用于柱、梁等构件中的受力筋。变形钢筋的出厂长度有 9m、12m 两种规格。

（3）钢丝：分冷拔低碳钢丝和碳素高强钢丝两种，直径均在5mm以下。

（4）钢绞线：有3股和7股两种，常用于预应力钢筋混凝土构件中。

3. 按钢筋的强度分类

在钢筋混凝土结构中常用的是热轧钢筋，热轧钢筋按强度可分为四级，HPB300（Ⅰ级钢），其屈服强度标准值为300MPa；HRB335（Ⅱ级钢），其屈服强度标准值为335MPa；HRB400（Ⅲ级钢），其屈服强度标准值为400MPa；RRB400（Ⅳ级钢），其屈服强度标准值为400MPa。现浇楼板的钢筋和梁柱的箍筋多采用HPB300级钢筋；梁柱的受力钢筋多采用HRB335、HRB400、RRB400级钢筋。

## 二、钢筋配料与代换

1. 钢筋的配料

根据GB 50010—2010《混凝土结构设计规范》及GB 50204—2002《混凝土结构工程施工质量验收规范》中对混凝土保护层、钢筋弯曲和弯钩等规定，按照结构施工图计算构件各钢筋的直线下料长度、根数及质量，然后编制钢筋配料单，作为钢筋备料加工的依据，见表2-8。

**表2-8　钢筋配料单**

| 构件名称 | 钢筋编号 | 简图 | 直径/mm | 钢筋级别 | 下料长度/mm | 单件根数 | 合计根数 | 质量/kg |
|---|---|---|---|---|---|---|---|---|
| | | | | | | | | |

2. 钢筋下料长度的计算方法

钢筋下料长度＝各段外包尺寸之和－弯曲处的量度差值＋两端弯钩的增长值

（1）量度差值计算，计算简图如图2-30所示。

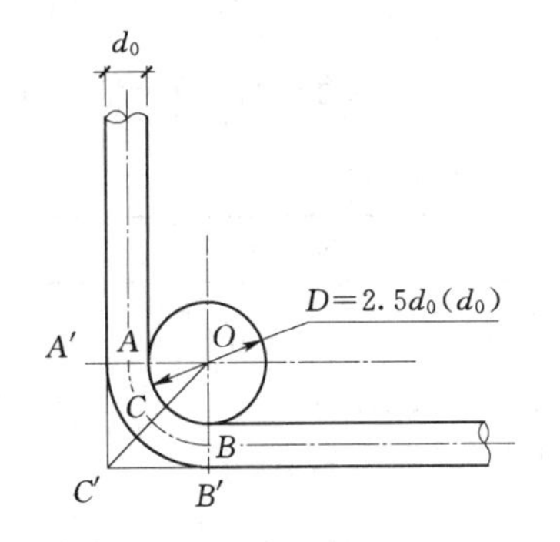


图2-30　钢筋弯曲处的量度差值计算简图

钢筋弯曲的外包尺寸如下。

$$A'C'+B'C'=2A'C'=2OA'\tan\alpha/2$$
$$=2(D/2+d)\tan\alpha/2=2(5d/2+d)\tan\alpha/2$$
$$=7d\tan\alpha/2$$

钢筋弯曲处的中线长度如下。

$$ABC=\pi R\alpha/180=\pi\alpha/180(D+d)/2=\pi\alpha(d+5d)/360$$
$$=6d\pi\alpha/360=d\pi\alpha/60$$

则弯曲处的量度差值如下。

$$A'C'+B'C'-ABC=7d\tan\alpha—d\pi\alpha/60=(7\tan\alpha-\pi\alpha/60)d$$

常用弯曲角度的量度差值见表2-9。

**表2-9　常用弯曲角度的量度差值**

| 弯曲角度 | 量度差值 | 经验取值 | 弯曲角度 | 量度差值 | 经验取值 |
|---|---|---|---|---|---|
| 30° | 0.306$d$ | 0.35$d$ | 90° | 2.29$d$ | 2$d$ |
| 45° | 0.543$d$ | 0.5$d$ | 135° | 2.83$d$ | 2.5$d$ |
| 60° | 0.90$d$ | 0.90$d$ | | | |

（2）钢筋末端弯钩或弯折时增长值。规范规定：HPB300级钢筋的末端需要做180°弯钩，其圆弧内弯曲直径$D \geqslant 2.5d$；平直段长度不小于$3d$，如图2-31所示，钢筋末端弯钩或弯折时增长值见表2-10。

**表2-10　　钢筋末端弯钩或弯折时增长值**

| 钢筋级别 | 弯钩角度 | 弯曲最小直径$D$ | 平直段长度$l_p$ | 增加尺寸 |
|---|---|---|---|---|
| HPB300 | 180° | $2.5d$ | $3d$ | $6.25d$ |
| HRB335、HRB400 | 135° | $4d$ | 按设计（或规范） | $3d+l_p$ |
| HRB335、HRB400 | 90° | $4d$ | 按设计（或规范） | $1d+l_p$ |

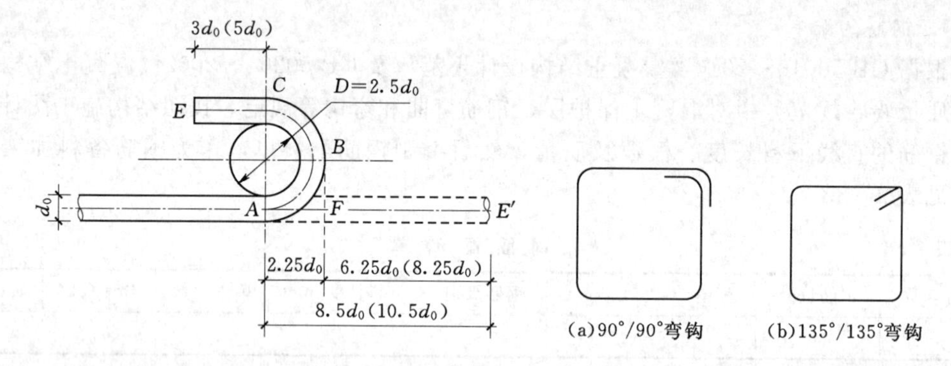


图2-31　钢筋的末端180°弯钩示意图　　图2-32　箍筋加工示意图

（3）箍筋弯钩增长值，示意图如图2-32所示，箍筋一个弯钩增长值取值见表2-11。

**表2-11　　箍筋一个弯钩增长值**

| 箍筋弯钩 | 弯曲直径 | 平直段长度 | 增长值 |
|---|---|---|---|
| 90°/90°弯钩 | $2.5d$ | $5d$ | $5.5d$ |
| | | $10d$ | $10.5d$ |
| 135°/135°弯钩 | $2.5d$ | $5d$ | $6.5d$ |
| | | $10d$ | $11.9d$ |

注　$d$—箍筋直径。

3. 代换原则及方法

（1）代换原则如下。当施工中遇有钢筋品种或规格与设计要求不符时，可进行钢筋代换，并应办理设计变更文件。

当施工中遇到钢筋品种或规格与设计要求不符时，可参照以下原则进行钢筋代换：

1）等强度代换方法。当构件配筋受强度控制时，可按代换前后强度相等的原则代换，称作“等强度代换”。如设计图中所用的钢筋设计强度为$f_{y1}$，钢筋总面积为$A_{S1}$，代换后的钢筋设计强度为$f_{y2}$，钢筋总面积为$A_{S2}$，则应使：

$$n_2 \geqslant n_1 d_1^2 f_{y1} / d_2^2 f_{y2}$$

式中　$n_2$、$d_2$、$f_{y2}$——代换钢筋根数、直径、设计强度；

　　　$n_1$、$d_1$、$f_{y1}$——原设计钢筋根数、直径、设计强度。

上式有两种特例：①设计强度相同、直径不同的钢筋代换，$n_2 \geqslant n_1 d_1^2/d_2^2$；②直径相同、强度设计值不同的钢筋代换，$n_2 \geqslant n_1 f_{y1}/f_{y2}$。

2）等面积代换方法。当构件按最小配筋率配筋时，可按代换前后面积相等的原则进行代换，称“等面积代换”。代换时应满足下式要求：

$$A_{S1} \leqslant A_{S2}，则\ n_2 \geqslant n_1 \cdot d_1^2/d_2^2$$

符号同上。

3）构件配筋受裂缝宽度或挠度控制时，代换后应进行裂缝宽度或挠度验算。

（2）代换构件截面的有效高度影响。钢筋代换后，有时由于受力钢筋直径加大或根数增多而需要增加排数，则构件截面的有效高度 $h_0$ 减小，截面强度降低。通常对这种影响可凭经验适当增加钢筋面积，然后再作截面强度复核。对矩形截面的受弯构件，可根据弯矩相等复核截面强度。

（3）代换注意事项。钢筋代换时，必须充分了解设计意图和代换材料性能，并严格遵守现行混凝土结构设计规范的各项规定；凡重要结构中的钢筋代换，应征得设计单位同意。

1）对某些重要构件，如吊车梁、薄腹梁、桁架下弦等，不宜用 HPB300 级光圆钢筋代替 HRB335 和 HRB400 级带肋钢筋。

2）钢筋代换后，应满足配筋构造规定，如钢筋的最小直径、间距、根数、锚固长度等。

3）同一截面内，可同时配有不同种类和直径的代换钢筋，但每根钢筋的拉力差不应过大（如同品种钢筋的直径差值一般不大于 5mm），以免构件受力不匀。

4）梁的纵向受力钢筋与弯起钢筋应分别代换，以保证正截面与斜截面强度。

5）偏心受压构件（如框架柱、有吊车厂房柱、桁架上弦等）或偏心受拉构件作钢筋代换时，不取整个截面配筋量计算，应按受力面（受压或受拉）分别代换。

6）当构件受裂缝宽度控制时，如以小直径钢筋代换大直径钢筋，强度等级低的钢筋代替强度等级高的钢筋，则可不作裂缝宽度验算。

## 三、框架结构钢筋配料计算案例分析

**【例 2-1】** 某建筑物第一层楼共有 5 根 $L_1$ 梁，梁的钢筋图如图 2-33 所示，要求按图计算各钢筋下料长度并编制钢筋配料单。

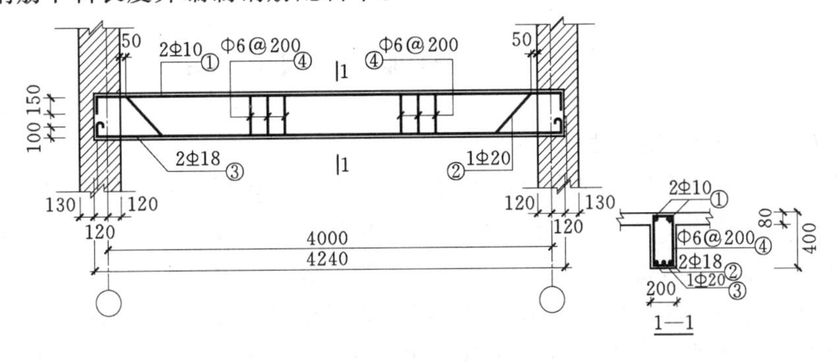


图 2-33　梁钢筋简图（单位：mm）

**解：**$L_1$ 梁各种钢筋下料长度计算如下，保护层厚度为25mm。

①号钢筋下料长度＝(4240－2×25)＋2×6.25×10＝4135(mm)

②号钢筋下料长度可分段计算：

$$端部平直长＝240＋50－25＝265(mm)$$

$$斜段长＝(梁高－2倍保护层厚度)×1.41＝(400－2×25)×1.41＝494(mm)$$

$$中间直线段长＝4240－2×25－2×265－2×350＝2960(mm)$$

HRB335钢筋末端无弯钩。钢筋下料长度如下：

$$2×(150＋265＋494)＋2960－4×0.5d_0－2×2\,d_0＝4658(mm)$$

③号钢筋下料长度＝4240－2×25＋2×100＋2×6.25 $d_0$－2×2 $d_0$

＝4190＋200＋225－72＝4543(mm)

④号箍筋按外包尺寸计算如下：

$$宽度＝200－2×25＋2×6＝162(mm)$$

$$高度＝400－2×25＋2×6＝362(mm)$$

④号箍筋下料长度＝2×(162＋362)＋100－3×2$d_0$＝1112(mm)

箍筋数量＝(构件长度－两端保护层)/箍筋间距＋1

＝(4240－2×25)/200＋1＝4190/200＋1＝21.95，取22根。

计算结果汇总于表2－12。

**表2－12**　　**钢筋配料单**

| 构件名称 | 钢筋编号 | 简　图 | 直径/mm | 钢筋级别 | 下料长度/mm | 根数 |
|---|---|---|---|---|---|---|
| $L_1$ 梁5根 | ① | 4190 | 10 | Φ | 6440 | 2 |
| | ② | 150　265　494　2960　494　265　150 | 20 | Φ | 560 | 2 |
| | ③ | 100　4190　100 | 18 | Φ | 6966 | 2 |
| | ④ | 362　162 | 6 | Φ | 1278 | 32 |

# 任务一　结构施工图识读

## 一、结构施工图概念及其用途

结构施工图是根据房屋建筑中的承重构件进行结构设计后绘制成的图样。结构设计时根据建筑要求选择结构类型，并进行合理布置，再通过力学计算确定构件的断面形状、大小、材料及构造等，并将设计结果绘成图样，以指导施工，这种图样有时简称为“结施”。结构施工图与建筑施工图一样，是施工的依据，主要用于放灰线、挖基槽、基础施工、支承模板、配钢筋、浇灌混凝土等施工过程，也用于计算工程量、编制预算和施工进度计划的依据。

## 二、结构施工图的组成

### （一）结构设计说明

结构设计说明的内容包括：抗震设计与防火要求，地基与基础，地下室，钢筋混凝土各种构件，砖砌体，后浇带与施工缝等部分选用的材料类型、规格、强度等级，施工注意事项等。

### （二）结构平面图

结构平面图包括：

（1）基础平面图。

（2）楼层结构平面布置图。

（3）屋面结构平面布置图。

### （三）构件详图

构件详图包括：

（1）梁、板、柱及基础结构详图。

（2）楼梯结构详图。

（3）屋架结构详图。

（4）其他详图，如支撑详图等。

结构施工图中，基本构件如板、梁、柱等，为了图样表达简明扼要，便于清楚区分构件，便于施工，制表、查阅，有必要以代号或符号去表示各类构件，目前GB/T 50105—2010《建筑结构制图标准》给出的常用构件代号，均以构件名称的汉语拼音的第一个字母来表示的，见表2-13。

**表2-13　　　　　　　　　　常用构件代号**

| 名称 | 代号 | 名称 | 代号 | 名称 | 代号 |
|---|---|---|---|---|---|
| 板 | B | 梁 | L | 基础 | J |
| 层面板 | WB | 屋面梁 | WL | 设备基础 | SJ |
| 空心板 | KB | 吊车梁 | DL | 桩 | ZH |
| 槽型板 | CB | 圈梁 | QL | 柱间支撑 | ZC |
| 折板 | ZB | 过梁 | GL | 垂直支撑 | CC |
| 密肋板 | HB | 连系梁 | LL | 水平支撑 | SC |
| 楼梯板 | TB | 基础梁 | JL | 雨篷 | YP |
| 盖板或者沟盖板 | GB | 楼梯梁 | TL | 阳台 | YT |
| 挡雨板 | YB | 檩条 | LT | 预埋件 | M |
| 吊车安全走道板 | DB | 屋架 | WJ | 钢筋网 | W |
| 墙板 | QB | 托架 | TJ | 钢筋骨架 | G |
| 天沟板 | TGB | 天窗架 | CJ | 梁垫 | LD |

## 三、结构施工图识读方法

（1）从上往下、从左往右的看图顺序是施工图识读的一般顺序，比较符合看图的习惯，同时也是施工图绘制的先后顺序。

（2）由前往后看，根据房屋的施工先后顺序，从基础、墙柱、楼面到屋面依次看，此顺序基本也是结构施工图编排的先后顺序。

（3）看图时要注意从粗到细，从大到小。先粗看一遍，了解工程的概况、结构方案等。然后看总说明及每一张图纸，熟悉结构平面布置，检查构件布置是否合理正确，有无遗漏，柱网尺寸、构件定位尺寸、楼面标高等是否正确。最后根据结构平面布置图，详细看每一个构件的编号、跨数、截面尺寸、配筋、标高及其节点详图。

（4）纸中的文字说明是施工图的重要组成部分，应认真仔细逐条阅读，并与图样对照看，便于完整理解图纸。

（5）结构施工图应与建筑施工图结合起来看。一般先看建筑施工图，通过阅读设计说明、总平面图、建筑平立剖面图，了解建筑体型、使用功能，内部房间的布置、层数与层高、柱墙布置、门窗尺寸、楼梯位置、内外装修、材料构造及施工要求等基本情况，然后再看结构施工图。在阅读结构施工图时应同时对照相应的建筑施工图，只有把两者结合起来看，才能全面理解结构施工图，并发现存在的矛盾和问题。

## 四、结构施工图的识读步骤

（1）先看目录，通过阅读图纸目录，了解是什么类型的建筑，是哪个设计单位，图纸共有多少张，主要有哪些图纸，并检查全套各工种图纸是否齐全，图名与图纸编号是否相符等。

（2）初步阅读各工种设计说明，了解工程概况，将所采用的标准图集编号摘抄下来，并准备好标准图集，供看图时使用。

（3）阅读建筑施工图。读图次序依次为设计总说明、总平面图、建筑平面图、立面图、剖面图、构造详图。初步阅读建筑施工图后，应能在头脑中形成整栋房屋的立体形象，能想象出建筑物的大致轮廓，为下一步结构施工图的阅读做好准备。

（4）阅读结构施工图。结构施工图的阅读顺序可按下列步骤进行：

1）阅读结构设计说明。准备好结构施工图所套用的标准图集及地质勘察资料备用。

2）阅读基础平面图、详图与地质勘察资料。基础平面图应与建筑底层平面图结合起来看图。

3）阅读柱平面布置图。根据对应的建筑平面图校对柱的布置是否合理，柱网尺寸、柱断面尺寸与轴线的关系尺寸有无错误。

4）阅读楼层及屋面结构平面布置图。对照建筑施工平面图中的房间分隔、墙体的布置、检查各构件的平面定位尺寸是否正确，布置是否合理，有无遗漏，楼板的形式、布置、板面标高是否正确等。

5）按前述的施工图识读方法，详细阅读各平面图中的每个构件的编号、断面尺寸、标高、配筋及其构造详图，并与建筑施工图结合，检查有无错误与矛盾。图中发现的问题要一一记下，最后按结构施工图的先后顺序将存在的问题整理出来，以便在图纸会审时加以解决。

6）在前述阅读结构施工图中，涉及采用标准图集时，应详细阅读规定的标准图集。

## 五、平法施工图的表达方式与特点

建筑结构施工图平面整体设计方法（简称平法），是将结构构件的尺寸和配筋，按照平面整体表示方法的制图规则，直接将各类构件表达在结构平面布置图上，再与标准构造详图

配合，即构成一套新型完整的结构设计图纸，避免了传统的将各个构件逐个绘制配筋详图的繁琐方法，大大地减少了传统设计中大量的重复表达内容，变离散的表达方式为集中表达方式，并将内容以可重复使用的通用标准图的方式固定下来。目前，已有国家建筑标准设计图集 11G101—1《混凝土结构施工图平面整体表示方法制图规则和构造详图》可直接采用。

按平法设计绘制的结构施工图，一般是由各类结构构件的平法施工图和标准详图两部分构成，但对于复杂的建筑物，尚需增加模板、开洞和预埋件等平面图。按平法设计绘制结构施工图时，应将所有梁、柱、墙等构件按规定进行编号，使平法施工图与构造详图一一对应。同时必须根据具体工程，按照各类构件的平法制图规则，在按结构层（标准层）绘制的平面布置图上直接表示各构件的尺寸和配筋。出图时，宜按基础、柱、剪力墙、梁、板、楼梯及其他构件的顺序排列。

当采用平法设计时，应在结构设计总说明中写明下列内容。

（1）写明本设计图采用的是平面整体表示方法，并注明所选用平法标准图集的名称与图集编号。

（2）写明混凝土结构的使用年限。

（3）写明有无抗震设防要求，当有抗震设防要求时，应写明抗震设防烈度及结构抗震等级，以便正确选用相应的标准构造详图。

（4）写明各类构件在其所在部位所选用的混凝土强度等级与钢筋种类，以确定钢筋的锚固长度和搭接长度。

（5）写明构件贯通钢筋需接长时采用接头形式及有关要求。

（6）写明不同部位构件所处的环境类别。

（7）当采用平法标准图集，其标准详图有多种做法与选择时，应写明在何部位采用何种做法。

（8）若对平法标准图集的标准构造详图作出变更时应写明变更的具体内容。

（9）其他特殊要求。

## 六、结构施工图识读

具体参考 11G101—1《国家建筑标准设计图集》混凝土结构施工图平面整体表示方法制图规则和构造详图（现浇混凝土框架、剪力墙、框架-剪力墙、框支剪力墙结构）。

### （一）框架柱

#### 1. 柱编号

柱编号见表 2 - 14。

**表 2 - 14　　柱 的 编 号**

| 柱类型 | 代号 | 序号 |
| --- | --- | --- |
| 框架柱 | KZ | ×× |
| 框支柱 | KZZ | ×× |
| 芯柱 | XZ | ×× |
| 梁上柱 | LZ | ×× |
| 剪力墙上柱 | QZ | ×× |

(1) 框架柱。在框架结构中主要承受竖向压力；将来自框架梁的荷载向下传输，是框架结构中承力最大的构件。

(2) 框支柱。出现在框架结构向剪力墙结构转换层，柱的上层变为剪力墙时该柱定义为框支柱。

(3) 芯柱。它不是一根独立的柱子，在建筑外表是看不到的，隐藏在柱内。当柱截面较大时，由设计人员计算柱的承力情况，当外侧一圈钢筋不能满足承力要求时，在柱中再设置一圈纵筋。由柱内内侧钢筋围成的柱称之为芯柱。

(4) 梁上柱。柱的生根不在基础而在梁上的柱称之为梁上柱。主要出现在建筑物上下结构或建筑布局发生变化时。

(5) 墙上柱。柱的生根不在基础而在墙上的柱称之为墙上柱。同样，主要还是出现在建筑物上下结构或建筑布局发生变化时。

2. 注写柱钢筋方式

注写柱钢筋方式分为两种；框架柱截面注写方式、框架柱列表注写方式。

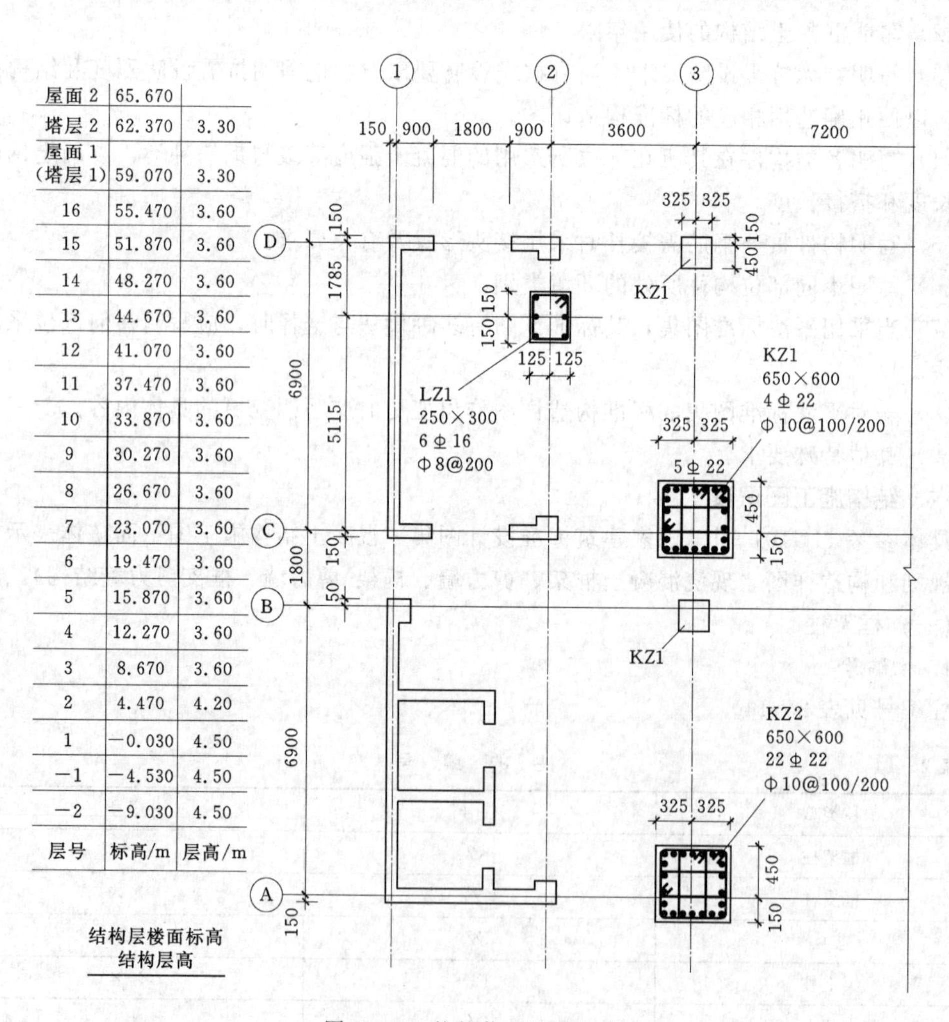

| 层号 | 标高/m | 层高/m |
|---|---|---|
| 屋面 2 | 65.670 | |
| 塔层 2 | 62.370 | 3.30 |
| 屋面 1<br>(塔层 1) | 59.070 | 3.30 |
| 16 | 55.470 | 3.60 |
| 15 | 51.870 | 3.60 |
| 14 | 48.270 | 3.60 |
| 13 | 44.670 | 3.60 |
| 12 | 41.070 | 3.60 |
| 11 | 37.470 | 3.60 |
| 10 | 33.870 | 3.60 |
| 9 | 30.270 | 3.60 |
| 8 | 26.670 | 3.60 |
| 7 | 23.070 | 3.60 |
| 6 | 19.470 | 3.60 |
| 5 | 15.870 | 3.60 |
| 4 | 12.270 | 3.60 |
| 3 | 8.670 | 3.60 |
| 2 | 4.470 | 4.20 |
| 1 | −0.030 | 4.50 |
| −1 | −4.530 | 4.50 |
| −2 | −9.030 | 4.50 |

结构层楼面标高
结构层高



图 2-34　柱的截面注写方式

（1）截面注写方式。如图 2－34 所示。

1）在柱平面布置图上，分别在不同编号的柱中各选一截面，在其原位上以一定比例放大绘制柱截面配筋图。

2）注写柱编号、截面尺寸 $b \times h$。

3）角筋或全部纵筋。

4）箍筋的级别、直径及加密区与非加密区的间距。

5）标注柱截面与轴线关系。

（2）列表注写方式。见表 2－15。

**表 2－15　　柱的列表注写方式**

| 柱号 | 标高 | $b \times h$（圆柱直径 $D$） | $b_1$ | $b_2$ | $h_1$ | $h_2$ | 全部纵筋 | 角筋 | $b$ 边一侧中部筋 | $h$ 边一侧中部筋 | 箍筋类型号 | 箍筋 |
|---|---|---|---|---|---|---|---|---|---|---|---|---|
| KZ1 | －0.03～19.47 | 750×700 | 375 | 375 | 150 | 550 | 24⌀25 | | | | 1(5×4) | Φ10@100/200 |
| | 19.47～37.47 | 650×600 | 325 | 325 | 150 | 450 | | 4⌀22 | 5⌀22 | 4⌀20 | 1(4×4) | Φ10@100/200 |
| | 37.47～59.07 | 550×500 | 275 | 275 | 150 | 350 | | 4⌀22 | 5⌀22 | 4⌀20 | 1(4×4) | Φ10@100/200 |
| XZ1 | －0.03～8.67 | | | | | | 8⌀25 | | | | | |
| | | | | | | | | | | | | |

1）分别在同一编号的柱中选择一个截面标注几何参数代号。

2）绘制箍筋类型图。

3）在列表中注写柱号、柱段起止标高、几何尺寸 $b \times h$ 或直径 $D$。

4）在列表中注写柱的轴线定位尺寸 $b_1$、$b_2$、$h_1$、$h_2$。

5）当柱纵筋直径和各边根数相同时注写全部纵筋；否则注写角筋、$b$ 边和 $h$ 边一侧的中部筋。

6）注写箍筋类型号及肢数（$m \times n$）、箍筋直径、间距。

**（二）框架梁**

1. 梁平法表示

梁平法表示，如图 2－35 所示。

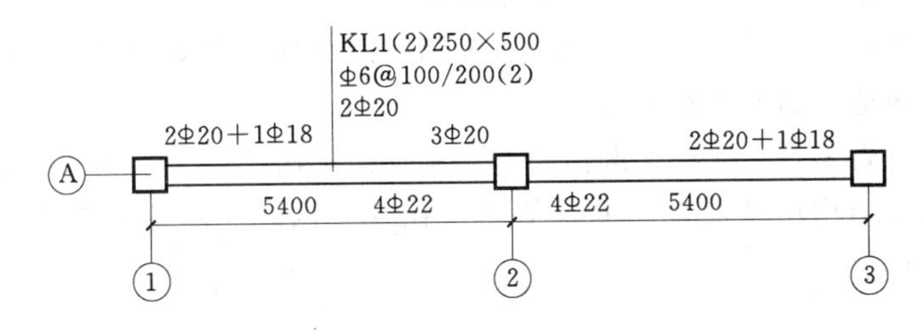


图 2－35　梁平法表示

（1）梁编号，见表 2－16。

表 2-16　框架梁编号

| 梁类型 | 代号 | 序号 | 跨数及是否带悬挑 |
|---|---|---|---|
| 楼层框架梁 | KL | ×× | (××)、(××A) 或 (××B) |
| 屋面框架梁 | WKL | ×× | (××)、(××A) 或 (××B) |
| 框支梁 | KZL | ×× | (××)、(××A) 或 (××B) |
| 非框架梁 | L | ×× | (××)、(××A) 或 (××B) |
| 悬挑梁 | XL | ×× | — |
| 井字梁 | JZL | ×× | (××)、(××A) 或 (××B) |

(2) 梁截面尺寸：等截面梁用 $b \times h$ 表示；加腋梁用 $b \times h$、$yc_1 \times c_2$ 表示（其中 $c_1$ 为腋长，$c_2$ 为腋高）；悬挑梁当根部和端部不同时，用 $b \times h_1/h_2$ 表示（其中 $h_1$ 为根部高，$h_2$ 为端部高）。

(3) 梁箍筋：包括钢筋级别、直径、加密区与非加密区间距及肢数。箍筋加密区与非加密区的不同间距及肢数用“/”分隔，箍筋肢数写在括号内。箍筋加密区长度按相应抗震等级的标准构造详图采用。

如：Φ8－100/200（2）表示 HPB300 级钢筋、直径 8mm、加密区间距 100mm、非加密区间距 200mm，均为双肢箍；Φ8－100(4)/200(2) 表示 HPB300 级钢筋、直径 8mm、加密区间距 100mm 为 4 肢箍、非加密区间距 200mm 为双肢箍。

(4) 梁上部贯通筋或非架立筋：所注规格及根数应根据结构受力要求及箍筋肢数等构造要求而定。当既有贯通筋又有架立筋时，用角部贯通筋＋(架立筋) 的形式，架立筋写在加号后面的括号内。如：2Φ22 用于双肢箍；2Φ22＋(4Φ12) 用于 6 肢箍，其中 2Φ22为贯通筋，4Φ12 为架立筋。

当梁的上部纵筋与下部纵筋均为贯通筋且多数跨的配筋相同时，可用“;”将上部纵筋与下部纵筋分隔。如：2Φ14；3Φ18 表示上部配 2Φ14 的贯通筋，下部配 3Φ18 的贯通筋。

(5) 梁侧面纵向构造钢筋或受扭钢筋：此项为选注值，当梁腹板高不小于 450mm 时，须配置符合规范规定的纵向构造钢筋，注写如下：G4Φ12，表示梁的两个侧面共配置 4Φ12 的纵向构造钢筋，两侧各 2Φ12 对称配置。

当梁侧面需配置受扭纵向钢筋时，注写如下：N6Φ18，表示梁的两个侧面共配置 6Φ18的纵向构造钢筋，两侧各 3Φ18 对称配置。

当配置受扭纵向钢筋时，不再重复配置纵向构造钢筋，但此时受扭纵向钢筋的间距应满足规范对纵向构造钢筋的间距要求。

(6) 梁顶面标高高差：此项为选注值，当梁顶面标高不同于结构层楼面标高时，需要将梁顶标高相对于结构层楼面标高的差值注写在括号内，无高差时不注。高于楼面为正值，低于楼面为负值。

2. 原位标注

原位标注的内容包括：梁支座上部纵筋、梁下部纵筋、附加箍筋或吊筋。

(1) 梁支座上部纵筋：原位标注的支座上部纵筋应为包括集中标注的贯通筋在内的所

有钢筋。多于 1 排时，用“/”自上而下分开；同排纵筋有 2 种不同直径时，用“+”相连，且角部纵筋写在前面。

如：6Φ25 4/2 表示支座上部纵筋共 2 排，上排 4Φ25，下排 2Φ25；2Φ25+2Φ22 表示支座上部纵筋共 4 根 1 排放置，其中角部 2Φ25，中间 2Φ22；当梁中间支座两边的上 部纵筋相同时，仅在支座的一边标注配筋值；否则，须在两边分别标注。

(2) 梁下部钢筋：与上部纵筋标注类似，多于 1 排时，用“/”自上而下分开。同排纵筋有 2 种不同直径时，用“+”相连，且角部纵筋写在前面。

如：6Φ25 2/4 表示下部纵筋共 2 排，上排 2Φ25，下排 4Φ25。

(3) 附加箍筋或吊筋：直接画在平面图中的主梁上，用线引注总配筋值，附加箍筋的肢数注在括号内。当多数附加箍筋或吊筋相同时，可在图中统一说明，少数与统一说明不一致者，再原位引注。

(4) 当在梁上集中标注的内容（某一项或某几项）不适用于某跨或某悬挑段时，则将其不同数值原位标注在该跨或该悬挑段。

3. 截面注写方式

截面注写方式是将断面号直接画在平面梁配筋图上，断面详图画在本图或其他图上。截面注写方式既可以单独使用，也可与平面注写方式结合使用，如在梁密集区，采用截面注写方式可使图面清晰。图 2-36 为平面注写和截面注写结合使用的图例。图中吊筋直接画在平面图中的主梁上，用引线注明总配筋值，如 L3 中吊筋 2Φ18。

### (三) 板钢筋

参见国家建筑标准设计图集 11G101。

1. 板块编号

板块编号见表 2-17。

**表 2-17　　　　板　块　编　号**

| 板类型 | 代号 | 序号 |
|---|---|---|
| 楼面板 | LB | ×× |
| 屋面板 | WB | ×× |
| 延伸悬挑板 | YXB | ×× |
| 纯悬挑板 | XB | ×× |

2. 有梁板

结构平面坐标方向规定：

1) 当两向轴网正交时，图面从左至右为 X 向，从下至上为 Y 向。

2) 当轴网转折时，局部坐标方向顺轴网转折角度做相应转折。

3) 当轴网向心布置时，切向为 X 向，径向为 Y 向。

4) 对于平面布置比较复杂的区域，如轴网转折交界区域、向心布置的核心区域等，其平面坐标方向应由设计者另行规定并在图上明确表示。

(1) 板厚。

1) 注写为 $h$=×××（为垂直于板面的厚度）。

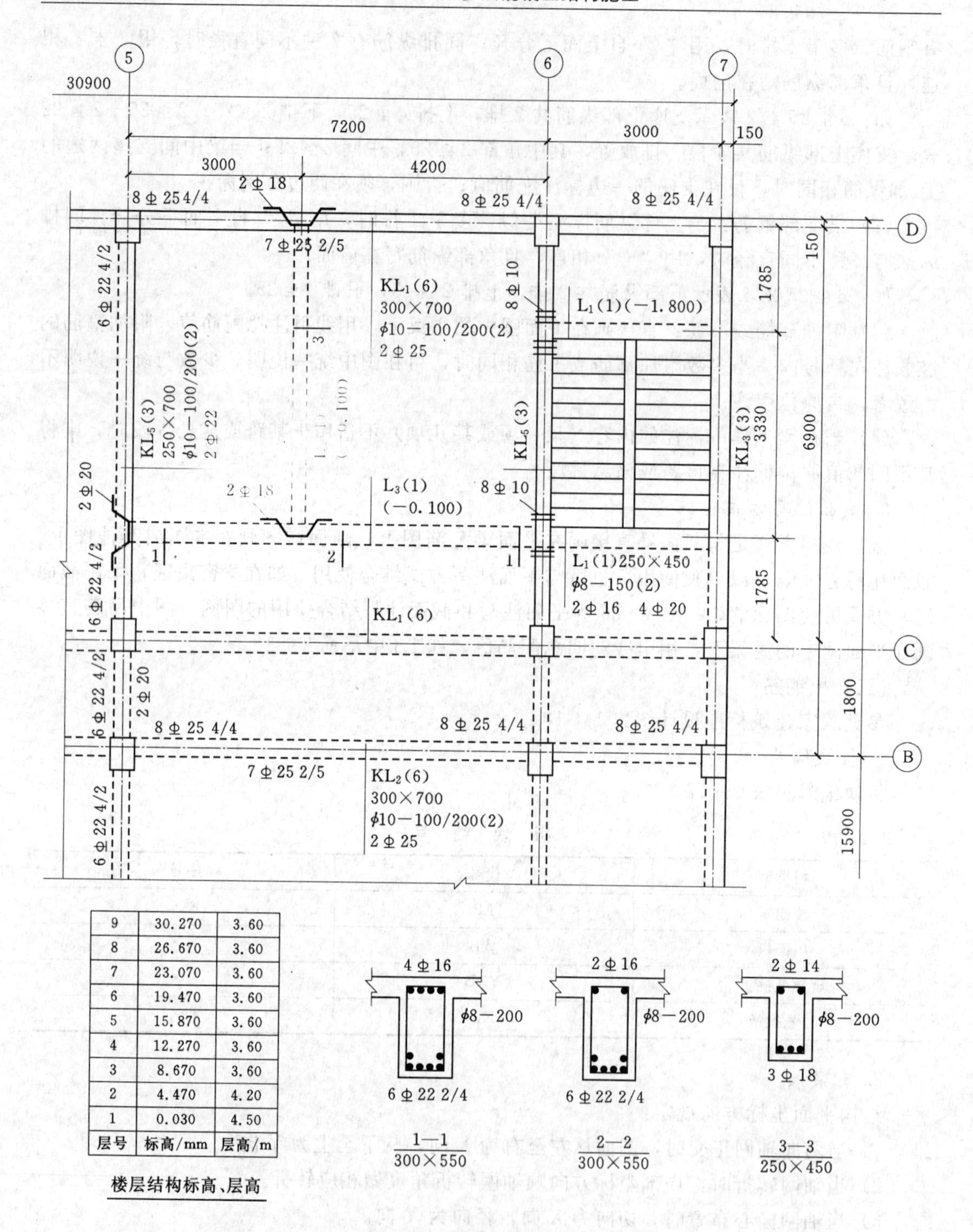


| 层号 | 标高/mm | 层高/m |
|---|---|---|
| 9 | 30.270 | 3.60 |
| 8 | 26.670 | 3.60 |
| 7 | 23.070 | 3.60 |
| 6 | 19.470 | 3.60 |
| 5 | 15.870 | 3.60 |
| 4 | 12.270 | 3.60 |
| 3 | 8.670 | 3.60 |
| 2 | 4.470 | 4.20 |
| 1 | 0.030 | 4.50 |

楼层结构标高、层高

图 2-36　梁截面注写方式

2）当悬挑板的端部改变截面厚度时，用斜线分隔根部与端部的厚度值，注写方式为 $h$=×××/×××。

3）当设计已在图注中统一注明板厚时，此项可不注。

（2）贯通纵筋。

1）贯通筋上部和下部分别注写，以 B 代表下部，以 T 代表上部，B&T 代表下部与上部。

2）X 向贯通纵筋以 X 打头，Y 向贯通纵筋以 Y 打头，两向贯通纵筋配置相同时以 X&Y 打头。

3）当为单向板时，分布筋可不必注写，而在图中统一注明。

4）当在某些板内（例如在悬挑板 XB 的下部）配置有构造钢筋时，则 X 向以 Xc、Y 向以 Yc 打头注写。

5）当 Y 向采用放射配筋时（切向为 X 向，径向为 Y 向），设计者应注明配筋间距的定位尺寸。

6）当贯通筋采用两种规格钢筋“隔一布一”方式时，表达式为 Axx/yy@×××，表示直径为 xx 的钢筋和直径为 yy 的钢筋两者间距为×××，直径 xx 的钢筋间距为×××的 2 倍，直筋 yy 的钢筋间距为×××的 2 倍。

（3）原位标注原则。

1）板支座原位标注的钢筋，应在配置相同跨的第一跨表达。

2）在配置相同跨的第一跨（或悬挑部位），垂直于板支座（梁或墙）绘制一段适宜长度的中粗实线（当该筋通长设置在悬挑板或短跨板上部时，实线段应画至对边或短跨），以该线段代表支座上部非贯通纵筋，并在线段上方注写钢筋编号、配筋值、横向连续布置的跨数（注写在括号内，且当一跨时可不注），以及是否连续布置到梁的悬挑端。

3）板支座上部非贯通纵筋自支座中心线向跨内的延伸长度，注写在线段的下方位置。

4）当中间支座延伸长度为对称配置时，可在支座一侧标注其长度，另一侧不注；为非对称布置时，应分别在支座的两侧线段下标注。

5）对线段画至对边贯通全垮或贯通全悬挑长度的上部通长纵筋，贯通全跨或延伸至全悬挑一侧的长度值不注，只注明非贯通筋另一侧的伸出长度值。

6）当板支座为弧形，支座上部非贯通纵筋呈放射状分布时，设计者应注明配筋间距的度量位置并加注“放射分布”四字，必要时应补绘平面配筋图。

7）当悬挑板端部厚度不小于 150mm 时，设计者应制定板端部封边构造方式，当采用 U 形钢筋封边时，尚应指定 U 形钢筋的规格、直径。

8）在板平面布置图中，不同部位的板支座上部非贯通纵筋及悬挑板上部受力钢筋，可仅在一个部位注写，对其他相同者则仅需在代表钢筋的线段上注写编号及横向连续布置的跨数即可。

9）与板支座上部非贯通纵筋垂直且绑扎在一起的构造钢筋或分布筋，应有设计者在图中注明。

10）当板的上部已配置有贯通纵筋，单需增配板支座上部非贯通纵筋时，应结合已配置的同向贯通纵筋的直径与间距采取“隔一布一”方式配置。

注：“隔一布一”方式，为非贯通筋的标准间距与贯通纵筋相同，两者组合后的实际间距为各自标注间距的 1/2。当设定贯通纵筋为纵筋总截面面积的 50%时，两种钢筋应取相同直径；当设定贯通纵筋大于或小于总截面面积的 50%时，两种钢筋则取不同直径。

3. 无梁板

(1) 板带厚。

1) 板带厚注写为$h=\times\times\times$。

2) 板带宽注写为$b=\times\times\times$。

3) 当无梁楼盖整体厚度和板带宽度已在图中注明时，此项可不注。

(2) 贯通纵筋。

1) 贯通纵筋按板带下部和板带上部分别注写，并以B代表下部，T代表上部，B&T代表下部和上部。

2) 当采用放射分布配筋时，设计者应注明配筋间距的度量位置，必要时补绘配筋平面图。

(3) 原位标注原则。

1) 以一段与板带同向的中粗实线段代表板带支座上部非贯通纵筋；对于柱上板带：实线段贯穿柱上区域绘制；对于跨中板带：实线段横贯柱网线绘制。在线段上注写钢筋编号、配筋值及在线段的下方注写自支座中线向两侧跨内的伸出长度。

2) 当板带支座非贯通纵筋自支座中线向两侧对称伸出时，其伸出长度可仅在一侧标注；当配置在有悬挑端的边柱上时，该筋伸出到悬挑尽端，设计不注。当支座上部非贯通纵筋呈放射分布时，设计者应注明配筋间距的定位位置。

3) 不同部位的板带支座上部非贯通纵筋相同者，可仅在一个部位注写，其余则在代表非贯通纵筋的线段上注写编号。

4) 当板带上部已经配有贯通纵筋，但需增加配置板带支座上部非贯通纵筋时，应结合已配同向贯通纵筋的直径与间距，采取“隔一布一”的方式配置。

(4) 暗梁集中标注。暗梁编号、暗梁截面尺寸（箍筋外皮宽度×板厚）、暗梁箍筋、暗梁上部通长筋或架立筋。

# 任务二　编制墙柱模板施工方案

## 一、材料要求

(1) 加工好的各种半成品不能有锈蚀现象，加工尺寸符合要求。

(2) 绑扎钢筋的火烧丝表面不能有锈蚀现象。

(3) 如果钢筋连接采用机械式连接，还要检查连接钢筋用的套筒的各项指标使其与国家规范相符。

## 二、施工准备

1. 作业条件

(1) 作业面楼（底）板混凝土强度达到上人、堆料的要求。

(2) 作业面及施工缝清理干净，墙体及柱露在楼板外的钢筋接头清理干净，墙柱边线已经放好。

(3) 钢筋接头所用机械设备上作业面前要进行检查，保证设备的正常运行。需要用电的设备在使用中要符合施工现场用电规定，保证施工顺利、安全地进行。

2. 材料准备

（1）钢筋半成品加工完毕并经过验收。

（2）钢筋半成品要按照不同的部位及类型进行标识、码放。

（3）钢筋半成品运送至作业面后，要码放整齐，半成品与楼板之间用木枋隔开。

3. 主要机具

一般应备有小白线、托线板、线坠、钢筋钩子（绑扎钢筋用）、钢筋接头连接机具、卷尺等。

## 三、操作工艺

1. 现浇混凝土结构墙体柱钢筋绑扎的一般规定

（1）钢筋绑扎前应熟悉施工图纸，核对成品钢筋的级别、直径、形状、尺寸和数量，核对配料表和料牌，如有错漏应予以纠正或增补，同时准备好绑扎用的铁丝、绑扎工具、绑扎架等。

（2）对形状复杂的结构部位，应研究好钢筋穿插就位及与模板等其他专业配合的先后次序。

（3）墙体钢筋网绑扎时钢筋网之间应绑扎 $\phi6\sim\phi10$ 的钢筋制成的拉钩，间距约为1.0m，相互错开排列，以保证墙体钢筋网片的间距正确。

（4）柱箍筋应与受力筋垂直设置，箍筋弯钩叠合处应沿受力钢筋方向错开设置；箍筋转角与受力钢筋的交叉点均应扎牢；箍筋平直部分与纵向交叉点可间隔扎牢，以防止骨架歪斜。

（5）各受力钢筋绑扎接头的环境要求及混凝土保护层厚度的控制，见表2-18。

**表2-18　钢筋的混凝土保护层厚度**　　单位：mm

| 环境条件 \ 构件名称 \ 混凝土强度等级 | | 低于C25 | C25及C30 | 高于C30 |
|---|---|---|---|---|
| 室内正常环境 | 墙 | 15 | 15 | 15 |
| | 柱 | 25 | 25 | 25 |
| 露天或室内高湿度环境 | 墙 | 35 | 25 | 15 |
| | 柱 | 45 | 35 | 25 |
| 有垫层 | 基础 | 35 | 35 | 35 |
| 无垫层 | | 70 | 70 | 70 |

2. 墙体钢筋绑扎

（1）墙体钢筋绑扎安装顺序：

暗柱钢筋连接→绑扎暗柱→绑扎过梁→绑扎墙体钢筋网片→调整墙体垂直度→加塑料垫块

（2）绑扎暗柱。箍筋弯钩叠合处应上下错开，弯钩角度应为135°，弯钩的平直段长度为 $10d$。

（3）绑扎过梁。暗柱钢筋绑扎完后，应在暗柱上标明连梁的上下皮主筋位置（均要考虑保护层）。绑扎前要把连梁箍筋套入。侧箍筋应进暗栓 1 个，距洞口边线 100mm 处绑扎，顶层连梁箍筋应全梁布置。连梁绑扎时要在主筋下部架立 $\phi48$ 钢管临时固定，待墙筋绑扎完方可拆除。连梁绑扎时先校正连梁两边暗柱的垂直度。

（4）绑扎墙体钢筋网片。墙体竖向钢筋接头连接长度应按设计和施工质量验收规范要求。搭接接头绑扎时应有 3 扣绑丝，并与搭接长度范围内的 3 根墙体钢筋绑扎牢固，如图 2-37 所示，若搭接范围内没有 3 根墙体钢筋，则应增大搭接长度以使接头内有 3 根墙体钢筋。钢筋网片绑扎时，相邻绑扎丝扣应为八字形，墙体拉结筋应呈梅花形布置，相邻两拉结钩方向相反，每一扣都要绑扎，不得漏扣，所有绑扎丝头朝墙内侧。

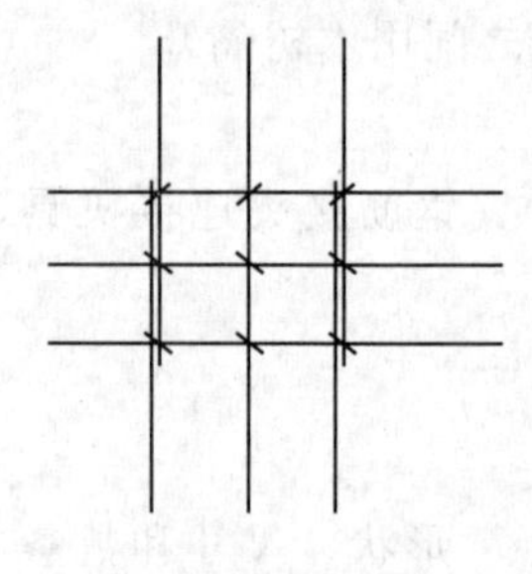

图 2-37　墙体钢筋搭接接头绑扎示意图

（5）调整墙柱钢筋垂直度。在绑扎水平筋及柱主筋前要按照设计要求及施工规范调整钢筋的位置。墙体暗柱主筋绑扎完后，要用线坠吊垂直。

（6）安装保护层垫块。第一排距离结构面 250mm，呈梅花形布置，间距 400mm（600mm）。柱的垫块卡在箍筋上。

3. 柱子钢筋绑扎

（1）柱子钢筋绑扎顺序：

柱子钢筋连接→绑扎箍筋→调整垂直度→安放保护层块

（2）短向接头距离结构面为柱截面尺寸，且错开柱加密区高度长向接头距短向接头距离为 $35d$ 且不小于 500mm；柱四角钢筋为长向接头。

（3）绑扎箍筋。箍筋弯钩叠合处相互错开，箍筋与柱筋扣扣绑扎，相邻绑扣为八字扣，且丝扣朝内。

（4）钢筋绑扎完毕后，调整垂直度，特别是四角钢筋必须垂直。

（5）保护层垫块：第一排距离结构面 250mm，呈梅花形布置，间距 600mm。

（6）柱上口安放定位钢筋。

4. 箍筋绑扎的要求

（1）现浇混凝土结构墙、柱钢筋绑扎中箍筋的安装施工时要注意箍筋与墙体水平筋的间距，避免出现 3 根以上钢筋叠加在一起的情况。

（2）墙、柱箍筋应与主筋的机械连接接头错开，如无法错开采取增大箍筋间距、增加小直径箍筋的办法。

5. 钢筋的锚固

（1）当受力钢筋采用机械连接或焊接接头时，设置在同一构件内的接头宜相互错开。竖向受力钢筋机械连接接头及焊接接头连接区段的长度为 $35d$（$d$ 为竖向受力钢筋的较大直径）且不小于 500mm，凡接头中点位于该连接区段长度内的接头均属于同一连接区段。同一连接区段内，竖向受力钢筋的接头面积百分率应符合设计要求；当设计无具体要求时，应符合下列规定：接头不宜设置在有抗震设防要求的框架柱端的箍筋加密区；当无法避开时，对等强度高质量机械连接接头，不应大于 50%，如图 2-38 所示。

（2）同一构件中相邻纵向受力钢筋的绑扎搭接接头宜相互错开。绑扎搭接接头中钢筋

的横向净距不应小于钢筋直径，且不应小于 25mm。

钢筋绑扎搭接接头长度按照设计要求和 GB 50204—2002《混凝土结构工程施工质量验收规范》执行。凡搭接接头中点位于该连接区段长度内的搭接接头面积百分率为该区段内有搭接接头的纵向受力钢筋截面面积与全部纵向受力钢筋截面面积的比值，如图 2-39 所示。

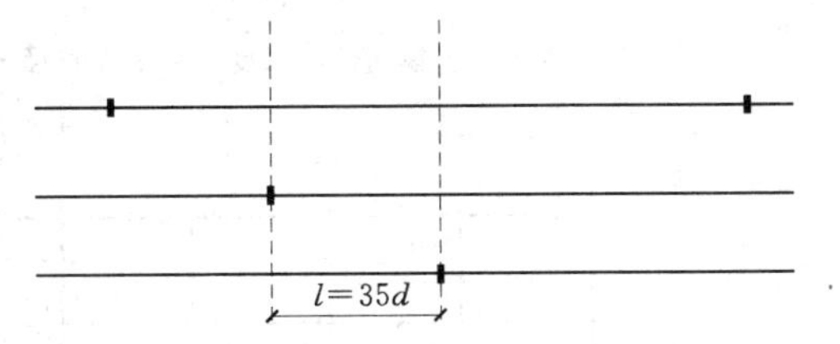


图 2-38 钢筋机械连接及焊接接头连接区段

（注：图中所示 $l$ 区段内有接头的钢筋面积按两根计）

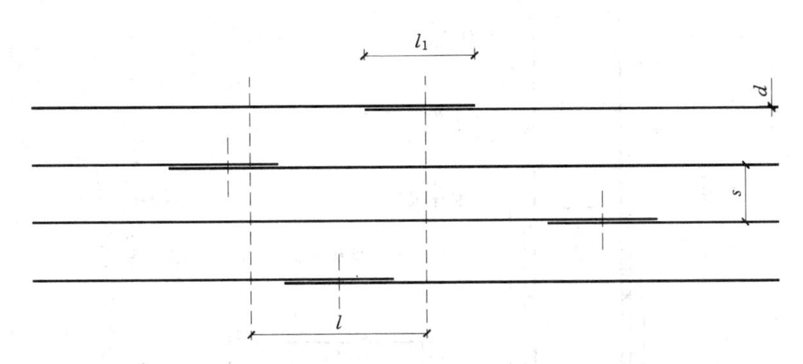


图 2-39 钢筋绑扎搭接接头连接区段及接头面积百分率

（注：图中所示 $l$ 区段内有接头的钢筋面积按两根计）

$d$—钢筋直径；$s$—钢筋横向净间距

同一连接区段内，竖向受力钢筋的接头面积百分率应符合设计要求；当设计无具体要求时，应符合下列规定。

对墙体构件，不宜大于 25%；对柱类构件，不宜大于 50%。

## 四、质量控制

1. 钢筋保护层的质量控制

墙体钢筋可采用专用高强度定位卡具塑料卡环。也可采用双 F 卡，柱子钢筋可采用塑料卡环和定位箍。

2. 墙体钢筋定位措施

垂直方向采用竖向梯子筋控制墙体水平筋间距及保护层厚度，根据墙体长度，按 1500mm 的间距放置与墙体钢筋同时绑扎，梯子筋的规格比墙筋大一个规格，可代替主筋。在梯子筋上、中、下部设三道顶模筋，顶模筋长度比墙宽小 2mm，控制墙体保护层厚度（顶模筋伸出长度＝水平筋直径＋保护层厚度－1mm）。顶模筋端部垂直，无飞边，端头刷防锈漆（地下室外墙墙体采用的顶模筋要焊接止水钢片），如图 2-40 所示。

（1）水平方向在墙体模板上口加设水平梯子筋（定距框如图 2-41 所示），对墙体上部竖筋准确定位，同时控制保护层，可周转使用，水平梯子筋规格同墙筋。水平梯子筋如图 2-41 所示。

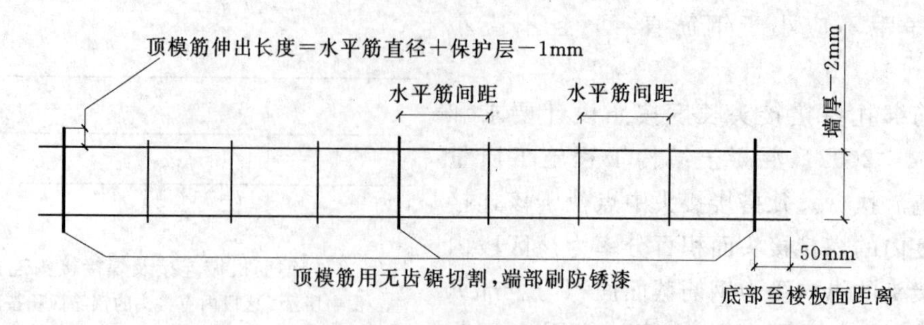


图 2-40　墙体竖向梯子筋

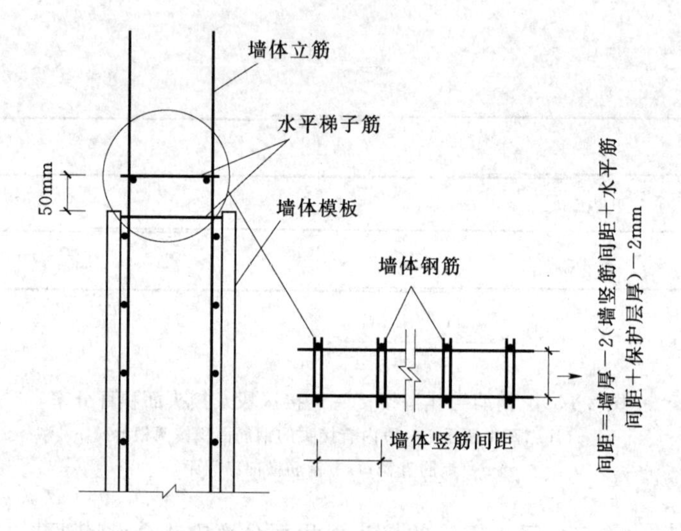


图 2-41　墙体水平梯子筋

（2）为保证剪力墙门、窗洞口尺寸，在墙体混凝土浇筑前，在门窗洞口两侧的暗柱主筋上口间安放定制的钢筋卡具，卡具安放在大模板内，距大模板上口 3～5cm，卡具上的顶模筋能够保证门窗上口墙体保护层，并且利用大模板与顶模筋的相互作用固定定位卡。卡具规格如图 2-42 所示。

（3）柱竖向钢筋定位措施。为保证主筋位置及保护层厚度，在主筋外侧固定塑料垫块，并且在距板面 1m 高处和模板上口设定位框。定位框用现场 $\phi16$ 以上的钢筋头加工，分为方柱定位框和圆柱定位框两种，如图 2-43 所示。

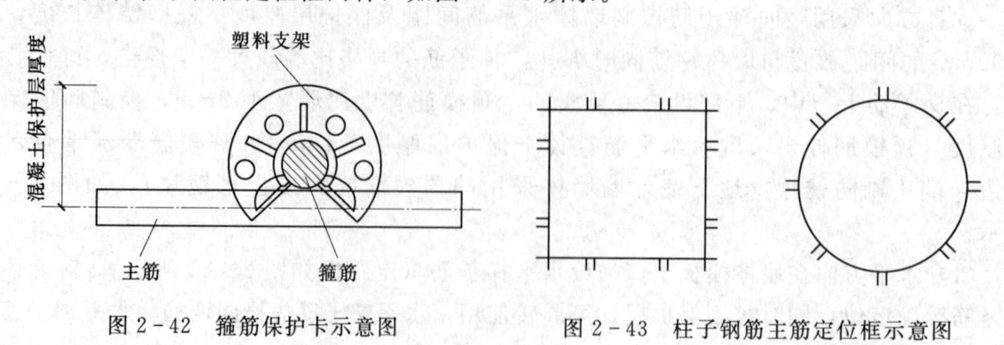


图 2-42　箍筋保护卡示意图　　图 2-43　柱子钢筋主筋定位框示意图

## 五、质量标准

1. 主控项目

（1）现浇混凝土结构墙、柱竖向受力钢筋的连接方式应符合设计要求。

检验方法：观察。

（2）在施工现场，应按 JG 107—2010《钢筋机械连接通用技术规程》、JGJ 18—2012《钢筋焊接及验收规程》的规定抽取钢筋机械连接接头、焊接接头试件作力学性能检验，其质量应符合有关规程的规定。

检验方法：检查产品合格证、接头力学性能试验报告。

2. 一般项目

（1）钢筋的接头宜设置在受力较小处，同一连接区段内的接头数量满足“施工工艺”中的要求及有关规范规定。

检验方法：观察、钢尺检查。

（2）钢筋绑扎位置的允许偏差的合格标准和检验方法见表 2-19。

（3）严禁出现漏扣、松扣现象。

检验方法：观察检查。

（4）箍筋弯钩与模板呈 45°，且平直段长度不小于 10$d$（$d$ 为箍筋直径），误差控制在±1mm。

检验方法：观察检查。

表 2-19　　钢筋绑扎位置的允许偏差和检验方法

| 项目 | | | 允许偏差/mm | 检验方法 |
|---|---|---|---|---|
| 绑扎钢筋骨架 | 长 | | ±10 | 钢尺检查 |
| | 宽、高 | | ±5 | 钢尺检查 |
| 受力钢筋 | 间距 | | ±10 | 钢尺量两端、中间各一点，取最大值 |
| | 排距 | | ±5 | |
| | 保护层厚度 | 柱 | ±4(±5) | 钢尺检查 |
| | | 墙 | ±3 | 钢尺检查 |
| 绑扎箍筋、横向钢筋间距 | | | ±20 | 钢尺量连续三档，取最大值 |

## 六、成品保护

（1）成型钢筋按指定地点堆放，用垫木垫放整齐，防止钢筋变形、锈蚀、油污。

（2）绑扎墙筋时应搭临时架子，不准蹬踩钢筋。

（3）严禁随意割断钢筋，否则必须经设计人员同意，并采取质量措施。

（4）塔吊工作时，不得随意碰撞钢筋，控制好摆臂高度。

（5）大模板面刷隔离剂时，严禁污染钢筋。

（6）施工时应保证预埋电线管等位置正确，发生冲突时，可将竖向钢筋沿平面左右弯曲，横向钢筋上下弯曲，绕开预埋管。但一定要保证保护层的厚度，严禁任意切割钢筋。

（7）钢筋绑扎时，禁止碰动预埋件及洞口模板。

（8）浇筑墙柱混凝土时，混凝土工不得随意扳弯伸出的竖向钢筋。

（9）浇筑墙柱混凝土时，钢筋作业班组必须有看筋人员，发现钢筋偏位要及时纠正，发现随意破坏成品钢筋的要及时制止。

## 任务三　编制梁板钢筋绑扎施工方案

### 一、材料要求

（1）钢筋应有出厂合格证、经力学性能复试合格；加工形状、规格、数量及几何尺寸符合设计要求。

（2）钢筋进行分类码放，并挂牌标志清楚。

### 二、施工准备

1. 作业条件

（1）梁、板模板按要求安装完毕，经检查符合设计要求，并办理预检手续。

（2）做好抄平放线工作，梁划好箍筋分档线，板弹好钢筋分档线。

（3）根据设计图纸和工艺规程要求已向班组进行技术交底。

2. 材料准备

（1）成型钢筋符合配料单的规格、尺寸、形状、数量，并应有现场标示牌。钢筋绑扎前，应检查有无锈蚀现象，除锈之后再运至绑扎部位。绑扎铁丝准备齐全并切割完毕。

（2）用于控制钢筋位置及混凝土保护层用的垫块、马凳等已准备齐全，经检查符合要求。

（3）当有接头连接工艺时，应提前准备，并检查接头部位是否符合要求。

3. 主要机具

（1）钢筋勾子、钢筋板子、小撬棍、脚手架、钢丝刷、绑扎架、粉笔、钢筋运输车准备好。

（2）需要焊接时，焊接工具准备齐全。套筒或冷挤压接头时相应机械扳手等工具准备齐全。

### 三、操作工艺

#### （一）梁钢筋绑扎

（1）梁钢筋绑扎的工艺流程如下：

画箍筋间距线→在主次梁模上口铺横杆数根→放箍筋→穿主梁下层钢筋→穿次梁下层钢筋→穿主梁上层钢筋→按箍筋间距绑牢→绑主梁下层纵筋→抽横杆-落骨架于模板内

（2）在梁模板侧梆上画箍筋间距后摆放箍筋。

（3）先穿主梁的下部纵向受力筋及弯起钢筋，将箍筋按已分好的间距分开；再穿次梁的下部纵向受力筋及弯起钢筋，并套好箍筋；然后放主次梁的架立筋；调整箍筋间距使其符合设计要求，绑架立筋，再绑主筋，主次梁同时配合进行。

（4）框架梁上部纵向受力筋应贯穿中间节点，梁下部纵向受力钢筋深入中间节点的锚固长度应符合设计要求。

（5）绑扎箍筋。

1）绑扎上部纵向筋的箍筋宜用套扣法绑扎。

2）钢筋弯钩叠合处，在梁中应交错绑扎，箍筋弯钩为135°，平直长度为10$d$，如做成封闭箍时，单面焊缝长度为10$d$。

3）梁端第一个箍筋设置在距离柱节点边缘50mm。

4）梁端与柱交接处箍筋加密，其间距及加密区搭接长度均要符合设计或规范的要求。

（6）主次梁受力筋下均加保护层垫块（或塑料卡），保证保护层厚度。

（7）受力筋为双排时，可用短钢筋（短钢筋直径等于受力筋排距）垫在两层钢筋之间，钢筋排距应符合设计要求。

（8）钢筋搭接。

1）梁的受力钢筋直径大于22mm时，不宜采用绑扎接头，小于22mm时可采用绑扎接头，搭接长度如设计无规定时按GB 50204—2015《混凝土结构工程施工质量验收规范》要求采用。搭接长度的末端与钢筋弯曲处的距离，不得小于钢筋直径的10倍。

2）接头不宜位于构件的最大弯折处，受拉区域内Ⅰ级钢筋的绑扎接头的末端应做成弯钩（Ⅱ、Ⅲ级可不做弯钩），搭接处应在中心及两端处扎牢。

（9）梁钢筋接头位置。

顶板梁接头：上部接头应设在跨中；下部钢筋接头应设在支座。

地反梁接头：其钢筋接头位置应与顶板梁相反布置，上部接头设在支座，下部接头设在跨中。

（10）主筋的锚固。钢筋锚固应按设计图纸要求或11G329《建筑物抗震构造详图》要求确定。

（11）弯起钢筋。钢筋弯起角度一般为45°或60°。当梁高大于800mm时，宜用60°；弯起钢筋不得采用浮筋。钢筋弯起之后应有足够的锚固长度，对光圆钢筋在末端还应有弯钩，位于梁侧的底层钢筋不得弯起。

**（二）楼板钢筋绑扎**

1. 工艺流程

清理模板→模板上弹线→绑扎下部受力钢筋→绑扎上层（负弯矩）钢筋。

2. 清理模板

清理模板杂物、油污等，并按图纸要求做好专业洞口在顶板上的开洞。

3. 模板上弹线

按受力钢筋先弹下部受力钢筋的标记线，弹线从梁墙边5cm弹第一根受力钢筋线，再按间距依次弹线，至最后一根钢筋线距墙边大于5cm，应增设一根受力钢筋，并对最后两根受力钢筋的间距做等分调整。依此方法弹另一方向受力钢筋模板线。

4. 绑扎下部受力钢筋

按以弹好的模板线绑扎下部受力钢筋，绑扎时应按图纸要求保证下部受力钢筋锚入墙内的长度一致，弯钩的朝向一致，受力钢筋绑扎严格按弹线摆直，确保钢筋间距。

5. 绑扎上层受力钢筋

（1）按图纸设计要求布置好专业管线后，可进行上层受力筋的绑扎。

（2）严格按图纸要求的板厚设置马凳。

马凳的尺寸＝板厚－上下层钢筋混凝土保护层－上下层钢筋尺寸

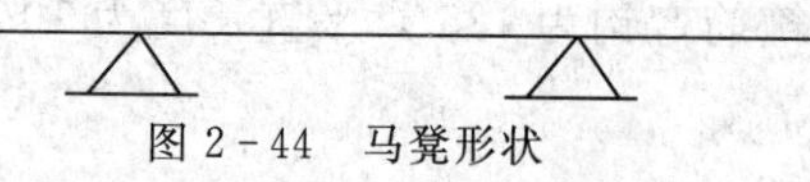
图 2-44　马凳形状

马凳的形状如图 2-44 所示。

马凳的数量据不同的跨度及负筋的设计情况设置，以保证钢筋的间距及板厚尺寸。

6. 预留洞附加筋

按设计规格、数量保证传力正确，短向钢筋应入支座。

（三）楼梯钢筋的绑扎

(1) 工艺流程如下：

画位置线 → 绑主筋 → 绑分布筋 → 绑踏步筋

(2) 在楼梯段底模上画出主筋和分布筋的位置线。

(3) 根据设计图纸主筋、分布筋的方向，先绑扎主筋后绑扎分布筋，每个交点均应绑扎。如果有楼梯梁，先绑梁后绑板筋，板筋要锚固到梁内。

(4) 底板筋绑完，待踏步模板吊帮支好后再绑扎踏步筋。

## 四、质量控制

(1) 钢筋位置：绑扎时将多根钢筋端部对齐，防止钢筋绑扎偏斜或骨架扭曲。

(2) 保护层：下层主筋用砂浆垫块要垫得适量可靠，竖立钢筋可采用埋有铁丝的垫块绑在钢筋骨架外侧；同时，为使保护层厚度准确，应用铁丝将钢筋骨架拉向模板，将垫块挤牢，严格检查钢筋的成型尺寸；模外绑扎钢筋骨架时，要控制好它的外形尺寸，不得超过允许偏差。

(3) 以线布筋，保证钢筋间距均匀、位置正确，预先算好箍筋实际分布间距，用粉笔标示于主筋上，绑扎骨架时作为依据。

## 五、质量标准

1. 主控项目

(1) 钢筋的品种和质量必须符合设计要求和有关标准的规定。

检验方法：检查产品合格证和观察检查。

(2) 带有颗粒状和片状老锈，经除锈后仍留有麻点的钢筋，严禁按原规格使用。

检验方法：观察检查。

(3) 钢筋的规格、形状、尺寸、数量锚固长度、接头设置必须符合设计要求和施工规范规定。

检验方法：观察检查。

2. 一般项目

(1) 缺扣、松扣的数量不得超过绑扣数的 10%，且不应集中。

检验方法：观察检查。

(2) 弯钩的朝向正确。绑扎接头应符合施工规范的规定，搭接长度不应小于规定值。

检验方法：观察检查和尺量检查。

(3) 箍筋的间距数量应符合设计要求，有抗震要求时，弯钩角度为 135°，弯钩平直长度为 $10d$。

检验方法：观察检查和尺量检查。

(4) 钢筋绑扎允许偏差项目，见表 2-20。

**表 2-20　　现浇混凝土梁、板钢筋绑扎允许偏差**

| 项　　目 | | | 允许偏差/mm | 检　验　方　法 |
|---|---|---|---|---|
| 绑扎钢筋网 | 长宽 | | ±10 | 钢尺检查 |
| | 网眼尺寸 | | ±20 | 钢尺量连续三档，取最大值 |
| 绑扎钢筋骨架 | 长 | | ±10 | 钢尺检查 |
| | 宽．高 | | ±5 | 钢尺检查 |
| 受力钢筋 | 间距 | | ±10 | 钢尺量两端，中间各一点取最大值 |
| | 排距 | | ±5 | 钢尺检查 |
| | 保护层厚度 | 基础 | ±10 | 钢尺检查 |
| | | 梁 | ±5 | 钢尺检查 |
| | | 板、壳 | ±3 | 钢尺检查 |
| 绑扎箍筋．横向钢筋间距 | | | ±20 | |
| 钢筋弯起点位置 | | | 20 | |
| 预埋件 | 中心线位置 | | 5 | 钢尺检查 |
| | 水平高差 | | +3，0 | 钢尺检查 |

### 六、成品保护

（1）钢筋原材进场后必须采取相应保管措施，避免钢筋锈蚀。

（2）成型钢筋按指定地点堆放，用垫木垫放整齐，防止钢筋变形、锈蚀、油污。

（3）楼板的弯起钢筋，负弯矩钢筋绑好后，不准踩在上面行走，在浇筑混凝土前保持原有形状，浇灌中派钢筋工负责修理。

（4）绑扎时禁止碰动预埋件及洞口模板。

**【知识扩展】**　钢筋工程施工标准做法

（1）施工准备机具器械如图 2-45 所示。

（2）钢筋交货形式，如图 2-46 所示。

（3）场地布置合理，原材料与半成品分开堆放，如图 2-47 所示，材料标识牌，如图 2-48 所示。

（4）长条钢筋采用塔吊直接吊运，严禁单股钢丝绳吊运（打“×”表示错误做法），如图 2-49 所示。

（5）箍筋采用料斗吊运，严禁装载超过料具上口（打“×”表示错误做法），如图 2-50 所示。

（6）墙柱钢筋绑扎要求画线绑扎，水平（箍筋）钢筋间距满足设计要求，水平筋或箍筋与每根主筋相交位置绑扎到位，严禁跳绑，如图 2-51 所示，钢筋在浇筑混凝土前，用 PVC 管保护主筋不受污染，如图 2-52 所示。

（7）墙、柱钢筋直径不小于 20mm，采用机械接头，如图 2-53 所示，墙、柱钢筋直径小于 20mm，采用电渣压力焊，如图 2-54 所示。

（8）柱核心区箍筋。加工焊接成如图 2-55 所示钢筋笼，梁钢筋绑扎完成时一同下沉到预定位置。

(a)弯曲机　(b)调直机　(c)切断机　(d)电弧焊机

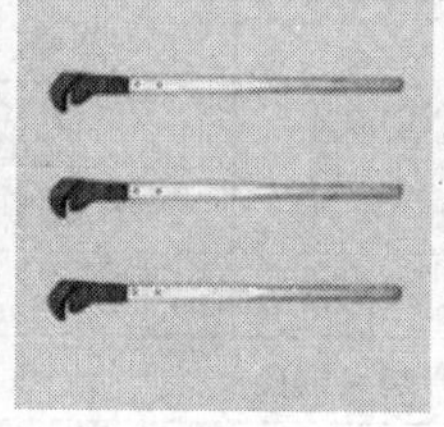
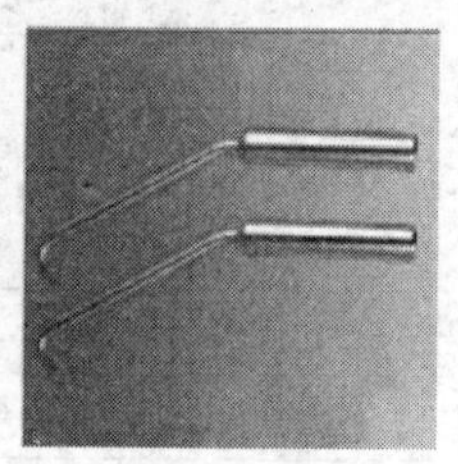

(e)闪光对焊机　(f)套丝机　(g)电渣压力焊机　(h)扳手　(i)绑扎工具

图 2-45　常见钢筋施工机械

(a) 圆盘交货形式

(b) 条形捆扎交货形式

图 2-46　钢筋交货形式

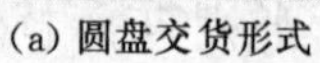

图 2-47　钢筋堆放

材料标识牌

| 材料名称 | 型　号 | 规　格 |
|---|---|---|
| | | |
| 数　量 | 炉(批)号 | 生产厂家 |
| | | |
| 生产日期 | 进货日期 | 检验日期 |
| | | |
| 试验编号 | 检验状态 | 负 责 人 |
| | | |

图 2-48　钢筋标识牌

(a)

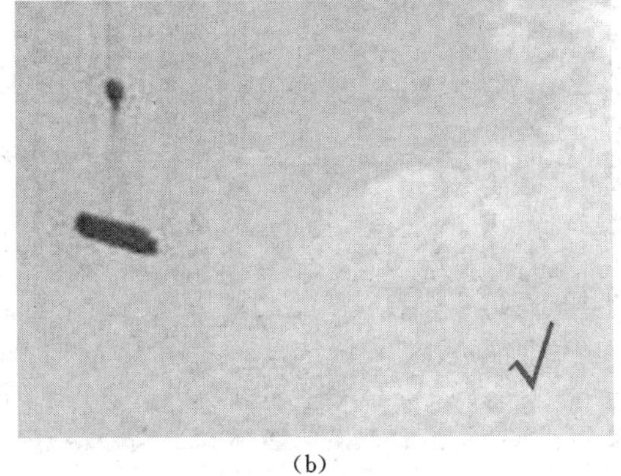

(b)

图 2-49 钢筋吊运做法

(a)

(b)

图 2-50 钢筋装载

图 2-51 墙柱钢筋绑扎

图 2-52 PVC 管保护钢筋

图 2-53　钢筋机械连接

图 2-54　钢筋焊接

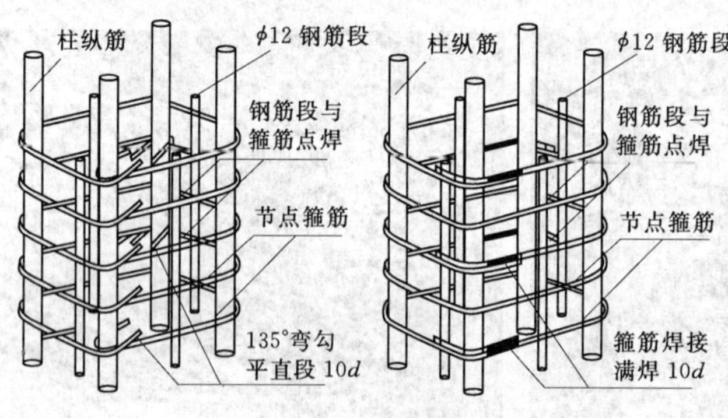



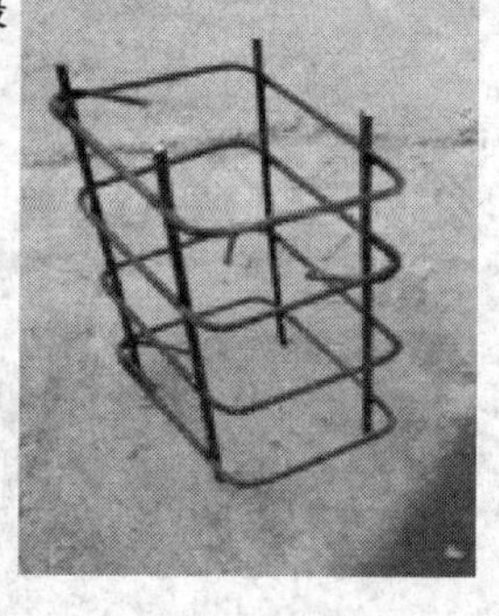

图 2-55　柱核心区箍筋

(9) 梁钢筋绑扎主筋间距分布均匀，箍筋绑扎到位（箍筋与每根主筋相交位置必须有效绑扎牢固），如图 2-56 所示，梁主筋直径不小于 20mm，采用机械接头；梁主筋小于 20mm 采用焊接或绑扎搭接，如图 2-57 所示。

图 2-56　梁箍筋绑扎

图 2-57　梁箍筋连接

(10) 主次梁交接处，主梁方向箍筋在交接位置按设计图纸间距绑扎，如图 2-58 所示，梁、柱箍筋按抗震要求，弯成 135°角，如图 2-59 所示。

图 2-58 主次梁箍筋绑扎

图 2-59 梁柱箍筋

(11) 梁钢筋一排筋与二排筋采用分隔筋隔开，分隔筋直径不小于主筋直径或 25mm；分隔筋距支座边 500mm 设置一道，中间每隔 3m 设置一道，如图 2-60 所示，板面筋在边支座锚固时，直接延伸到梁最外面一根钢筋的内侧弯下，如图 2-61 所示。

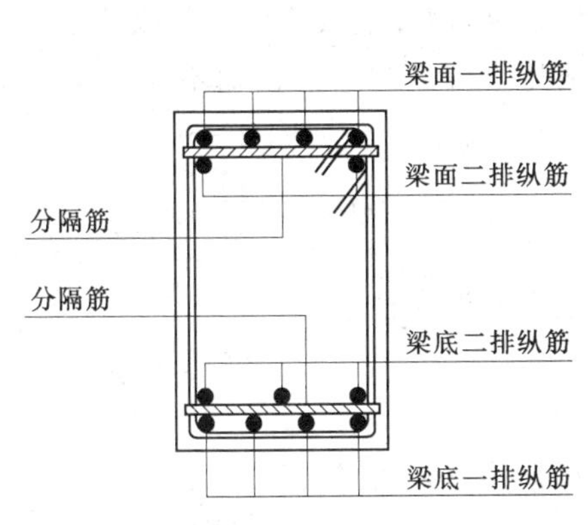


图 2-60 梁分隔筋

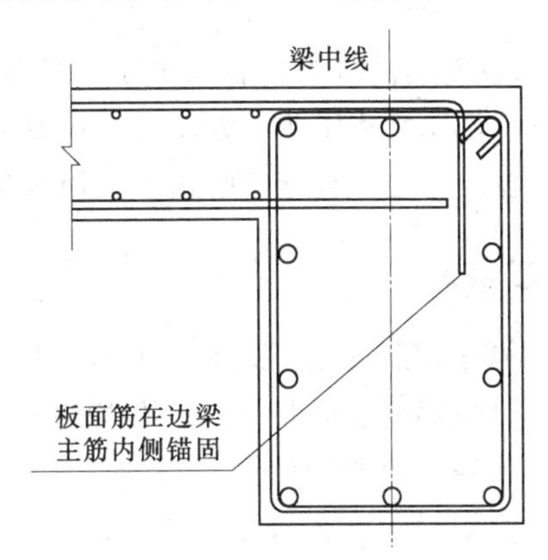


图 2-61 板面筋锚固

(12) 板配筋采用双层双向+分离式配筋，取消分离式配筋形式（面筋推荐不小于Φ8，具体以设计为准），如图 2-62 所示，面筋锚固端与梁箍筋（主筋）、墙主筋（水平筋）绑扎牢固，面筋绑扎要满绑，如图 2-63 所示。

图 2-62 板配筋

图 2-63 面筋锚固

（13）板底筋绑扎前，画线控制间距，建议采用弹线控制，板面筋采用满绑（纵横钢筋交接位置都必须进行绑扎），不得出现“隔一绑一”的跳绑形式，如图 2－64 所示。

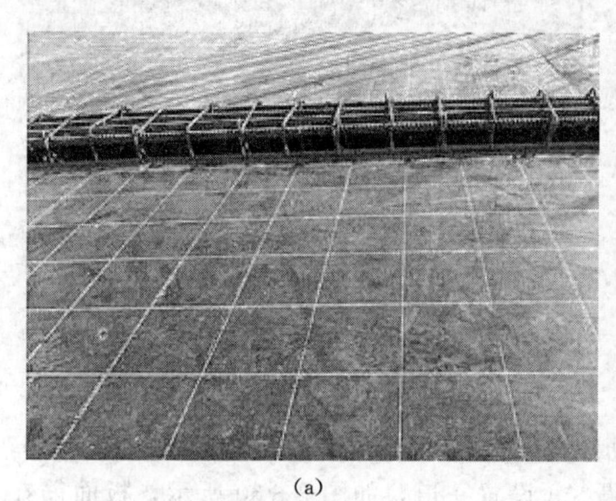
(a)

(b)

图 2－64　板底筋绑扎

（14）钢筋搭接焊：表面平整、光滑，无凹陷、焊瘤、裂纹、气孔、咬边、夹渣等质量缺陷，雨天严禁作业，如图 2－65 所示。电渣压力焊：焊包凸出面不少于 4mm，不得出现偏心、气孔、裂缝、咬边、夹渣等缺陷，雨天严禁作业，如图 2－66 所示。

## 【习题】

1. 简述钢筋连接方式有哪几种？钢筋机械连接有哪几种？
2. 试述钢筋套筒挤压连接的原理和施工要点。
3. 吊筋长度如何计算？
4. 框架梁在什么情况下需配置侧面纵筋？如何计算侧面纵筋的根数？

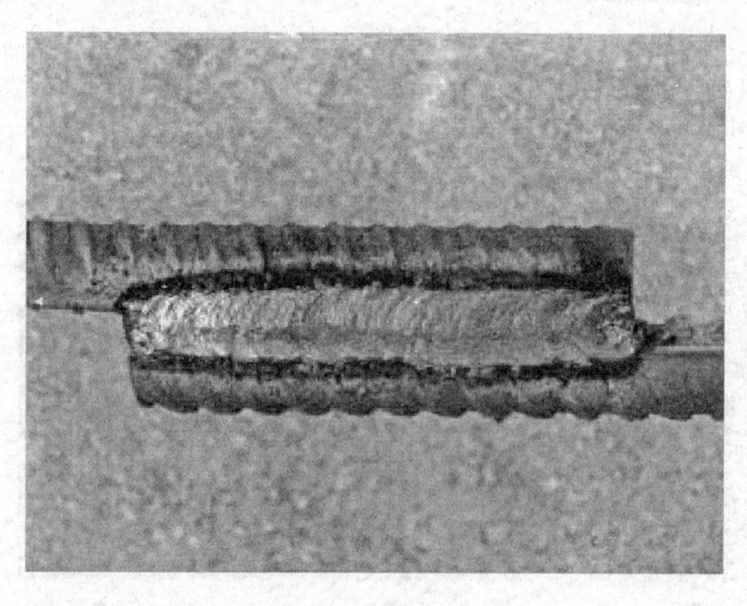

图 2－65　钢筋搭接焊

图 2－66　电渣压力焊

5. 悬挑梁下部筋长度如何计算?

6. 框架梁的上下通长筋、下部非通长筋如何计算?

7. 计算题:

某三层框架结构抗震等级为二级，其中 $KZ_1$、$KL_1$ 配筋情况如图 2-67 所示。从施工图纸中查到该结构基础扩大顶面标高为-1.2m，基础底面标高为-1.8m，基础底板底面配筋直径为 20mm，基础底面混凝土保护层为 40mm；各层板顶结构标高分别为 3.6m、6.9m、10.2m，楼板厚均为 120mm；柱纵筋在基础中水平弯折按 200mm 计，柱纵筋采用电渣压力焊连接。构件混凝土强度等级均为 C30，混凝土保护层为 30mm，箍筋按内皮周长的调整值取 120mm。

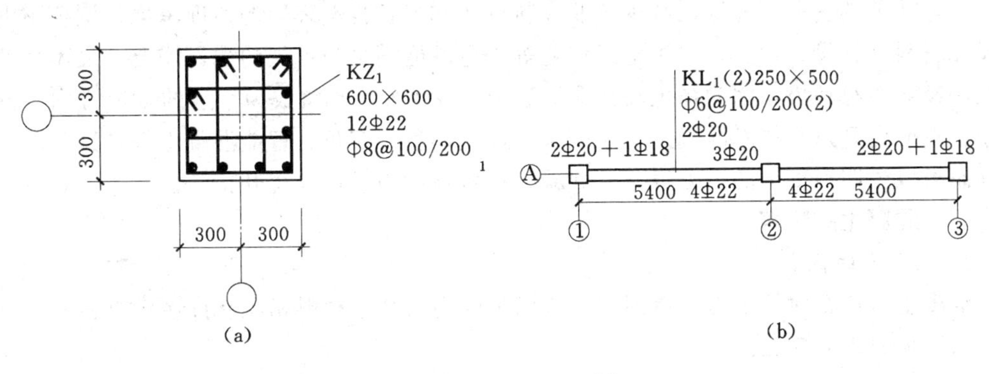


图 2-67　梁柱配筋简图（单位：mm）

问题：

(1) 计算该楼层框架梁钢筋的下料长度。

(2) 施工现场无Φ22 的 HRB335 级钢筋，现拟用Φ20 的 HRB400 级钢筋代换，求需要Φ20 的 HRB400 级钢筋的根数? HRB335 的设计强度为 $300N/mm^2$，HRB400 的设计强度为 $360N/mm^2$。

# 学习单元四　混 凝 土 工 程

**【知识链接】**

混凝土是以胶凝材料、颗粒状集料以及必要时加入化学外加剂和矿物掺合料等组分的混合料经硬化后形成具有堆聚结构的复合材料。由水泥、砂、石子、水、外加剂组成的叫普通混凝土。

## 一、混凝土的应用与发展

随着科学技术的发展，混凝土的缺点被逐渐克服。如采用轻质骨料可显著降低混凝土的自重，提高强度；掺入纤维或聚合物，可提高抗强度，大大降低混凝土的脆性；掺入减水剂、早强剂等外加剂，可显著缩短硬化时间，改善力学性能。

混凝土的技术性能也在不断地发展，高性能混凝土（HPC）将是今后混凝土的发展方向之一。高性能混凝土除了要求具有高强度（$f_{cu}\geqslant 60\text{MPa}$）等级外，还必须具备良好的工作性、体积稳定性和耐久性。

目前，我国发展高性能混凝土的主要途径主要有以下方面：

（1）采用高性能的原料以及与其相适应的工艺。

（2）采用多种复合途径提高混凝土的综合性能；可在基本组成材料之外加入其他有效材料，如高效减水剂、早强剂、缓凝剂、硅灰、优质粉煤灰、沸石粉等一种或多种复合的外加组分以调整各改善混凝土的浇筑性能及内部结构，综合提高混凝土的性能和质量。

（3）从节约资源、能源，减少工业废料排放和保护自然环境的角度考虑，则要求混凝土及原材料的开发、生产，建筑施工作业等均应既能满足当代人的建设需要，又不危及后代人的延续生存环境，因此绿色高性能混凝土（GHPC）也将成为今后的发展方向。许多国家正在研究开发新技术混凝土，如灭菌、环境调色、变色、智能混凝土等，这些新的发展动态可以说明混凝土的潜力很大，混凝土技术与应用领域有待开拓。

## 二、混凝土的特点

### 1. 混凝土的优点

混凝土材料在建筑工程中得到广泛应用是因为与其他材料相比有许多优点：

（1）材料来源广泛。

（2）性能可调整范围大。

（3）易于加工成型。

（4）匹配性好，维修费用少。

### 2. 混凝土的缺点

（1）自重大，比强度小。

（2）抗拉强度低，变形能力差而易产生裂缝。

（3）硬化时间长，在施工中影响质量的因素较多，质量波动较大。

## 三、对混凝土的基本要求

（1）混凝土拌和物有一定的和易性，便于施工，并获得均匀密实的混凝土。

（2）要满足结构安全所要求的强度，心承受荷载。

（3）要有与工程环境相适应的耐久性。

（4）在保证质量的前提下，尽量节省水泥，满足经济性的要求。

## 四、组成材料

普通混凝土是以通用水泥为胶结材料，用普通砂石材料为集料，并以普通水为原材料，按专门设计的配合比，经搅拌、成型、养护而得到的复合材料。现代水泥混凝土中，为了调节和改善其工艺性能和力学性能，还加入各种化学外加剂和磨细矿质掺合料。

砂石在混凝土中起骨架作用，故也称骨料或集料。水泥和水组成水泥浆，包裹在砂石表面并填充砂石空隙，在拌和物中起润滑作用，赋予混凝土拌和物一定的流动性，使混凝土拌和物容易施工；在硬化过程中胶结砂、石，将集料颗粒牢固地黏结成整体，使混凝土有一定的强度。混凝土的组成及各材料的大致比例见表 2-21。

**表 2-21　　混凝土组成及各组分材料绝对体积比**

| 组　成　成　分 | 水泥 | 水 | 砂 | 石 | 空气 |
| --- | --- | --- | --- | --- | --- |
| 占混凝土总体积的/% | 10～15 | 15～20 | 20～30 | 35～48 | 1～3 |
| | 25～35 | | 66～78 | | 1～3 |

### （一）水泥

1. 水泥品种的正确选择

水泥是混凝土的胶结材料，混凝土的性能很大程度上取决于水泥的质量和数量，在保证混凝土性能的前提下，尽量节约水泥，降低工程造价。首先根据工程特点、所处环境气候条件，特别是工程竣工后可能遇到的环境因素以及设计、施工的要求进行分析，并考虑当地水泥的供应情况选用适当品种的水泥。

2. 水泥强度等级的正确选择

水泥的强度等级，应与混凝土设计强度等级相适应。用高强度等级的水泥配低强度等级混凝土时，水泥用量偏少，会影响和易性及强度，可掺适量混合材料（火山灰、粉煤灰、矿渣等）予以改善。反之，如水泥强度等级选用过低，则混凝土中水泥用量太多，非但不经济，而且降低混凝土的某些技术品质（如收缩率增大等）。

一般情况下（C30 以下），水泥强度为混凝土强度的 1.5～2.0 倍较合适（高强度混凝土可取 0.9～1.5）。若采用某些措施（如掺减水剂和掺合材料），情况则大不相同，用 42.5 级的水泥也能配制 C60～C80 的混凝土，其规律主要受水灰比定则控制。

3. 水泥用量的确定

为保证混凝土的耐久性，水泥用量满足有关技术标准规定的最小和最大水泥用量的要求。如果水泥用量少于规定的最小水泥用量，则取规定的最小水泥用量值；如果水泥用量大于规定的最大的水泥用量，应选择更高强度等级的水泥或采用其他措施使水泥用量满足规定要求。水泥的具体用量由混凝土的配合比设计确定。

### （二）细集料——砂

在混凝土中粗细集料的总体积占混凝土体积的 70%～80%，因此混凝土用集料的性能对于所配制的混凝土的性能有很大的影响。集料按粒径大小分为细集料和粗集料，粒径为 150μm～4.75mm 的集料称为细集料，粒径大于 4.75mm 的集料称为粗集料。根据集料的密度的大小集料又可分为普通集料、轻集料及重集料，见表 2-22。

- 集料
  - 粗集料
    - 卵石：河卵石、海卵石、山卵石
    - 碎石：轧制的各种岩石
  - 细集料
    - 天然：河沙、海沙、山砂
    - 人工砂：机制砂、混合砂

**表 2-22　集料的分类**

1. 细集料的质量要求

混凝土用砂要求砂粒的质地坚实、清洁、有害杂质含量要少。砂按技术要求分为Ⅰ类、Ⅱ类、Ⅲ类。

（1）密度和空隙率要求。密度 $\rho_s$＞2.5g/cm$^3$；堆积密度 $\rho_{os}$＞1400kg/m$^3$；空隙率 $P_s$

<45%。

（2）含泥量、泥块含量和石粉含量。含泥量是指砂中粒径小于75μm的岩屑、淤泥和黏土颗粒总含量的百分数。泥块含量是颗粒粒径大于1.18mm，水浸碾压后可成为小于600μm块状黏土在淤泥颗粒的含量。石粉含量是人工砂生产过程中不可避免的粒径小于75μm的颗粒的含量，粉料径虽小，但与天然砂中的泥成分不同，粒径分布（40～75μm）也不同。

（3）有害杂质含量。砂在生产过程中，由于环境的影响和作用，常混有对混凝土性质有害的物质，主要有黏土、淤泥、黑云母、轻物质、有机质、硫化物和硫酸盐、氯盐等。云母为光滑的小薄片，与水泥的黏结性差，影响混凝土的强度和耐久性；硫化物和硫酸盐对水泥有腐蚀作用等。有害杂质含量限制见表2-23。

**表2-23　　砂中有害杂质含量限制表**　　%

| 项目 | | | 指标 | | |
|---|---|---|---|---|---|
| | | | Ⅰ类 | Ⅱ类 | Ⅲ类 |
| 亚甲蓝试验 | *MB*值<1.40或合格 | 石粉含量（按质量计） | <3.0 | <5.0 | <7.0 |
| | | 泥块含量（按质量计） | 0 | <1.0 | <2.0 |
| | *MB*值>1.40或不合格 | 石粉含量（按质量计） | <1.0 | <3.0 | <5.0 |
| | | 泥块含量（按质量计） | 0 | <1.0 | <2.0 |
| 云母（按质量计） | | | <1.0 | <2.0 | <2.0 |
| 轻物质（按质量计） | | | <1.0 | <1.0 | <1.0 |
| 有机物（比色法） | | | 合格 | 合格 | 合格 |
| 硫化物和核酸盐（按$SO_3$质量计） | | | <0.5 | <0.5 | <0.5 |
| 氯化物（按氯离子质量计） | | | <0.01 | <0.5 | <0.06 |
| 含泥量（按质量计） | | | <1.0 | <0.02 | <5.0 |
| 泥块含量（按质量计） | | | 0 | <1.0 | <2.0 |

（4）坚固性。天然砂的坚固性采用硫酸钠溶液法进行试验检测，砂样经5次循环后其质量损失就符合表中的规定；人工砂采用压碎指标法进行试验检测，压碎指标值就小于表2-24的规定。

**表2-24　　坚固性指标**

| 项目 | 指标 | | |
|---|---|---|---|
| | Ⅰ类 | Ⅱ类 | Ⅲ类 |
| 质量损失（小于）/% | 8 | 8 | 8 |

*2. 砂的粗细程度和颗粒级配*

（1）砂的粗细程度。砂的粗细程度，是指不同粒径砂粒混合在一起的平均粗细程度。砂子通常分为粗砂、中砂、细砂三种规格。在混凝土各种材料用量相同的情况下，若砂过粗，砂颗粒的表面积较小，混凝土的黏聚性、保水性较差；若砂过细，砂子颗粒表面积过大，虽黏聚性、保水性好，但因砂的表面积大，需较多水泥浆来包裹砂粒表面，当水泥浆用量一定时，富裕的用于润滑的水泥浆较少，混凝土搅和物的流动性差，甚至还会影响混

凝土的强度。所以，拌混凝土用的砂，不宜过粗，也不宜过细。颗粒大小均匀的砂是级配不良的砂。砂的粗细程度通常用细度模数（$M_x$）表示。

（2）砂的颗粒级配。砂的颗粒级配是指不同粒径的颗粒互相搭配及组合的情况。级配良好的砂，其大小颗粒的含量适当，一般有较多的粗颗粒，并且适当数量的中等颗粒及少量的细颗粒填充其空隙，砂的总表面积及空隙率均较小。使用级配良好的砂，填充空隙用的水泥浆较少，不仅可以节省水泥，而且混凝土的和易性好，强度耐久性也较高。

（3）砂的粗细程度与颗粒级配的测定。砂粗细程度和颗粒级配是由砂的筛分试验来进行测定的。筛分试验是采用过 9.50mm 方孔筛后 500g 烘干的待测砂，用一套孔径从大到小（孔径分别为 4.75mm、2.36mm、1.18mm、600μm、300μm、150μm）的标准金属方孔筛进行筛分，然后称各筛上所得的粗颗粒的质量（称为筛余量），将各筛余量分别除以 500 得到分计筛余百分率（%）$a_1$、$a_2$、$a_3$、$a_4$、$a_5$、$a_6$，再将其累加得到累计筛余百分率（简称累计筛余率,%）$A_1$、$A_2$、$A_3$、$A_4$、$A_5$、$A_6$，其计算见表 2-25。

**表 2-25　　累计筛余百分率与分计筛余百分率的关系**

| 筛孔尺寸 | 分计筛余 | | 累计筛余百分率/% |
|---|---|---|---|
| | 分计筛余量/g | 分计筛余百分率/% | |
| 4.75mm | $m_1$ | $a_1$ | $A_1=a_1$ |
| 2.36mm | $m^2$ | $a_2$ | $A_2=a_1+a_2$ |
| 1.18mm | $m^3$ | $a_3$ | $A_3=a_1+a_2+a_3$ |
| 600μm | $m_4$ | $a_4$ | $A_4=a_1+a_2+a_3+a_4$ |
| 300μm | $m_5$ | $a_5$ | $A_5=a_1+a_2+a_3+a_4+a_5$ |
| 150μm | $m_6$ | $a_6$ | $A_6=a_1+a_2+a_3+a_4+a_5+a_6$ |

**注**　表中 $a_1=\frac{m_1}{500}\times 100\%$。

1）砂的粗细的判定。砂按细度模数大小分为粗砂、中砂、细砂三种规格，细度模数越大，砂越粗，反之越细。细度模数按下式计算：

$$M_x=\frac{(A_2+A_3+A_4+A_5+A_6)-5A_1}{100-A_1}$$

式中　$M_x$——细度模数；

$A_1$、$A_2$、$A_3$、$A_4$、$A_5$、$A_6$——分别为 4.75mm、2.36mm、1.18mm、600μm、300μm、150μm 筛的累计筛余百分率,%。

细度模数越大，表示砂越粗，普通混凝土用砂的细度模数为 3.7～1.6。当 $M_x=3.7$～3.1 时为粗砂；$M_x=3.0$～2.3 时为中砂；$M_x=2.2$～1.6 时为细砂。普通混凝土在可能的情况下应选用粗砂或中砂，以节约水泥。

2）砂的级配判定。砂的颗粒级配用级配区表示，以级配区或筛分曲线判定砂级配的合格性。根据计算和实验结果，规定将砂的合理级配以 600μm 级的累计筛余率为准，划分为三个级配区，分别称为Ⅰ、Ⅱ、Ⅲ区，任何一种砂，只要其累计筛余率 $A_1-A_6$ 分别分布在某同一级配区的相应累计筛余率的范围内，即为级配合理，符合级配要求。砂的颗粒级配要求见表 2-26。除 4.75mm 和 600μm 级外，其他级的累计筛余可以略有超出，但

超出总量应小于5%。由表中数值可见，在三个级配区内，只有600μm级的累计筛余率是重叠的，故称其为控制粒级，控制粒级使任何一个砂样只能处于某一级配区内，避免出现属两个级配区的现象。其中Ⅰ区为粗砂区，用过粗的砂配制混凝土，拌和物的和易性不易控制，内摩擦角较大，混凝土振捣困难。Ⅲ区砂较细，为细砂区，适宜配制富混凝土和低动流性混凝土。超出Ⅲ区范围过细的砂，配成的混凝土不仅水泥用量大，而且强度将显著降低。Ⅱ区为中砂区，应优先选择级配在Ⅱ区的砂；当采用Ⅱ区砂时，应适当提高砂率；当采用Ⅲ区砂时，应适当减小砂率，以保证混凝土强度。

**表2-26　砂的颗粒级配**

| 方孔筛/mm ＼ 级配区 | Ⅰ（粗） | Ⅱ（中） | Ⅲ（细） |
|---|---|---|---|
| 9.50 | 0 | 0 | 0 |
| 4.75 | 10～0 | 10～0 | 10～0 |
| 2.36 | 35～5 | 25～0 | 15～0 |
| 1.18 | 65～35 | 50～10 | 25～0 |
| 0.6（控制粒径） | 85～71 | 70～41 | 40～16 |
| 0.3 | 95～80 | 92～70 | 85～55 |
| 0.15 | 100～90 | 100～90 | 100～90 |

注　1. 表中的数据为累计筛余数，%。
2. 砂的实际颗粒级配与表列累计百分率相比，除4.75mm和0.6mm筛孔外，允许稍有超出界线，但其总量百分率不应大于5%。
3. Ⅰ区砂中0.15mm筛孔累计筛余可放宽100%～85%，Ⅱ区砂中0.15mm筛孔累计筛余可放宽100%～80%，Ⅲ区砂中0.15mm筛孔累计筛余可放宽100%～75%。

工程中，若砂的级配不合适，可采用人工掺配的方法予以改善，即将粗、细砂按适当的比例掺合使用；也可将砂过筛，筛除过粗或过细的颗粒。

### （三）粗集料——石子

粗集料是指粒径大于4.75mm的岩石颗粒。常用的粗集料有卵石（砾石）和碎石。由人工破碎而成的石子称为碎石，或人工石子；由天然形成的石子称为卵石。卵石按其产源特点，也可分为河卵石、海卵石和山卵石。其各自的特点相应的天然砂类似，各有其优缺点。通常，卵石的用量很大，故应按就地取材的原则给予选用。卵石的表面光滑，混凝土拌和物比碎石流动性要好，但与水泥砂浆黏结力差，故强度较低。

卵石和碎石按技术要求分为Ⅰ类、Ⅱ类、Ⅲ类三个等级。Ⅰ类用于强度等级大于C60的混凝土；Ⅱ类用于强度等级为C30～C60及抗冻、抗渗或有其他要求的混凝土；Ⅲ类适用于强度等级小于C30的混凝土。

#### 1. 最大粒径及颗粒级配

与细集料相同，混凝土对粗集料的基本要求也是颗粒的总表面积要小和颗粒大小搭配要合理，以达到节约水泥和逐级填充而形成最大的密实度的要求。

（1）最大粒径。粗集料公称粒径的上限称为该粒级的最大粒径。如公称粒级5～20mm的石子其最大粒径即20mm。最大粒径反映了粗集料的平均粗细程度。拌和混凝土中集料的最大粒径加大，总表面减小，单位用水量有效减少。在用水量和水灰比固定不变

的情况下，最大粒径加大，集料表面包裹的水泥浆层加厚，混凝土拌和物可获较高的流动性。若在工作性一定的前提下，可减小水灰比，使强度和耐久性提高。通常加大粒径可获得节约水泥的效果。但最大粒径过大（大于150mm）不但节约水泥的效率不再明显，而且会降低混凝土的抗拉强度，会对施工质量，甚至对搅拌机械造成一定的损害。

根据规定，混凝土用的粗集料，其最大粒径不得超过构件截面最小尺寸的1/4，且不得超过钢筋最小净间距的3/4。对混凝土的实心板，集料的最大粒径不宜超过板厚的1/3，且不得超过40mm。

（2）颗粒级配。粗集料与细集料一样，也要有良好的颗粒级配，以减小空隙率，增强密实性，从而节约水泥，保证混凝土和易性及强度。特别是配制高强度混凝土，粗集料级配特别重要。

粗集料的颗粒级配也是通过筛分实验来确定的，所采用的方孔标准筛孔径为2.36mm、4.75mm、9.50mm、16.0mm、19.0mm、26.5mm、31.5mm、37.5mm、53.0mm、63.0mm、75.0mm、90.0mm等12个。根据各筛分计筛余量计算而得的分计筛余百分率及累计筛余百分率的计算方法也相同。依据国家标准，普通混凝土用碎石及卵石的颗粒级配符合表2－27的规定。

粗集料的颗粒级配按供应情况分为连续和单粒粒级。按实际使用情况分为连续级配和间断级配两种。连续级配是石子的粒径从大到小连续分级，每一级都占适当的比例。连续级配的颗粒大小搭配连续合理（最小粒径为4.75mm），颗粒上下限粒径之比接近2，用其配制的混凝土拌和物工作性好，不易发生离析，在工程中应用较多。但其缺点是，当最大粒径较大（大于37.5mm）时，天然形成的连续级配往往与理论最佳值有偏差，且在运输、堆放过程中易发生离析，影响到级配的均匀合理性。实际应用时，除直接采用级配理想的天然连续级配外，常采用预先分级筛分形成的单粒粒级进行掺配组合成人工连续级配。

**表2－27**　　　　**卵石或碎石颗粒级配范围**

| 公称直径/mm ＼ 筛孔/mm | | 累计筛余/% | | | | | | | | | | | |
|---|---|---|---|---|---|---|---|---|---|---|---|---|---|
| | | 2.36 | 4.75 | 9.50 | 16.0 | 19.0 | 26.5 | 31.5 | 37.5 | 53.0 | 63.0 | 75.0 | 90.0 |
| 连续粒级 | 5～10 | 95～100 | 80～100 | 0～15 | 0 | | | | | | | | |
| | 5～16 | 95～100 | 85～100 | 30～60 | 0～10 | 0 | | | | | | | |
| | 5～20 | 95～100 | 90～100 | 40～80 | — | 0～10 | 0 | | | | | | |
| | 5～25 | 95～100 | 90～100 | — | 30～70 | — | 0～5 | 0 | | | | | |
| | 5～31.5 | 95～100 | 90～100 | | 70～90 | — | 15～45 | — | 0～5 | 0 | | | |
| | 5～40 | — | 95～100 | 70～90 | — | 30～65 | — | — | 0～5 | 0 | | | |
| 单粒粒级 | 10～20 | | 95～100 | | 85～100 | | 0～15 | 0 | | | | | |
| | 16～31.5 | | 95～100 | | 80～100 | | | 0～10 | 0 | | | | |
| | 20～40 | | | 95～100 | | 80～100 | | | 0～10 | 0 | | | |
| | 31.5～63 | | | | 95～100 | | | 75～100 | 45～75 | | 0～10 | | 0 |
| | 40～80 | | | | | 95～100 | | | 70～100 | | 30～60 | 0～10 | 0 |

间断级配是石子粒级不连续，人为剔去某些中间粒级的颗粒而形成的级配方式。间断级配更有效降低石子颗粒间的空隙率，使水泥达到最大限度地节约，但由于粒径相差较大，故混凝土拌和物易发生离析，间断级配需按设计进行掺配而成。

2. 强度及坚固性

(1) 强度。粗集料在混凝土中要形成紧实的骨架，故其强度要满足一定的要求。粗集料的强度有立方体挤压强度和压碎指标值两种。

立方体挤压强度是浸水饱和状态下的集料母体岩石制成的50mm×50mm×50mm立方体试件，在标准试验条件下测得的挤压强度值。根据标准规定，要求岩石挤压强度火成岩不小于80MPa，变质岩不小于60MPa，水成岩不小于30MPa。

压碎指标是对粒状粗集料强度的另一种测定方法。该方法是将气干状态下9.5～13.5mm的石子按规定方法填充于压碎指标测定仪（内径152mm的圆筒）内，其上放置压头，在压力面试验上均匀加荷到200kN并稳荷5s，卸荷后称量试样质量（$m_1$），然后再用孔径为2.36mm的筛进行筛分，称其筛余量（$m_2$），则为压碎指标$Q_C$。可用下式表示：

$$Q_C=\frac{m_1+m_2}{m_1}\times100\%$$

式中　$Q_C$——压碎值指标，%；

$m_1$——试样质量，g；

$m_2$——试样的筛余量，g。

压碎指标值越大，说明集料的强度越小。该种方法操作简便，在实际生产质量控制中应用较普遍。根据标准粗集料的压碎指标值控制可参照表2－28选用。

**表2－28　卵石和碎石的压碎指标**

| 项　目 | 指　标 | | |
|---|---|---|---|
| | Ⅰ类（C60以上） | Ⅱ类（C60～C30） | Ⅲ类（C30以下） |
| 碎石压碎指标/% | <10 | <20 | <30 |
| 卵石压碎指标/% | <12 | <16 | <16 |

(2) 坚固性。集料颗粒在气候、外力及其物理力学因素作用下抵抗碎裂的能力称为坚固性。集料由于干湿循环或冻融交替等作用引起体积变化会导致混凝土破坏。集料越密实，强度超高、吸水率越小时，其坚固性越好；而结构疏松，矿物成分越复杂、结构不均匀，其坚固性越差。

集料的坚固性，采用硫酸溶液浸泡来检验。该种方法是将集料颗粒在硫酸钠溶液中浸泡若干次，取出烘干后，测其在硫酸钠结晶晶体的膨胀作用下集料的质量损失率来说明集料的坚固性，其指标应符合表2－29的要求。

**表2－29　碎石和卵石的坚固性指标**

| 项　目 | 指　标 | | |
|---|---|---|---|
| | Ⅰ类（C60以上） | Ⅱ类（C60～C30） | Ⅲ类（C30以下） |
| 质量损失/% | <5 | <8 | <10 |

（3）针片状颗粒。为提高混凝土强度和减小骨料间的空隙，粗集料颗粒的理想形状应为三维长度相等或相近的立方体形或球形颗粒。但实际集料产品中常会出现颗粒长度大于平均粒径4倍的针状颗粒和厚度小于平均粒径0.4倍的片状颗粒。针片状颗粒的外形和较低的抗折能力，会降低混凝土的密实度和强度，并使其工作性变差，故其含量应予以控制，针、片状颗粒含量按标准规定的针状规准仪来逐粒测定，凡颗粒长度大于针状规准仪上相应间距者为针状颗粒；颗粒厚度小于片状规准仪上相应孔宽者，为片状颗粒。卵石或碎石的针片状颗粒允许含量应符合表2-30的规定。

**表2-30　　卵石或碎石中有害杂质质量限值**

| 项　目 | 指　标 | | |
|---|---|---|---|
| | Ⅰ类（C60以上） | Ⅱ类（C60～C30） | Ⅲ类（C30以下） |
| 针片状颗粒含量（按质量计）/% | 5 | 15 | 25 |
| 含泥量（按质量计）/% | <0.5 | <1.0 | <1.5 |
| 泥块含量（按质量计）/% | 0 | 0.5 | 0.7 |
| 有机物 | 合格 | 合格 | 合格 |
| 硫化物和硫酸盐（按$SO_3$质量计）/% | 0.5 | 1.0 | 1.0 |

（4）含泥量和泥块含量。卵石、碎石的含泥量是指粒径小于75$\mu$m的颗粒含量；泥块含量中粒径大于4.75mm经水洗、手捏后小于2.36mm颗粒含量。各类产品中泥量应符合表2-30的规定。

当粗细集料中含有活性二氧化硅（如蛋白石、凝灰岩、鳞石英等岩石）时，可与水泥中的碱性氧化物NaOH或KOH发生化学反应，生成体积膨胀的碱-硅酸凝胶体。该种物质吸水体积膨胀，会造成硬化混凝土的严重开裂，甚至造成工程事故，这种有害作用称为碱-集料反应。当集料中含有活性二氧化硅，而水泥含碱量超过0.6%时，需进行专门试验，以免发生碱-集料反应。

### （四）拌和用水

混凝土拌和用水按水源分为饮用水、地表水、地下水、再生水、混凝土企业设备洗刷水和海水。拌制宜采用饮用水。对混凝土拌和用水的质量要求是所含物质对混凝土、钢筋混凝土和预应力混凝土不应产生以下有害作用：

（1）影响混凝土的工作性及凝结。

（2）有碍于混凝土强度发展。

（3）降低混凝土的耐久性，加快钢筋腐蚀及导致预应力钢筋脆断。

（4）污染混凝土表面。

根据以上要求，符合国家标准的生活用水（自来水、河水、江水、湖水）可直接拌制各种混凝土。混凝土拌和用水水质要求应符合表2-31的规定。

对于使用年限为100年的结构混凝土，氯离子含量不超过500mg/L；对使用钢丝或经热处理钢筋的预应力混凝土，氯离子含量不超过350mg/L。

被检验水样应与饮用水样进行水泥凝结时间对比试验。对比试验的水泥初凝时间差及终凝时间差均不应大于30min；同时初凝时间应符合现行国家标准的规定。

表 2-31　　混凝土拌和用水水质要求

| 项　目 | 预应力混凝土 | 钢筋混凝土 | 素混凝土 |
|---|---|---|---|
| pH 值/(mg/L) | ≥5.0 | ≥4.5 | ≥4.5 |
| 不溶物/(mg/L) | ≤2000 | ≤2000 | ≤5000 |
| 可溶物/(mg/L) | ≤2000 | ≤5000 | ≤10000 |
| 氯化物（以 $Cl^-$ 计）/(mg/L) | ≤500 | ≤1000 | ≤3500 |
| 硫化物（以 $SO_4^{2-}$ 计）/(mg/L) | ≤600 | ≤2000 | ≤2700 |
| 碱含量/(mg/L) | ≤1500 | ≤1500 | ≤1500 |

注　碱含量按 $Na_2O+0.658K_2O$ 计算值来表示。采用非碱活性骨料时，可不检验碱含量。

被检验水样应与饮用水样进行水泥胶砂强度对比试验，被检验水样配制的水泥胶砂3d 和 28d 强度分别不低于饮用水配制的水泥胶砂 3d 和 28d 强度的 90%。

(五) 掺合料

掺合料包括粉煤灰、火山灰质、粒化高炉矿渣（活性混合材料）等，应由生产厂家专门加工，进行产品检验并出具产品合格证书。使用单位对产品的质量有怀疑时，应对其质量进行复查，掺合料技术条件如下所述。

1. 掺用于混凝土的煅烧砂技术条件

(1) 烧失量不得超过 8%。

(2) 含水量不得超过 1%。

(3) 三氧化硫的含量不得超过 3%。

(4) 0.08mm 方孔筛筛余量不得超过 8%。

(5) 水泥胶砂需水量不得超过 8%。

2. 火山灰质材料作掺合材料的技术条件

(1) 人工的火山灰质混合材料烧失量不得超过 10%。

(2) 三氧化硫的含量不得超过 3%。

(3) 火山灰性试验必须合格。

(4) 水泥胶砂 28d 抗压强度不得低于 62%。

3. 粒化高炉矿渣作掺合材料的技术条件

(1) 粒化高炉矿渣质量系数 $(CaO+MgO+Al_2O_3)/(SiO_2+MnO+TiO_2)$ 不得小于1.2（式中化学成分均为质量百分数）。

(2) 钛化合物含量（以 $TiO_2$），不得超过 10%；氟化物含量（以 F 计）不得超过2%；锰化合物含量（以 MnO 计）不得超过 4%。冶炼锰铁所得粒化高炉渣，其锰化物的含量（以 MnO 计）不得超过 15%；硫化物的含量（以 S 计）不得超过 2%。

(3) 高炉矿渣的淬冷的块头矿渣，经直观挑选，不得大于 5%，其最大尺寸不得大于 100mm。

(4) 不得混有任何外来杂物。金属铁的含量应严格控制。

## 五、混凝土外加剂

1. 混凝土外加剂主要功能分类

(1) 改善混凝土拌和物流变性能的外加剂：包括各种减水剂、引气剂和泵送剂等。

（2）调节混凝土凝结时间，硬化性能的外加剂：包括缓凝剂、早强剂、速凝剂等。

（3）改善混凝土耐久性的外加剂：包括引气剂、防水剂和阻锈剂等。

（4）改善混凝土其他性能的外加剂：包括引气剂、膨胀剂、防冻剂、着色剂、防水剂和泵送剂等。

2. 各种常见外加剂定义

（1）普通减水剂：在混凝土坍落度基本相同的条件下，能减少拌和用水量的外加剂。

（2）早强剂：加速混凝土早期强度发展的外加剂。

（3）缓凝剂：延长混凝土凝结时间的外加剂。

（4）引气剂：在搅拌混凝土过程能引入大量均匀分布，稳定而封闭的微小气泡的外加剂。

（5）高效减水剂：在混凝土坍落基本相同的条件下，能大幅度减少拌和物用水量的外加剂。

（6）早强减水剂：兼有早强和减水功能的减水剂。

（7）缓凝减水剂：兼有缓凝和减水功能的减水剂。

（8）引气减水剂：兼有引气和减水功能的外加剂。

（9）防水剂：能降低混凝土在静水压力下的透水性的外加剂。

（10）阻锈剂：能抑制或减轻混凝土中钢筋或其他预埋金属锈蚀的外加剂。

（11）加气剂：混凝土制备过程中因发生化学反应放出气体，能使混凝土形成大量气孔的外加剂。

（12）膨胀剂：能使混凝土体积产生一定膨胀的外加剂。

（13）防冻剂：能使混凝土在负温下硬化，并在规定时间内达到足够防冻强度的外加剂。

（14）着色剂：能制备具有稳定色彩混凝土的外加剂。

（15）速凝剂：能使混凝土迅速硬化的外加剂。

（16）泵送剂：能改善混凝土拌和物泵送性能的外加剂。

# 任务一　混凝土配合比设计

混凝土的配合比是指混凝土的各组成材料数量之间的质量比例关系。确定比例关系的过程叫配合比设计。普通混凝土配合比，应根据原材料性能及对混凝土的技术要求进行计算，并经试验室试配、调整后确定。普通混凝土的组成材料主要包括水泥、粗集料、细集料和水，随着混凝土技术的发展，外加剂和掺合料的应用日益普遍，因此，其掺量也是配合比设计时需选定的。

混凝土配合比常用的表示方法有两种；一种以 $1m^3$ 混凝土中各项材料的质量表示，混凝土中的水泥、水、粗集料、细集料的实际用量按顺序表达，如水泥 300kg、水 182kg、砂 680kg、石子 1310kg；另一种表示方法是以水泥、水、砂、石之间的相对质量比及水灰比表达，我国目前采用的是质量比。

## 一、混凝土配合比设计的基本要求

配合比设计的任务，就是根据原材料的技术性能及施工条件，确定出能满足工程所要

求的技术经济指标的各项组成材料的用量。其基本要求如下：

（1）达到混凝土结构设计要求的强度等级。

（2）满足混凝土施工所要求的和易性要求。

（3）满足工程所处环境和使用条件对混凝土耐久性的要求。

（4）符合经济原则，节约水泥，降低成本。

**二、混凝土配合比设计的步骤**

混凝土的配合比设计是一个计算、试配、调整的复杂过程，大致可分为初步计算配合比、基准配合比、实验室配合比、施工配合比设计4个设计阶段。首先按照已选择的原材料性能及对混凝土的技术要求进行初步计算，得出“初步计算配合比”。基准配合比是在初步计算配合比的基础上，通过试配、检测、进行工作性的调整、修正得到；实验室配合比是通过对水灰比的微量调整，在满足设计强度的前提下，进一步调整配合比以确定水泥用量最小的方案；而施工配合比考虑砂、石的实际含水率对配合比的影响，对配合比做最后的修正，是实际应用的配合比，配合比设计的过程是逐一满足混凝土的强度、工作性、耐久性、节约水泥等要求的过程。

**三、混凝土配合比设计的基本资料**

在进行混凝土的配合比设计前，需确定和了解的基本资料，即设计的前提条件，主要有以下几个方面：

（1）混凝土设计强度等级和强度的标准差。

（2）材料的基本情况，包括：水泥品种、强度等级、实际强度、密度；砂的种类、表观密度、细度模数、含水率；石子种类、表观密度、含水率；是否掺外加剂，外加剂种类。

（3）混凝土的工作性要求，如坍落度指标。

（4）与耐久性有关的环境条件，如冻融状况、地下水情况等。

（5）工程特点及施工工艺，如构件几何尺寸、钢筋的疏密、浇筑振捣的方法等。

**四、混凝土配合比设计中的三个基本参数的确定**

混凝土的配合比设计，实质上就是确定单位体积混凝土拌和物中水、水泥、粗集料（石子）、细集料（砂）这4项组成材料之间的三个参数。即水和水泥之间的比例——水灰比；砂和石子间的比例——砂率；骨料与水泥浆之间的比例——单位用水量。在配合比设计中能正确确定这3个基本参数，就能使混凝土满足配合比设计的4项基本要求。

确定这3个参数的基本原则是：在混凝土的强度和耐久性的基础上，确定水灰比。在满足混凝土施工要求、和易性要求的基础上确定混凝土的单位用水量；砂的数量应以填充石子空隙后略有富余为原则。

具体确定水灰比时，从强度角度看，水灰比应小些；从耐久性角度看，水灰比小些，水泥用量多些，混凝土的密度就高，耐久性则优良，这可通过控制最大水灰比和最小水泥用量的来满足。由强度和耐久性分别决定的水灰比往往是不同的，此时应取较小值。但当强度和耐久性都已的前提下，水灰比应取较大值，以获得较高的流动性。

确定砂率主要应从满足工作性和节约水泥两个方面考虑。在水灰比和水泥用量（即水泥浆用量）不变的前提下，砂率应取坍落度最大，而黏聚性和保水性又好的砂率即合理砂率，可经试拌调整而定。在工作性满足的情况下，砂率尽可能取小值以达到节约水泥的目的。

单位用水量是在水灰比和水泥用量不变的情况下，实际反映水泥浆量与骨料间的比例关系。水泥浆量要满足包裹粗、细集料表面并保持足够流动性的要求，但用水量过大，会降低混凝土的耐久性。水灰比在 0.40～0.80 时，根据粗集料的品种、粒径，单位用水量可通过规范确定。

## 五、混凝土配合比设计的步骤

### （一）初步计算配合比

#### 1. 确定混凝土配制强度

混凝土的配制强度按下式计算：

$$f_{cu,o} \geqslant f_{cu,k} + 1.645\sigma$$

式中　$f_{cu,o}$——混凝土配制强度，MPa；

$f_{cu,k}$——混凝土立方体抗压强度标准值，MPa；

$\sigma$——混凝土强度标准差，MPa。

其确定方法如下：

（1）可根据同类混凝土的强度资料确定。对 C20 和 C25 级的混凝土，其强度标准差下限值取 2.5MPa。对大于或等于 C30 级的混凝土，其强度标准差的下限值取 3.0MPa。

（2）当施工单位无历史统计资料时，可按表 2-32 取值。

**表 2-32　　混凝土的取值（混凝土强度标准差）**

| 混凝土的强度等级 | 小于 C20 | C20～C35 | 大于 C35 |
|---|---|---|---|
| 混凝土强度标准差 | 4.0 | 5.0 | 6.0 |

（3）遇有下列情况时应适当提高混凝土配制强度。

1）现场条件与试验室条件有显著差异时。

2）C30 及其以上强度等级的混凝土，采用非统计方法评定时。

#### 2. 确定水灰比 W/C

当混凝土强度等级小于 C60 级时，混凝土水灰比按下式计算：

$$\frac{W}{C} = \frac{\alpha_a \cdot f_{ce}}{f_{cu,o} + \alpha_a \cdot \alpha_b \cdot f_{ce}}$$

式中　$\alpha_a$、$\alpha_b$——回归系数，取值见表 2-33；

$f_{ce}$——水泥 28d 抗压强度实测值，MPa。

**表 2-33　　回 归 系 数 选 用**

| 石子品种 | 碎　石 | 卵　石 |
|---|---|---|
| $\alpha_a$ | 0.46 | 0.48 |
| $\alpha_b$ | 0.07 | 0.33 |

当无水泥 28d 抗压强度实测值时，按下式确定 $f_{ce}$：

$$f_{ce} = \gamma_c \cdot f_{ce,g}$$

式中　$f_{ce,g}$——水泥强度等级值，MPa；

$\gamma_c$——水泥强度等级值富余系数，按实际统计资料确定，一般条件下，富余系数

可取1.13。

由上式计算出的水灰比应小于表2-34中规定的最大水灰比。若计算而得的水灰比大于最大水灰比，应选取最大水灰比，以保证混凝土的耐久性。

**表2-34　　混凝土的最大水灰比和最小水泥用量**

| 环境条件 | | 结构物类别 | 最大水灰比 | | | 最小水泥用量/kg | | |
|---|---|---|---|---|---|---|---|---|
| | | | 素混凝土 | 钢筋混凝土 | 预应力混凝土 | 素混凝土 | 钢筋混凝土 | 预应力混凝土 |
| 干燥环境 | | 正常的居住或办公用房屋内部件 | 不作规定 | 0.65 | 0.60 | 200 | 260 | 300 |
| 潮湿环境 | 无冻害 | 高湿度的室内部件室外部件在非侵蚀性土和（或）水中的部件 | 0.70 | 0.60 | 0.60 | 225 | 280 | 300 |
| 潮湿环境 | 有冻害 | 经受冻害的室外部件在非侵蚀性土和（或）水中且经受冻害的部件高湿度且经受冻害的室内部件 | 0.55 | 0.55 | 0.55 | 250 | 280 | 300 |
| 有冻害和除冰剂的潮湿环境 | | 经受冻害和除冰剂作用的室内和室外部件 | 0.50 | 0.50 | 0.50 | 300 | 300 | 300 |

注　1. 当用活性掺合料取代部分水泥时，表中的最大水灰比及最小水泥用量即为替代前的水灰比和水泥用量。
2. 配制C15级其以下等级的混凝土，可不受本表限制。

3. 确定用水量

根据施工要求的混凝土拌和物的坍落度、所用骨料的种类及最大粒径查表得。水灰比小于0.40的混凝土及采用特殊成型工艺的混凝土的用水量应通过试验确定。流动性和大流动性混凝土的用水量可以查表2-35中坍落度为90mm的用水量为基础，按坍落度每增大20mm，用水量增加5kg，计算出用水量。

**表2-35　　塑性混凝土用水量（kg/m³）**

| 拌和物稠度 | | 卵石最大粒径/mm | | | | 碎石最大粒径/mm | | | |
|---|---|---|---|---|---|---|---|---|---|
| 项目 | 指标 | 10 | 20 | 31.5 | 40 | 16 | 20 | 31.5 | 40 |
| 坍落度/mm | 10～30 | 190 | 170 | 160 | 150 | 200 | 185 | 175 | 165 |
| 坍落度/mm | 35～50 | 200 | 180 | 170 | 160 | 210 | 195 | 185 | 175 |
| 坍落度/mm | 55～70 | 210 | 190 | 180 | 170 | 220 | 205 | 195 | 185 |
| 坍落度/mm | 75～90 | 215 | 195 | 185 | 175 | 230 | 215 | 205 | 195 |

注　1. 本表用水量采用中砂时的平均取值。采用细砂时，每立方米混凝土用水量增加5～10kg，采用粗砂时，则可减少5～10kg。
2. 采用各种外加剂或掺合料时，用水量应相应调整。

掺外加剂时的用水量可按下式计算

$$m_{wa}=m_{wo}(1-\beta)$$

式中　$m_{wa}$——掺外加剂时每立方米混凝土的用水量，kg；

$m_{wo}$——未掺外加剂时每立方米混凝土的用水量，kg；

$\beta$——外加剂的减水率，%，经试验确定。

4. 确定水泥用量

由已求得的水灰比 $W/C$ 和用水量 $m_{wa}$ 可计算出水泥用量：

$$m_{co}=m_{wo}\cdot\frac{C}{W}$$

由上式计算出的水泥用量应大于表 2-34 中规定的最小水泥用量，若计算而得的水泥用量小于最小水泥用量时，应选取最小水泥用量，以保证混凝土的耐久性。

5. 确定砂率

砂率可由试验或历史经验资料选取。如无历史资料，坍落度为 10～60mm 的混凝土的砂率可根据粗集料品种、最大粒径及水灰比按表选取。坍落度大于 60mm 有混凝土的砂率，可经试验确定，也可在表 2-36 的基础上，按坍落度每增大 20mm，砂率增大 1% 的幅度予以调整。坍落度小于 10mm 的混凝土，基砂率应经试验确定。

**表 2-36　　混凝土的砂率（%）**

| 水灰比 W/C | 卵石最大粒径/mm | | | 碎石最大粒径/mm | | |
|---|---|---|---|---|---|---|
| | 10 | 20 | 40 | 16 | 20 | 40 |
| 0.40 | 26～32 | 25～31 | 24～30 | 30～35 | 29～34 | 37～32 |
| 0.50 | 30～35 | 29～34 | 28～33 | 33～38 | 32～37 | 30～35 |
| 0.60 | 33～38 | 32～37 | 31～36 | 36～41 | 35～40 | 33～38 |
| 0.70 | 36～41 | 35～40 | 34～39 | 39～44 | 38～43 | 36～41 |

**注**　1. 本表数值系中砂的选用砂率，对细砂或粗砂，可相应地减小或增大砂率。
2. 只用一个单粒级粗集料配制混凝土时，砂率应适当增大。
3. 对薄壁构件，砂率取偏大值。

6. 计算砂、石用量 $m_{so}$、$m_{go}$

（1）体积法。该方法假定混凝土拌和物的体积等于各组成材料的体积与拌和物中所含空气的体积之和。如取混凝土拌和物的体积为 $1m^3$，则可得以下关于 $m_{so}$、$m_{go}$ 的二元方程组。

$$\begin{cases}\dfrac{m_{co}}{\rho_c}+\dfrac{m_{go}}{\rho_g}+\dfrac{m_{so}}{\rho_s}+\dfrac{m_{wo}}{\rho_w}+0.01\alpha=1m^3\\ \beta_s=\dfrac{m_{so}}{m_{so}+m_{go}}\times100\%\end{cases}$$

式中　$m_{co}$、$m_{so}$、$m_{go}$、$m_{wo}$——每立方米混凝土中的水泥、细集料（砂）、粗集料（石子）、水的质量，kg；

$\rho_g$、$\rho_s$——粗集料、细集料的表观密度，$kg/m^3$；

$\rho_c$、$\rho_w$——水泥、水的密度，$kg/m^3$；

$\alpha$——混凝土中的含气量百分数，在不使用引气型外加剂时，$\alpha$ 可取 1；

$\beta_s$——砂率。

（2）质量法。该方法假定 $1m^3$ 混凝土拌和物质量，等于其各种组成材料质量之和，据此可得以下方程组：

$$\begin{cases} m_{co}+m_{so}+m_{go}+m_{wo}=m_{cp} \\ \beta_s=\dfrac{m_{so}}{m_{so}+m_{go}}\times 100\% \end{cases}$$

式中　$m_{co}$、$m_{so}$、$m_{go}$、$m_{wo}$——每立方米混凝土中的水泥、细集料（砂）、粗集料（石子）、水的质量，kg；

$m_{cp}$——每立方米混凝土拌和物的假定质量，可根据实际经验在2350～2450kg 选取。

同以上关于 $m_{so}$ 和 $m_{go}$ 的二元方程组，可解出 $m_{so}$ 和 $m_{go}$。则混凝土的初步计算配合比（初步满足强度和耐久性要求）为 $m_{co}:m_{so}:m_{go}:m_{wo}$。

（二）基准配合比

按初步计算配合比进行混凝土配合比的试配和调整。试配时，混凝土的搅拌量可按表2-37选取。当采用机械搅拌时，其搅拌不应小于搅拌机额定搅拌量的1/4。

表 2-37　　混凝土试拌的最小搅拌量

| 骨料最大粒径/mm | 拌和物数量 L | 骨料最大粒径/mm | 拌和物数量 L |
|---|---|---|---|
| 31.5 及以下 | 15 | 40 | 25 |

试拌后立即测定混凝土的工作。当试拌得出的接种物坍落度比要求值小时，应在水灰比不变的前提下，增加水泥浆用量；当比要求值大时，应在砂率不变的前提下，增加砂、石用量；当黏聚性、保水性差时，可适当加大砂率。调整时，应即时记录调整后的各材料用量（$m_{cb}$，$m_{wb}$，$m_{sb}$，$m_{gb}$），并实测拌和后混凝土拌和物的体积密度为 $\rho_{oh}$（$kg/m^3$）。令工作性调整后的混凝土试样总质量为：

$$m_{Qb}=m_{cb}+m_{wb}+m_{sb}+m_{gb}$$

由此得出基准配合比（调整后的 $1m^3$ 混凝土中各材料用量）：

$$m_{cj}=\frac{m_{ch}}{m_{Qb}}\times\rho_{oh}，m_{wj}=\frac{m_{wh}}{m_{Qb}}\times\rho_{oh}$$

$$m_{sj}=\frac{m_{sh}}{m_{Qb}}\times\rho_{oh}，m_{gj}=\frac{m_{gh}}{m_{Qb}}\times\rho_{oh}$$

式中　$\rho_{oh}$——实测试拌混凝土的体积密度。

（三）实验室配合比

经调整后的基准配合比虽工作性已满足要求，但经计算而得出的水灰比是否真正满足强度的要求需要通过强度试验检验。在基准配合比的基础上做强度试验时，就采用三个不同的配合比，其中一个为基准配合比的水灰比，另外两个较基准配合比的水灰比分别增加和减少0.05。其用水量应与基准配合比的用水量相同，砂率可分别增加和减少1%。

制作混凝土强度试验试件时，应检验混凝土拌和物的坍落度和维勃稠度、黏聚性、保水性及拌和物的体积密度，并以此结果作为代表相应配合比的混凝土拌和物的性能。进行混凝土强度试验时，每种配合比至少应制作一组（三块）试件，标准养护28d时试压。需要时可同时制作几组试件，供快速检验或早龄试压，以便提前定出混凝土配合比供施工使

用，但应以标准养护 28d 的强度的检验结果为依据调整配合比。

根据试验得出的混凝土强度与其相对应的灰水比（$C/W$）关系，用作图法或计算法求出与混凝土配制强度（$f_{cu,o}$）相对应的灰水比，并应按下列原则确定每立方米混凝土的材料用量。

（1）用水量（$m_w$）应在基准配合比用水量的基础上，根据制作强度试件时测得的坍落度或维勃稠度进行调整确定。

（2）水泥用量（$m_c$）应以用水量乘以选定出来的灰水比计算确定。

（3）粗集料和细集料用量（$m_g$ 和 $m_s$）应在基准配合比的粗集料和细集料用量的基础上，按选定的灰水比进行调整后确定。

经试配确定配合比后，尚应按下列步骤进行校正。

据前述已确定的材料用量按下式计算混凝土的表观密度计算值：

$$\rho_{cc}=m_c+m_w+m_s+m_g$$

再按下式计算混凝土配合比校正系数 $\delta$：

$$\delta=\frac{\rho_{ct}}{\rho_{cc}}$$

式中　$\rho_{ct}$——混凝土表观密度实测值，$kg/m^3$；

$\rho_{cc}$——混凝土表观密度计算值，$kg/m^3$。

当混凝土表观密度实测值与计算值之差的绝对值不超过计算值的 2%时，按以前的配合比即为确定的实验室配合比；当两者之差超过 2%时，应将配合比中每项材料用量均乘以校正系数 $\delta$，即为最终确定的实验室配合比。

实验室配合比在使用过程中应根据原材料情况及混凝土质量检验的结果予以调整。但遇有下列情况之一时，应重新进行配合比设计：

（1）对混凝土性能指标有特殊要求时。

（2）水泥、外加剂或矿物掺合料品种，质量有显著变化时。

（3）该配合比的混凝土生产间断半年以上时。

**（四）施工配合比**

设计配合比是以干燥材料为基准的，而工地存放的砂石都含有一定的水分，且随着气候的变化而经常变化。所以，现场材料的实际称量应按施工现场砂、石的含水情况进行修正，修正后的配合比称为施工配合比。

假定工地存放的砂的含水率 $a\%$，石子的含水率 $b\%$，则将上述实验室配合比换算为施工配合比，其材料称量为：

水泥用量：$m_c=m_{co}$

砂用量：$m_s=m_{so}(1+a\%)$

石子用量：$m_g=m_{go}(1+b\%)$

用水量：$m_w=m_{wo}-m_{so}\times a\%-m_{go}\times b\%$

$m_{co}$、$m_{so}$、$m_{go}$、$m_{wo}$ 为调整后的试验室配合比中每立方米混凝土中的水泥、水、砂和石子的用量（kg）。应注意，进行混凝土配合计算时，其计算公式中有关参数和表格中的数值均系以干燥状态骨料（含水率小于 0.05%的粗集料或含水率小于 0.2%的粗骨料）为基准。当以饱和面干骨料为基准进行计算时，则应做相应的调整，即施工配合比公式中的$a$、$b$分别表示现场砂石含水率与其饱和面干含水率之差。

## 六、实例解析

**【例2-2】** 某工程制作室内用的钢筋混凝土大梁，混凝土设计强度等级为C20，施工要求坍落度为35～50mm，采用机械振捣。该施工单位无历史统计资料。

采用材料：普通水泥，32.5级，实测强度为34.8MPa，密度为3100kg/m$^3$；中砂，表观密度为2650kg/m$^3$，堆积密度为1450kg/m$^3$；卵石，最大粒径20mm，表观密度为2.73g/cm$^3$，堆积密度为1500kg/m$^3$；自来水。试设计混凝土的配合比（按干燥材料计算）。若施工现场中砂含水率为3%，卵石含水率为1%，求施工配合比。

**解：**

（1）确定配制强度。

该施工单位无历史统计资料，查表取$\sigma=5.0$MPa。

$$f_{cu,o}=f_{cu,k}+1.645\sigma=20+8.2=28.2(\text{MPa})$$

（2）确定水灰比（$W/C$）。

1）利用强度经验公式计算水灰比：

$$f_{cu,v}=0.48f_{ce}\left(\frac{C}{W}-0.33\right),\quad \frac{W}{C}=0.49$$

2）复核耐久性，查表规定最大水灰比为0.65，因此$W/C=0.49$满足耐久性要求。

（3）确定用水量$m_{wo}$。

此题要求施工坍落度为35～50mm，卵石最大粒径为20mm，查表得每立方米混凝土用水量：$m_{wo}=180$kg。

（4）计算水泥用量$m_{co}$。

$$m_{co}=m_{wo}\times C/W=180\times 2.02\approx 364(\text{kg})$$

查表规定最小水泥用量为260kg，故满足耐久性要求。

（5）确定砂率，根据上面求得的$W/C=0.49$，卵石最大粒径20mm，经查表，选砂率$\beta_s=32\%$。

（6）计算砂、石用量$m_{so}$、$m_{go}$。

1）按体积法列方程组。

$$\frac{m_{co}}{\rho_c}+\frac{m_{go}}{\rho_{go}}+\frac{m_{so}}{\rho_{so}}+\frac{m_{wo}}{\rho_w}+10\alpha=1000$$

$$\beta_s=\frac{m_{so}}{m_{so}+m_{go}}$$

解得：$m_{so}=599$kg，$m_{go}=1273$kg。

2）按质量法：强度等级C20的混凝土，取混凝土拌和物计算表观密度$m'_{cp}=2400$kg/m$^3$，列方程组：

$$m_{co}+m_{go}+m_{so}+m_{wo}=m'_{cp}$$

$$\beta_s=\frac{m_{so}}{m_{so}+m_{go}}$$

解得：$m_{so}=594$kg，$m_{go}=1262$kg。

(7) 计算初步配合比。

1) 体积法。

$$m_{co}:m_{so}:m_{go}=364:599:1273=1:1.65:3.50, W/C=0.49$$

2) 质量法。

$$m_{co}:m_{so}:m_{go}=364:594:1262=1:1.63:3.47, W/C=0.49$$

两种方法计算结果相近。

(8) 配合比调整。

按初步配合比称取 15L 混凝土拌和物的材料。

水泥：364×15/1000=5.46(kg)

砂子：599×15/1000=8.99(kg)

石子：1273×15/1000=19.10(kg)

水：180×15/1000=2.70(kg)

1) 和易性调整。将称好的材料均匀拌和后，进行坍落度试验。假设测得坍落度为 25mm，小于施工要求的 35～50mm，应保持原水灰比不变，增加 5%水泥浆。再经拌和后，坍落度为 45mm，黏聚性、保水性均良好，已满足施工要求。

此时各材料实际用量为：

水泥：5.46+5.46×5%=5.73(kg)

砂：8.99kg

石：19.10kg

水：2.70+2.70×5%=2.84(kg)

并测得每立方米拌和物质量为 $m_{cp}=2380\text{kg/m}^3$

2) 强度调整方法如前所述，此题假定 $W/C=0.49$ 时，强度符合设计要求，故不需调整。

(9) 实验室配合比。

上述基准配合比如下。

$$水泥:砂:石=5.73:8.99:19.10=1:1.57:3.33$$

$$W/C=0.49$$

则调整后 1m³ 混凝土拌和物的各种材料用量为：

$$m_c=5.73/(5.73+8.99+19.10+2.84)\times2380=372(\text{kg})$$

$$m_s=1.57\times372=584(\text{kg})$$

$$m_g=3.33\times372=1239(\text{kg})$$

$$m_w=0.49\times372=182(\text{kg})$$

(10) 施工配合比。

1m³ 拌和物的实际材料用量（kg）如下：

$$m_c'=m_c=375(\text{kg})$$

$$m_s'=m_s(1+a\%)=584\times(1+3\%)=602(\text{kg})$$

$$m_g'=m_g(1+b\%)=1239\times(1+1\%)=1251(\text{kg})$$

$$m_w'=m_w-m_sa\%-m_gb\%=182-17.5-12.4=152(\text{kg})$$

# 任务二 编制混凝土浇筑与养护方案

## 一、施工准备

### (一) 材料及主要机具

1. 水泥

(1) 水泥结合具体结构要求合理的水泥品种。

(2) 水泥进场时，应有出厂合格证或试验报告，并要核对其品种、标号、出厂日期。使用前若发现受潮或过期，应重新取样试验。

(3) 水泥质量证明书中各项品质指标应符合标准中的规定。品质指标包括氧化镁含量、三氧化硫含量、烧失量、细度、凝结时间、安定性、抗压和抗折强度。

(4) 混凝土的最大水泥用量不宜大于500kg/$m^3$。

2. 砂

(1) 优先优质砂，严禁采用含氯量大的海砂。

(2) 对于泵送混凝土，砂子宜用中砂，砂率宜控制在40%～50%。

(3) 砂的含泥量（按重量计），当混凝土强度等级高于或等于C30时，不大于3%；低于C30时，不大于5%，对有抗渗、抗冻或其他特殊要求的混凝土用砂，其含泥量不应大于3%，对C10或C10以下的混凝土用砂，其含泥量可酌情放宽。

3. 石子

(1) 石子最大粒径不得大于结构截面尺寸的1/4，同时不得大于钢筋间最小净距的3/4。混凝土实板骨料的最大粒径不宜超过板厚的1/2，且不得超过50mm。对于泵送混凝土，碎石最大粒径与输送管内径之比，宜不大于1∶3，卵石宜不大于1∶2.5。

(2) 石子的含泥量（按重量计）对不低于C30混凝土时，不大于1%；低于C30时，不大于2%；对有抗冻、抗渗或其他特殊要求的混凝土，石子的含泥量不大于1%；对C10或C10以下的混凝土，石子的含泥量可酌情放宽。

(3) 石子中针、片状颗粒的含量（按重量计），当混凝土等级高于或等于C30时，不大于15%；低于C30时不大于25%；对C10或C10以下，可以放宽到40%。

4. 水

符合国家标准的生活饮用水可拌制各种混凝土，其pH值、不溶物、可溶物氯化物等的含量按表2-38标准执行。

表2-38 物质含量极限

| 项目 | 钢筋混凝土 | 素混凝土 |
|---|---|---|
| pH值 | >4 | >4 |
| 不溶物/(mg/L) | <2000 | <5000 |
| 可溶物/(mg/L) | <5000 | <10000 |
| 氯化(以$Cl^-$计)/(mg/L) | <1200 | <3500 |
| 硫酸盐(以$SO_4^{2-}$计)/(mg/L) | <2700 | <2700 |
| 硫化物(以$S^{2-}$计)/(mg/L) | — | — |

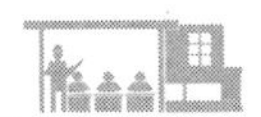

5. 外加剂

减水剂、早强剂、缓凝减水剂等应符合有关标准的规定，其掺量须经试验符合要求后，方可使用。

6. 主要机具

混凝土搅拌机、磅秤（或自动计量设备）、双轮手推车、小翻斗车、尖锹、平锹、混凝土吊斗、插入式振动器、平板式振动器、木抹子，长抹子，铁板、胶皮水管、串桶、塔式起重机等。

**（二）作业条件**

（1）墙柱部位。

1）核实墙内预埋件、预留孔洞、水电预埋管线、盒（槽）的位置、数量及固定情况。

2）检查模板下口、洞口及角模拼缝处是否严密，边角柱加固是否可靠，各种连接件是否牢固。

3）检查并清理模板内残留杂物，用水冲净。常温下用水湿润模板。

（2）梁板部位。

1）浇筑混凝土层段的模板、钢筋、预埋件及管线等全部安装完毕，经检查符合设计要求，并办完隐、预检手续。

2）浇筑混凝土用架子及马道已支搭完毕，混凝土输送泵的泵管铺设完毕，并经检查合格。输送管线路宜直，如管道内向下倾斜，应防止混入空气，产生阻塞。

3）对模板内杂物进行清除，在浇筑前同时对木模板进行浇水湿润，以免木模板吸收混凝土中的水分，影响混凝土浇筑后的正常硬化。

（3）商品混凝土搅拌站的要求。

1）项目部已对搅拌站下达任务单，下达任务单时，必须包括工程名称、地点、部位、数量，对混凝土的各项技术要求（强度等级、抗渗等级、缓凝及特种要求）、现场施工方法、生产效率（或工期）、交接班搭接要求，以及供需双方协调内容，连同施工配合比通知单一起下达。

2）搅拌站设备试运转正常，混凝土运输车辆数量满足要求。

3）搅拌站材料供应充足，特别是指定的水泥品种有足够的储备量或后续供应有保证。

4）搅拌站全部材料包括水泥、砂、石子、粉煤灰及外加剂等经检验合格，符合使用要求。

5）搅拌站、浇捣现场和运输车辆之间有可靠的通信联系手段。

（4）对所有机具包括混凝土输送泵、振动器（棒）经检验试运转正常，并准备一旦出现故障的应急措施，保证人力、物力、材料均能满足浇筑速度的要求。现场混凝土试块养护池和试块试模准备就绪。

（5）工长根据施工方案对操作班组已进行全面施工技术交底，落实浇筑方案。每个施工人员对浇筑的起点及浇筑的进展方向都做到心中有数，混凝土浇灌令已被批准。

（6）注意天气预报，不宜在雨天浇筑混凝土。在天气多变季节施工，为防不测，应有足够的抽水设备和防雨物质。

（7）对于大体积混凝土结构混凝土的浇筑。要准备测温监控措施以及防止混凝土硬化过程中因水化热过高、内外温差过大而引起的体积变形产生收缩裂缝的有效措施，并编制详细的技术方案，指导施工。

## 二、操作工艺

1. 工艺流程

采用现场搅拌混凝土浇筑工艺：

作业准备→混凝土搅拌→混凝土运输→柱、梁、板、墙、楼梯混凝土浇筑振捣→养护。

采用商品混凝土浇筑工艺：

作业准备→商品混凝土运输到现场→混凝土质量检查→卸料→泵送至浇筑部位→柱、梁、板、墙、楼梯混凝土浇筑振捣→养护。

2. 作业准备

浇筑前应对模板内的垃圾、泥土等杂物及钢筋上的油污清除干净，并经检查钢筋的水泥垫块是否垫好。如果使用木模板时应浇水使模板湿润，柱子模板的清扫口应在清除杂物后再封闭。剪力墙根部松散混凝土已剔除干净。

3. 混凝土现场搅拌

自拌混凝土用于防止商品混凝土暂时供应不上的应急措施和零星混凝土的现场拌制，原材料和配合比应与商品混凝土的保持一致。

(1) 根据配合比确定的每盘（槽）各种材料用量及车辆重量，分别固定好水泥、砂、石各个磅秤标准。在上料时车车过磅，骨料含水率应经常测定，及时调整配合比用水量，确保加水量准确。要过秤。

(2) 装料顺序。一般先装石子，再装水泥，最后装砂子，如需加掺合料，应与水泥一并加入。如需掺外加剂（减水剂、早强剂等），粉状应根据每盘加入量预加工装入小包装袋内（塑料袋为宜），用时与粗细骨料同时加入；液状应按每盘用量与水同时加入搅拌机搅拌。

(3) 搅拌时间。混凝土搅拌的最短时间根据施工规范要求确定，可按表 2 - 39 采用。掺有外加剂时，搅拌时间应适当延长。

表 2 - 39　　混凝土搅拌的最短时间（s）

| 混凝土坍落度/cm | 搅拌机机型 \ 搅拌机出料量/L | <250 | 250～500 | >500 |
|---|---|---|---|---|
| ≤3 | 自落式 | 90 | 120 | 150 |
| | 强制式 | 60 | 90 | 120 |
| >3 | 自落式 | 90 | 90 | 120 |
| | 强制式 | 60 | 60 | 90 |

(4) 混凝土开始搅拌时，由施工单位主管技术部门、工长组织有关人员对出盘混凝土的坍落度、和易性等进行鉴定，检查是否符合配合比通知单要求，经调整后再进行搅拌。

4. 混凝土运输

(1) 混凝土在现场运输工具有手推车、吊斗、泵送等。

(2) 混凝土自搅拌机中卸出后，应及时运到浇筑地点，延续时间不能超过初凝时间。在运输过程中，要防止混凝土离析、水泥浆流失、坍落度变化以及产生初凝等现象。混凝土运到浇筑地点有离析现象时必须在浇灌前进行二次拌和。混凝土从搅拌机中卸出后至浇筑完毕的延续时间应符合表 2-40 的规定。

**表 2-40　混凝土从搅拌机卸出至浇筑完毕的时间 (min)**

| 混凝土强度等级 | 气　温/℃ | |
|---|---|---|
| | 低于 25 | 高于 25 |
| <C30 | 120 | 90 |
| >C30 | 90 | 60 |

注　掺有外加剂或采用快硬水泥拌制混凝土时，应按试验确定。

(3) 混凝土运输道路应平整顺畅，若有凹凸不平，应铺垫桥枋。在楼板施工时，更应铺设专用桥道严禁手推车和人员踩踏钢筋。

5. 对商品混凝土的质量检查要求

(1) 泵送混凝土，每工作班供应超过 100m³ 的工程，应派出质量检查员统计驻场。

(2) 混凝土搅拌车出站前，每部车都必须经质量检查员检查和易性合格才能签证放行。坍落度抽检每车一次；混凝土整车容重检查每一配合比每天不小于一次。

(3) 现场取样时，应以搅拌车卸料 1/4 后至 3/4 前的混凝土为代表。混凝土取样、试件制作、养护，均由供需双方共同签证认可。

(4) 搅拌车卸料前不得出现离析和初凝现象。

6. 泵送混凝土施工

(1) 泵送混凝土前，先把储料斗内清水从管道泵出，达到湿润和清洁管道的目的，然后向料斗内加入与混凝土配合比相同的水泥砂浆（或 1：2 水泥砂浆），润滑管道后即可开始泵送混凝土。

(2) 开始泵送时，泵送速度宜放慢，油压变化应在允许值范围内，待泵送顺利时，才用正常速度进行泵送。

(3) 泵送期间，料斗内的混凝土量应保持不低于缸筒口上 10mm 到料斗口下 150mm 之间为宜。避免吸入效率低容易吸入空气而造成塞管，太多则反抽时会溢出并加大搅拌轴负荷。

(4) 混凝土泵送宜连续作业，当混凝土供应不及时，需降低泵送速度，泵送暂时中断时，搅拌不应停止。当叶片被卡死时，需反转排队，再正转、反转一定时间，待正转顺利后方可继续泵送。

(5) 泵送中途若停歇时间超过 20min，管道又较长时，应每隔 5min 开泵一次，泵送少量混凝土，管道较短时，可采用每隔 5min 正反转 2～3 个行程，使管内混凝土蠕动，防止泌水离析，长时间停泵（超过 45min）气温高、混凝土坍落度小时可能造成塞管，宜将混凝土从泵和输送管中清除。

(6) 泵送先远后近，在浇筑中逐渐拆管。

（7）在高温季节泵送，宜用湿草袋覆盖管道进行降温，以降低入模温度。

（8）泵送管道的水平换算距离总和应小于设备的最大泵送距离。

7. 混凝土浇筑的一般要求

（1）混凝土自吊斗下落的自由倾落高度不得超过 2m，如超过 2m 必须采取措施。

（2）浇筑竖向结构混凝土时，如浇筑高度超过 3m，应采用串筒、导管、溜槽或在模板侧面开门子洞。

（3）浇筑混凝土时应分段分层进行，每层并行浇筑高度应根据结构特点、钢筋疏密决定。一般分层高度为插入式振动器作用部分长度的 1.25 倍，最大不超过 500mm。平板振动器的分层厚度为 200mm。

（4）使用插入式振动器应快插慢拔，插点要均匀排列，逐点移动，按顺序进行，不得遗漏，做到均匀振实。移动间距不大于振动棒作用半径的 1.5 倍（一般为 300～400mm）。振捣上一层时应插入下层混凝土面 50mm，以消除两层间的接缝。平板振动器的移动间距应能保证振动器的平板覆盖已振实部分边缘。

（5）浇筑混凝土应连续进行。如必须间歇，时间应尽量缩短，并应在前层混凝土初凝之前，将次层混凝土浇筑完毕。间歇的最长时间应按所有水泥品种及混凝土初凝条件确定，一般超过 2h 应按施工缝处理。

（6）浇筑混凝土时应派专人经常观察模板钢筋、预留孔洞、预埋件、插筋等有无位移变形或堵塞情况，发现问题应立即浇灌并应在已浇筑的混凝土初凝前修整完毕。

8. 柱混凝土浇筑

（1）柱浇筑前，或新浇混凝土与下层混凝土结合处，应在底面上均匀浇筑 50mm 厚与混凝土配合比相同的水泥砂浆。砂浆应用铁铲入模，不应用料斗直接倒入模内。

（2）柱混凝土应分层浇筑振捣，每层浇筑厚度控制在 500mm 左右。混凝土下料点应分散布置、循环推进、连续进行。振动棒不得触动钢筋和预埋件。除上面振捣外，下面要有人随时敲打模板。

（3）柱高在 3m 之内，可在柱顶直接下灰浇筑，超过 3m 时应采取措施（用串桶）或在模板侧面开门子洞安装斜溜槽分段浇筑。每段高度不得超过 2m，每段混凝土浇筑后将门子洞模板封闭严密，并用箍箍牢。

（4）柱子混凝土应一次浇筑完毕，如需留施工缝时应留在主梁下面。无梁楼板应留在柱帽下面。在梁板整体浇筑时，应在柱浇筑完毕后停歇 1～1.5h，使其获得初步沉实，再继续浇筑。

（5）浇筑完毕后，应随时将伸出的搭接钢筋整理到位。

（6）构造柱混凝土应分层浇筑，每层厚度不得超过 300mm。

9. 梁、板混凝土浇筑

（1）肋形楼板的梁板应同时浇筑，浇筑方法应由一端开始用“赶浆法”推进，即先浇筑梁，根据梁高分层浇筑成阶段形，当达到楼板板底位置时再与板的混凝土一起浇筑，随着阶段形不断延伸，梁板混凝土连续向前进行。

（2）梁柱节点钢筋较密时，浇筑此处混凝土时宜用小粒径石子同强度等级的混凝土浇筑，并用小直径振动棒振捣。

(3) 楼板浇筑的虚铺厚度应略大于板厚，用平板振动器垂直浇筑方向来回振捣。注意不断用移动标志以控制混凝土板厚度。振捣完毕，用刮尺或拖板抹平表面。

(4) 在浇筑与柱、墙连成整体的梁和板时，应在柱和墙浇筑完毕后停歇1～1.5h，使其获得初步沉实，再继续浇筑。

(5) 施工缝设置：宜沿着次梁方向浇筑楼板，施工缝应留置在次梁跨度1/3范围内，施工缝表面应与次梁轴线或板面垂直。单向板的施工缝留置在平行于板的短边的任何位置。

1) 施工缝用木板、钢丝网挡牢。

2) 施工缝处须待已浇混凝土的抗压强度不少于1.2MPa时，才允许继续浇筑。

3) 在施工缝处继续浇筑混凝土前，混凝土施工缝表面应凿毛，清除水泥薄膜和松石子，并用水冲洗干净。排除积水后，先浇一层水泥浆或混凝土成分相同的水泥砂浆然后继续浇筑混凝土。

10. 楼梯混凝土浇筑

(1) 楼梯段混凝土自上而下浇筑。先振实底板混凝土，达到踏步位置与踏步混凝土一起浇筑，不断连续向上推进，并随时用木抹子（木磨板）将踏步上表面抹平。

(2) 施工缝位置：楼梯混凝土宜连续浇筑完成，多层建筑的楼梯，根据结构情况可留设于楼梯平台板跨中或楼梯段1/3范围内。

11. 混凝土的养护

(1) 混凝土浇筑完毕后，应在12h以内加以覆盖，并浇水养护。

(2) 混凝土浇水养护日期，掺用缓凝型外加剂或有抗渗要求的混凝土不得小于14d。在混凝土强度达到1.2MPa之前，不得在其上踩或施工振动。柱、墙带模养护2d以上，拆模后，用棉布包住，浇水在棉布上养护，以确保立面结构表面保持湿润状态。每日浇水次数应能保持混凝土处于足够湿润状态。

(3) 混凝土试件：混凝土浇筑期间，按照规范要求随机取样留置抗压和抗渗试验试件。

## 三、施工质量验收标准

### (一) 一般规定

(1) 结构构件的混凝土强度应按GB/T 50107—2010《混凝土强度检验评定标准》的规定分批检验评定。

对采用蒸汽法养护的混凝土结构构件，其混凝土试件应先随同结构构件同条件蒸汽养护，再转入标准条件养护共28d。

当混凝土中掺用矿物掺合料时，确定混凝土强度时的龄期可按GB/T 50146—2014《粉煤灰混凝土应用技术规范》等的规定取值。

(2) 检验评定混凝土强度用混凝土试件的尺寸及强度的尺寸换算系数应按表2-41取用，其标准成型方法、标准养护条件及强度试验方法应符合普通混凝土力学性能试验方法的规定。

(3) 结构构件拆模、出池、出厂、吊装、张拉、放张及施工期间负荷时的混凝土强度，应根据同条件养护的标准尺寸试件的混凝土强度确定。

表 2-41　　混凝土试件的尺寸及强度的尺寸换算系数

| 骨料最大粒径/mm | 试件尺寸/mm | 强度的尺寸换算系数 |
|---|---|---|
| ≤31.5 | 100×100×100 | 0.95 |
| ≤40 | 150×150×150 | 1.00 |
| ≤63 | 200×200×200 | 1.05 |

注　对强度等级为C60以上的混凝土试件，其强度的尺寸换算系数可通过试验确定。

(4) 当混凝土试件强度评定不合格时，可采用非破损或局部破损的检测方法，按国家现行有关的规定对结构构件中的混凝土强度进行推定，并作为处理的依据。

(5) 混凝土的冬期施工应符合 JGJ 104—2011《建筑工程冬期施工规程》和施工技术方案的规定。

(二) 原材料

1. 主控项目

(1) 水泥进场时应对其品种、级别、包装或散装仓号、出厂日期等进行检查，并对其强度、安定性及其他必要的性能指标进行复验，其质量必须符合 GB 175《硅酸盐水泥、普通硅酸盐水泥》等的规定。

当使用中对水泥质量有怀疑或水泥出厂超过3个月（快硬硅酸盐水泥超过1个月）时，应进行复验，并按复验结果使用。

钢筋混凝土结构、预应力混凝土结构中，严禁使用含氯化物的水泥。

检查数量：按同一生产厂家、同一等级、同一品种、同一批号连续进场的水泥，袋装不超过200t，散装不超过500t为一批，每批抽样不少于一次。

检查方法：检查产品合格证、出厂检验报告和进场复验报告。

(2) 混凝土中掺用外加剂的质量及应用技术应符合 GB 50119—2013《混凝土外加剂应用技术规范》等有关环境保护的规定。

预应力混凝土结构中，严禁使用含氯化物的外加剂。钢筋混凝土结构中，当使用含氯化物的外加剂，混凝土中氯化物的总含量应符合 GB 50164—2011《混凝土质量控制标准》的规定。

检查数量：按进场的批次和产品的抽样检验方法确定。

检验方法：检查产品合格证、出厂检验报告和进场复验报告。

(3) 混凝土中氯化物和碱的总含量应符合 GB 50010—2010《混凝土结构设计规范》和设计的要求。

检验方法：检查原材料试验报告和氯化物、碱总含量计算书。

2. 一般项目

(1) 混凝土中掺用矿物掺合料的质量应符合 GB/T 1596—2005《用于水泥和混凝土中的粉煤灰》等的规定。矿物掺合料的掺量应通过试验确定。

检查数量：按进场的批次和产品的抽样检验方案确定。

检查方法：检查出厂合格证和进场复验报告。

(2) 普通混凝土所用的粗、细骨料的质量应符合 GB/T 14685—2011《建设用卵石、

碎石》、GB/T《建设用砂》、JGJ 52—2006《普通混凝土用砂质量标准及检验方法标准》的规定。

检查数量：按进场的批次和产品的抽样检验方案确定。

检查方法：检查进场复验报告。

注：1）混凝土用的粗骨料，其最大颗粒粒径不得超过构件截面最小尺寸的1/4，且不得超过钢筋最小间距的3/4。

2）对混凝土实心板，骨料最大粒径不得超过板厚的1/4，且不得超过40mm。

(3) 拌制混凝土宜采用饮用水；当采用其他水源时，水质应符合JGJ 63—2006《混凝土拌和用水标准》的规定。

检查数量：同一水源检查不少于一次。

检验方法：检查水质试验报告。

### (三) 配合比设计

#### 1. 主控项目

混凝土应按JGJ 55—2011《普通混凝土配合比设计规程》的有关规定，根据混凝土强度等级、耐久性和工作性等要求进行配合比设计。

对有特殊要求的混凝土，其配合比设计尚应符合国家现行有关标准的专门规定。

检验方法：检查配合比设计资料。

#### 2. 一般项目

(1) 首次使用的混凝土配合比应进行开盘鉴定，其工作性能应满足设计配合比的要求。开始生产应至少留置一组标准养护试件，作为验证配合比的依据。

检查方法：检查开盘鉴定资料和试件强度试验报告。

(2) 混凝土拌制前，应测定砂、石含水率并根据测试结果调整材料用量，提出施工配合比。

检查数量：每个工作班检查一次。

检验方法：检查含水率测试结果和施工配合比通知单。

### (四) 混凝土施工

#### 1. 主控项目

(1) 结构混凝土的强度等级必须符合设计要求。用于检查结构构件混凝土强度等级的试件，应在混凝土的浇筑地点随机抽取。取样与试件与留置应符合下列规定：

1) 每拌制100盘且不超过100$m^3$的同一配合比的混凝土，取样不得少于一次。

2) 每工作班拌制的同一配合比的混凝土不足100盘时，取样不得少于一次。

3) 当一次连续浇筑超过1000$m^3$时，同一配合比的混凝土，每200$m^3$取样不得少于一次。

4) 每一楼层、同一配合比的混凝土，取样不得少于一次。

5) 每次取样应至少留置一组标准养护试件，同条件养护试件的留置组数应根据实际需要确定。

检验方法：检查施工记录及试件强度试验报告。

(2) 对有抗渗要求的混凝土结构，其混凝土试件应在浇筑地点随机取样。同一工程、同一配合比的混凝土，取样不得少于一次；留置组数可根据实际需要确定。

检验方法：检查试件抗渗试验报告。

(3) 混凝土原材料每盘称量的允许偏差应符合表2-42的规定。

**表2-42　原材料每盘称量的允许偏差**

| 材料名称 | 允许偏差 | 材料名称 | 允许偏差 |
|---|---|---|---|
| 水泥 | ±2% | 水、外加剂 | ±2% |
| 粗、细骨料 | ±3% | | |

注　1. 衡量器应定期校验，每次使用前应进行零点校核，保持计量准确。
　　2. 当遇雨天或含水率有显著变化时，应增加含水率检测次数，并及时调整水和骨料的用量。

检查数量：每工作班抽查不应少于一次。

检验方法：复称。

(4) 混凝土运输、浇筑及间歇的全部时间不应超过混凝土的初凝时间。同一施工段的混凝土应连续浇筑，并应在底层混凝土初凝之前将上一层混凝土浇筑完毕。

当底层混凝土初凝后浇筑上一层混凝土时，应按施工技术方案中对施工缝的要求进行处理。

检查数量：全数检查。

检验方法：观察，检查施工记录。

2. 一般项目

(1) 施工缝的位置应在混凝土浇筑前按设计要求和施工技术方案确定。施工缝隙的处理应按施工技术方案进行。

检查数量：全数检查。

检验方法：观察，检查施工记录。

(2) 后浇带的留置应设计要求和施工技术方案确定。后浇带混凝土浇筑应按施工技术方案进行。

检查数量：全数检查。

检验方法：观察，检查施工记录。

(3) 混凝土浇筑完毕后，应按施工技术方案及时采取有效的养护措施，并应符合下列规定：

1) 混凝土浇筑完毕后，应在12h以内加以覆盖，并浇水养护。

2) 混凝土浇水养护的时间：对采用硅酸盐水泥、普通硅酸盐水泥或矿渣硅酸盐水泥拌制的混凝土，不得小于7d；对掺用缓凝型外加剂或有抗渗要求的混凝土不得小于14d。

3) 浇水次数应能保持混凝土处于足够的润湿状态；混凝土养护用水应与拌制用水相同。

4) 采用塑料布覆盖养护的混凝土，其敞露的全部表面应覆盖严密，并应保持塑料布内有凝结水。

5) 在混凝土强度达到1.2MPa之前，不得在其上踩踏或安装模板及支架。

注：1）当日平均气温低于5℃时，不得浇水。

2）当采用其他品种水泥时，混凝土的养护时间应根据所采用水泥的技术性能确定。

3）混凝土表面不便浇水或使用塑料布时，宜涂刷养护剂。

4）对大体积混凝土的养护，应根据气候条件按施工技术方案采取控温措施。

检查数量：全数检查。

检验方法：观察，检查施工记录。

**【知识扩展】** 建筑工程混凝土工程标准做法图解

（1）常用机具设备，如图2－68所示。

(a) 汽车泵

(b) 地泵

(c) 试块模具(包括塌落度筒)

(d) 布料机

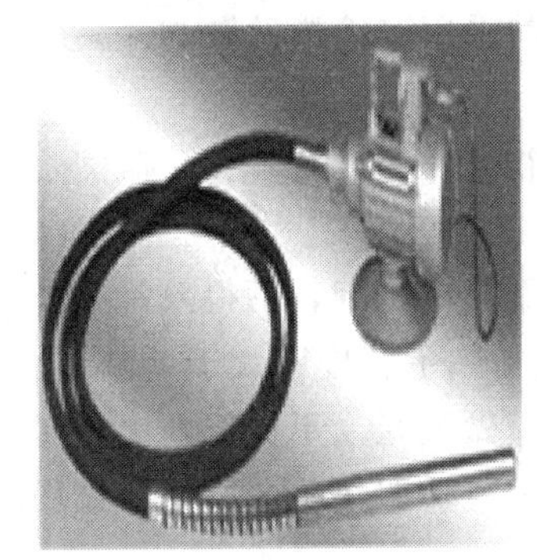

(e) 震动棒

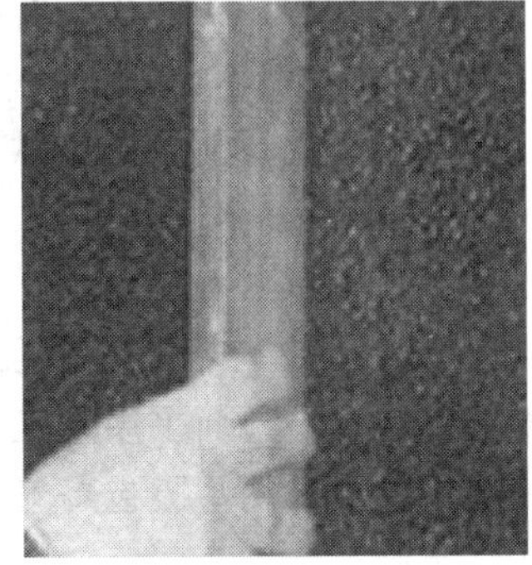

(f) 2.5m长铝合金刮尺

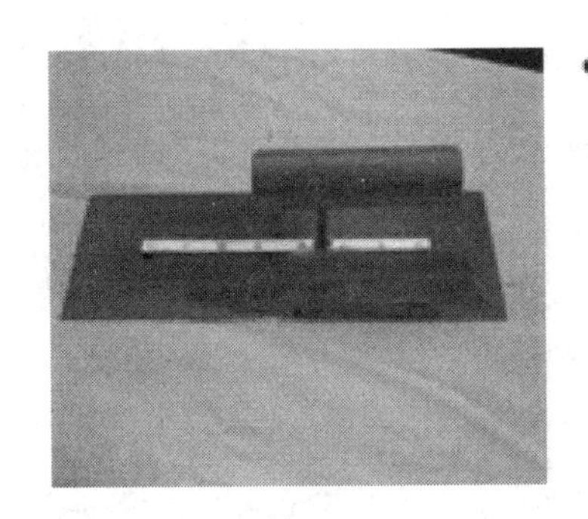

(g) 抹刀

(h) 收光机

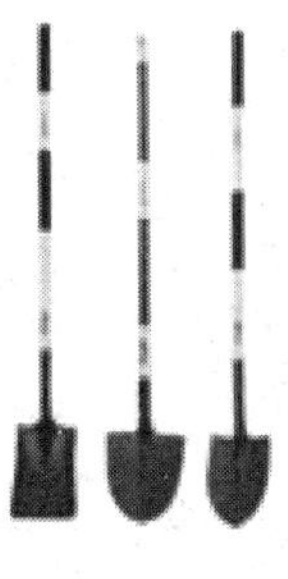

(i) 铁锹

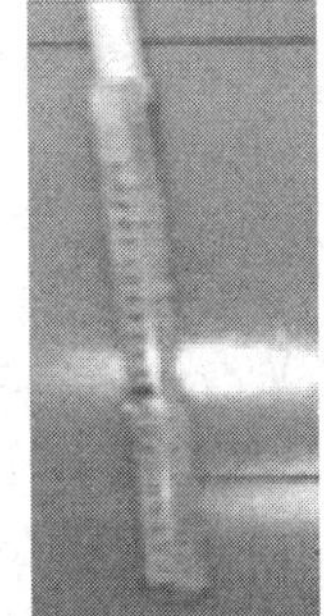

(j) 自制测量工具

图2－68　混凝土工程常用机械设备

（2）混凝土墙柱浇筑时，从下往上采用人工敲击模板，锤击间距200mm，边浇筑边锤击，有效控制表面气泡、蜂窝、麻面产生，墙柱超过 2m，必须采用两次或两次以上分层浇筑完成，严禁一次浇筑，如图 2-69 所示。

图 2-69　混凝土墙柱浇筑

(3) 墙柱边混凝土收面标高、平整度控制在 3mm 以内，如图 2-70 所示，墙柱在不连续浇筑时混凝土必须凿毛，表面凿毛面积不小于 70%，如图 2-71 所示。

(4) 墙柱单侧或两侧为吊模时，在阴角根部的位置增加钢丝网可有效防治烂根现象，如图 2-72 所示，墙柱在支模前采用海绵垫做微调（只适用于平整度在 5mm 以内），如图 2-73 所示。

(5) 楼板浇筑前采用铁锹初步平整，如图 2-74 所示，采用 2.5m 铝合金刮尺刮平，如图 2-75 所示。

(6) 地面有二次装修时，做拉毛处理，不得采用扫帚扫毛；装修材料为胶粘贴平整度不大于 3mm，装修材料为砂浆粘贴平整度不大于 5mm，如图 2-76 所示，屋面、地下室顶板或无装修层地面采用收光机做收光（不少于 2 次），如图 2-77 所示。

(7) 柱墙采用薄膜包裹养护，如图 2-78 所示，采用刷或喷养护剂养护，如图 2-79 所示。

图 2-70　混凝土墙柱收面

图 2-71　墙柱混凝土凿毛

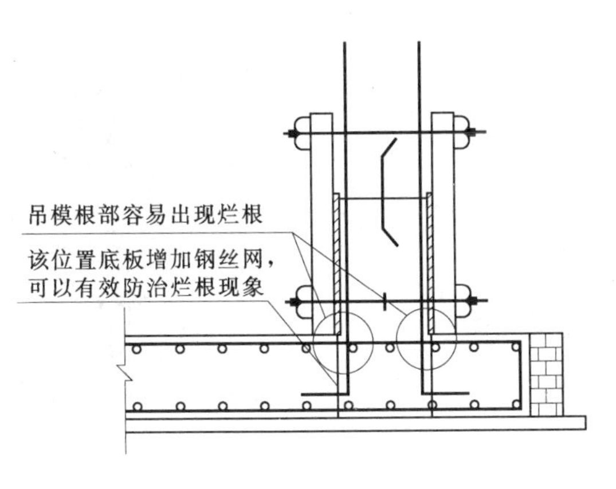


图 2－72　墙柱根部处理

图 2－73　墙柱支模前处理

图 2－74　楼板混凝土初平

图 2－75　混凝土刮平

图 2－76　地面拉毛

图 2－77　地面收光

图 2-78　薄膜包裹养护

图 2-79　喷刷养护

(8) 夏季混凝施工时，为更好控制混凝土入管温度，泵管采用麻袋覆盖，如图 2-80 所示，统一在楼梯通道口位置墙体上标明该层浇筑时间、拆模时间、养护方式等信息，如图 2-81 所示。

图 2-80　覆盖保温

图 2-81　标明浇筑信息

## 【习题】

(1) 混凝土的振动机械有哪几种？适合用于何种情况？

(2) 混凝土的配制强度如何确定？施工配合比如何计算？

(3) 某工程的现浇钢筋混凝土梁，混凝土设计强度等级为 C30，梁的截面尺寸为 500mm×250mm，钢筋间的最小间距为 60mm，混凝土采用机拌机振，该施工单位无历史统计资料。试设计混凝土的配合比。

# 学习情境三　高层混凝土结构施工

**【情境描述】** 通过对某高层混凝土结构工程施工的学习，熟悉高层结构附着升降式脚手架工程、大模板工程、钢筋工程（剪力墙）、混凝土工程（高强）等方案的编制，了解高层混凝土结构工程施工工艺。

**【任务描述】**

编制附着升降式脚手架、大模板工程、钢筋工程（剪力墙）、混凝土工程（高强）等方案。

**【知识目标】**

（1）掌握附着升降式脚手架的基本知识。

（2）掌握大模板工程的基本知识。

（3）掌握钢筋工程（剪力墙）的基本知识。

（4）掌握混凝土工程（高强）的基本知识。

**【任务载体】**

本项目为全现浇钢筋混凝土剪力墙结构，位于成都市，建筑面积 25905.82m$^2$；建筑层数地下 2 层、地上 18 层，建筑总高度 61.30m；住宅、商用功能；混凝土强度垫层 C10，其他均为 C30；抗震等级二级、抗震设防烈度Ⅷ度；防水混凝土等级，底板及地下室外墙用 S8，水泵房、水池不小于 S6；钢筋类别Ⅰ级钢：Φ6、Φ8、Φ10，Ⅱ级钢：Φ12、Φ14、Φ16、Φ18、Φ20、Φ22、Φ25；钢筋混凝土剪力墙 200mm、250mm、300mm；楼板 100mm、120mm、140mm、150mm、190mm、200mm；底板厚 700mm。

（1）高层结构脚手架的施工方案是什么？

（2）高层结构大模板施工方案是什么？

（3）剪力墙结构钢筋的下料、绑扎等如何施工？

（4）高强混凝土施工要点是什么？

## 学习单元一　脚 手 架 工 程

### 一、概述

脚手架一直是建筑施工必不可少的施工装备，20 世纪 80 年代中期以来，随着我国经济建设的高速发展，高层、超高层建筑越来越多，搭设传统的落地式脚手架，不但不经济而且很不安全。针对这种高层建筑，广西一建研制了“整体提升脚手架”[图 3－1（a)]，上海和江苏地区推出了“套管”[图 3－1（b)]。这种脚手架仅需要搭设一定高度并附着

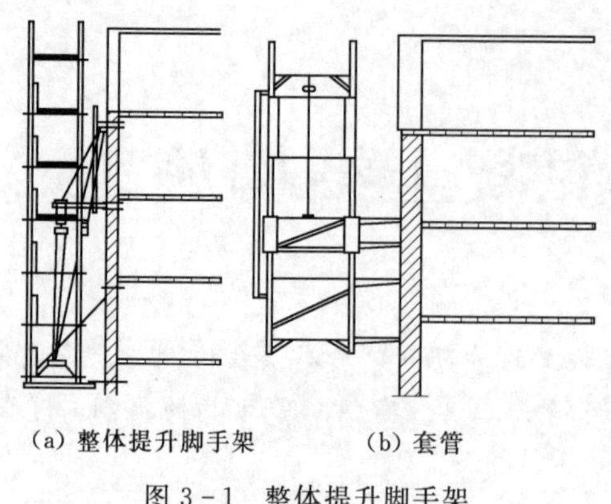
(a) 整体提升脚手架　(b) 套管

图 3-1　整体提升脚手架

于工程结构上，依靠自身的升降设备和装置，施工时可随结构施工逐层爬升，装修作业时再逐层下降。这种脚手架的出现提高了高层建筑外脚手架的施工技术水平，具有巨大的经济效益，因此，此技术一经推出便得到迅速推广。20 世纪 90 年代初，高层、超高层建筑的急速增加，使这一新技术得到迅速发展，其结构形式和种类越来越多，名称也越来越杂，诸如“整体提、(爬) 升脚手架”“导轨式爬架”等，因其特点均是“附着”在建筑物的梁或墙上，并且这种脚手架不仅能爬升而且能下降，因此，统称为附着升降脚手架（简称“爬架”)。

2010 年 3 月，住建部颁布 JGJ 202—2010《建筑施工工具式脚手架安全技术规范》，对附着升降脚手架的设计计算、结构构造、生产、检测、施工操作、施工管理及监督检查等进行了明确规定。

## 二、附着升降脚手架定义及原理

1. 定义及分类

本学习单元主要介绍附着升降脚手架。脚手架一般分为三大类，如图 3-2 所示。

JGJ 202—2010 对附着升降脚手架的定义：搭设一定高度并附着于工程结构上，依靠自身的升降设备和装置，可随工程结构逐层爬升或下降，具有防倾覆、防坠落装置的外脚手架。

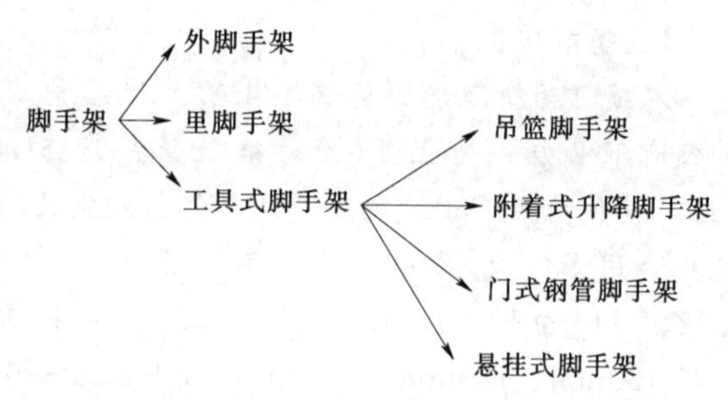


图 3-2　脚手架分类

附着升降脚手架按升降方式可分为三类。

(1) 自升降式脚手架。通过手动或电动倒链交替对活动架和固定架进行升降，一般 2 片/组接成 1 个单元体，每个单元体有 8 个附墙栓与墙体锚固。爬升过程如图 3-3 所示。

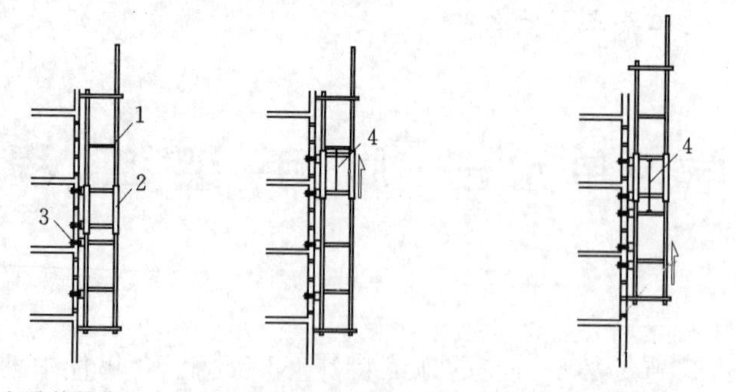

(a) 爬升前的位置　(b) 活动架爬升(半个层高)　(c) 固定架爬升(半个层高)

图 3-3　自升降式脚手架爬升过程

1—活动架；2—固定架；3—附墙螺栓；4—倒链

(2) 互升降式脚手架。将架体分为甲、乙两种单元，交替附墙相互攀登爬升，爬升过程如图 3-4 所示。

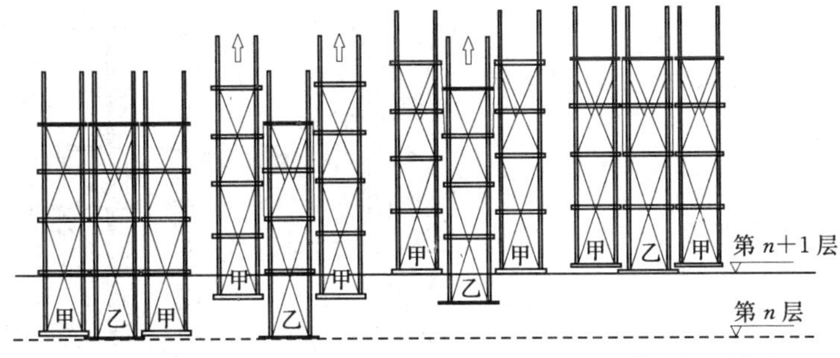


图 3-4　互升降式脚手架爬升过程

(3) 整体升降式脚手架。搭设一定高度并附着于工程结构上，依靠自身的升降设备和装置，可随工程结构层逐层爬升和下降，具有防倾覆、防坠落的架子。整体升降式脚手架类型如图 3-5 所示。

2. 原理

附着升降脚手架的基本原理就是将专门设计的升降机构固定（附着）在建筑物上，将脚手架同步升降机构连接在一起，但可相对运动，通过固定于升降机构上的动力设备将脚手架提升或下降，从而实现脚手架的爬升或下降。第一步，将脚手架和升降机构分别固定（附着）在建筑结构上。第二步，当建筑物已建混凝土的承载力达到一定要求时开始爬升，爬升前先将脚手架悬挂在升降机构上，解开脚手架同建筑物的连接，通过固定在升降机构上的升降动力设备将脚手架提升。第三步，提升到位（一般提升一层）后，再将脚手架固定在建筑物上，这时可进行上一层结构施工。第四步，当该层施工完毕新浇筑混凝土达到爬架要求的强度时，解除升降机构同下层建筑物的固定约束，将其安装在该层爬升所需的位置。第五步，再将脚手架悬挂其上准备下次爬升，这样通过脚手架和升降机构的相互支撑和交替附着即可实现爬架的爬升。爬架的下降作业同爬升基本相同，只是每次下降前先将升降机构固定在下一层位置。导轨式爬架升降原理如图 3-6 所示。

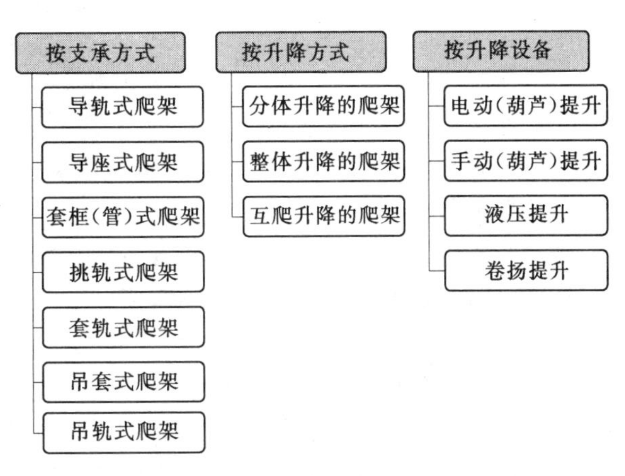


图 3-5　整体升降式脚手架类型

## 三、附着升降脚手架的特点、构件组成及功能

1. 特点

附着升降脚手架的出现为高层建筑外脚手架施工提供了更多的选择，同其他类型的脚手架相比，附着升降脚手架具有如下特点。

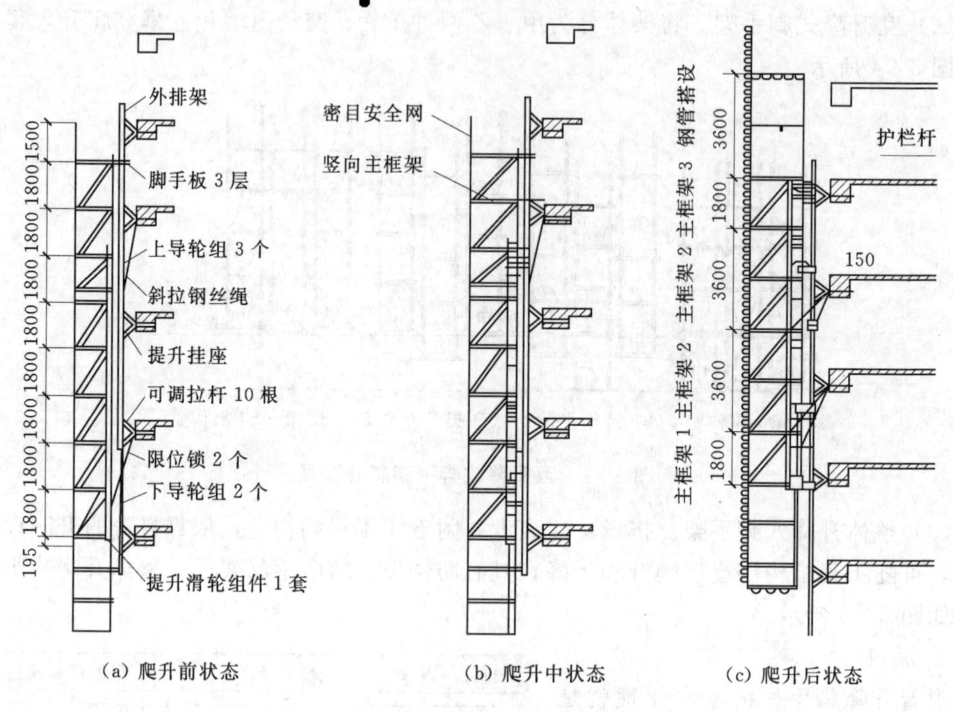


图 3-6　导轨式爬架升降原理

(1) 节省材料。仅需搭设 4～5 倍楼层高度的脚手架，同落地式脚手架相比可节约大量的脚手架材料。

(2) 节省人工。爬架是从地面或者较低的楼层开始一次性组装 4～5 倍楼层高的脚手架，然后只需进行升降操作，中间不需要倒运材料，可节省大量的人工。

(3) 独立性强。爬架组装完成后，依靠自身的升降设备进行升降，不需占用塔吊等垂直运输设备，升降操作具有很强的独立性。

(4) 保证工期。由于爬架独立升降，可节省塔吊的吊次；爬架爬升后底部即可进行回填作业；爬架爬升到顶后即可进行下降操作进行装修，屋面工程和装修可同时进行，不必像吊篮要等到屋面强度符合要求后才能安装进行装修作业。

(5) 防护到位。爬架的高度一般为 4～5 倍楼层高，这一高度刚好覆盖结构施工时支模绑筋和拆模拆支撑的施工范围，解决了挂架遇阳台、窗洞和框架结构时拆模拆支撑无防护的问题。

(6) 安全可靠。爬架是在低处组装低处拆除，并配合防倾覆防坠落等安全装置，在架体防护内进行升降操作，施工安全可靠，而且避免了挑架反复搭拆可能造成的落物伤人和临空搭设带来的安全隐患。

(7) 管理规范。由于爬架设备化程度高，可以按设备进行管理，因其只有 4～5 倍楼层高，附着支撑在固定位置，很规律，便于检查管理，避免了落地式脚手架因检查不到连墙撑可能被拆而带来的安全隐患。

(8) 专业操作。爬架不仅包含脚手架，还有机械、电器设备、起重设备等，这就要求操作者须经专门培训，操作专业化既可提高施工效率，又保证了施工质量和施工安全。

2. 构件组成

附着升降脚手架主要由架体结构、附着支撑结构、提升设备、安全装置和控制系统组成。

(1) 架体结构是附着升降脚手架的主要组成结构，由架体构架、架体竖向主框架和架体水平桁架等三部分组成。架体构架一般采用普通脚手架杆件搭设的与竖向主框架和水平梁架连接的附着升降脚手架架体结构部分。竖向主框架是用于构造附着升降脚手架架体、垂直于建筑物外立面、与附着支撑结构连接、主要承受和传递竖向及水平荷载的竖向框架。架体水平桁架是用于构造附着升降脚手架架体、主要承受架体竖向荷载、并将竖向荷载传递到竖向主框架和附着支撑结构的水平结构。

(2) 附着支撑结构是直接与工程结构连接，承受并传递脚手架荷载的支撑结构，是附着升降脚手架的关键结构，由升降机构及其承力结构、固定架体承力结构、防倾覆装置和防坠落装置组成。

(3) 提升设备由升降动力设备及其控制系统组成，其中控制系统包括架体升降的同步性控制、荷载控制和动力设备的电器控制系统。

(4) 安全装置和控制系统。

3. 功能

当前建筑市场上爬架种类有多个，其构造大同小异，功能都是一样的。

(1) 架体。常见架体类型如图 3-7 所示。

1) 架体结构是爬架的主体，它具有足够的强度和适当的刚度，可承受架体的自重、施工荷载荷载。

2) 架体结构应沿建筑物施工层外围形成一个封闭的空间，并通过设置有效的安全防护，确保架体上操作人员的安全，及防止高空坠物伤人事故的发生。

3) 架体上应有适当的操作平台提供给施工人员操作和防护使用。

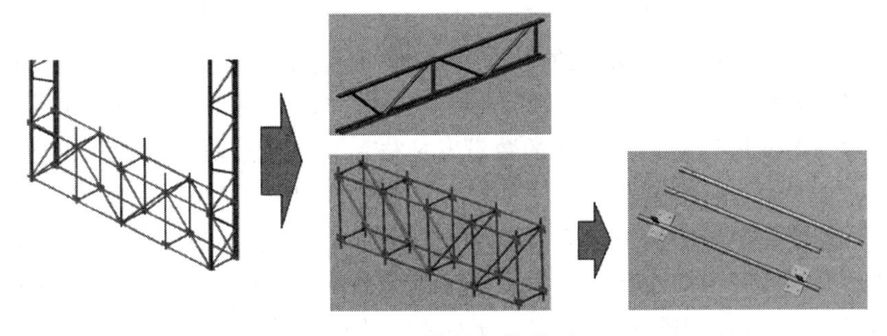

图 3-7　常见架体类型

(2) 附着支撑。附着支撑类型如图 3-8 所示。

(a) 剪力墙支座

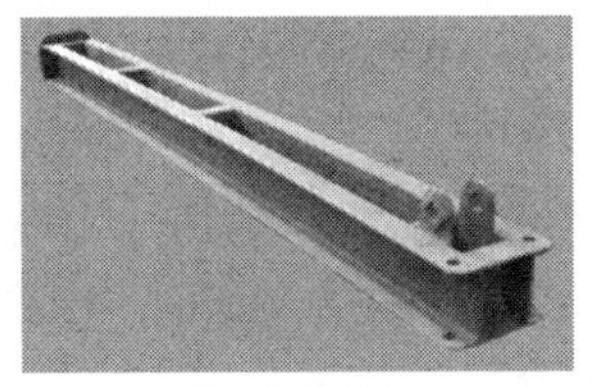

(b) 板式支座

(c) 支座导向架

图 3-8　附着支撑类型

附着支撑是为了确保架体在升降过程中处于稳定状态，避免晃动和抵抗倾覆作用，满足各种工况下的支承、防倾和防坠落的承力要求。

（3）提升设备。提升主要设备如图 3-9 所示。

1）提升设备包括提升块、提升吊钩以及动力设备（电动葫芦等）。

2）主要功能是为爬架的升降提供有效的动力。

(a) 电动葫芦

(b) 液压设备

(c) 小型卷扬机

图 3-9　提升主要设备

（4）安全和控制装置。

1）附着式升降脚手架的安全装置包括防坠装置和防倾装置。

2）防坠装置是防止架体坠落的装置，防倾装置采用防倾导轨及其他合适的控制架体水平位移的构造。

3）控制系统确保实现同步提升和限载保安全的要求。对升降同步性的控制应实现自动显示、自动调整和遇故障自停的要求。

## 四、附着升降脚手架的安装与拆除

### 1. 爬架的搭设与安装前的准备工作

（1）根据工程特点与使用要求编制专项施工方案。对特殊尺寸的架体应进行专门设计，架体在使用过程中因工程结构的变化而需要局部变动时，应制定专门的处理方案。

（2）根据施工方案设计的要求，落实现场施工人员及组织机构。并进行安全技术交底。

（3）核对脚手架搭设材料与设备的数量、规格，查验产品质量合格证、材质检验报告等文件资料，必要时进行抽样检验，主要搭设材料应满足有关规定。

（4）脚手管外观质量平直光滑，没有裂纹、分层、压痕、硬弯等缺陷，并应进行防锈处理。立杆最大弯曲变形应小于 $L/500$，横杆最大弯曲变形应小于 $L/150$。端面平整，切斜偏角应小于 1.70mm。实际壁厚不得小于标准公称壁厚的 90%。

（5）安装需要施工塔吊配合时，应核验塔吊的施工技术参数是否满足需要。

（6）焊接件焊缝应饱满，焊缝高度符合设计要求，并满足 GB 50755—2012《钢结构施工规范》、GB 50661—2011《钢结构焊接技术规程》要求，没有咬肉、夹渣、气孔、未焊透、裂纹等缺陷。

（7）螺纹连接件应无滑丝、严重变形、严重锈蚀等现象。

（8）扣件应符合 GB 15831—2006《钢管脚手架扣件》的规定。安全围护材料及其他辅助材料应符合国家标准的有关规定。

（9）安装需要施工塔吊配合时，应核验塔吊的施工技术参数是否满足需要。

注意事项如下。

1）预留螺栓孔或预埋件的中心位置偏差应小于15mm。

2）水平梁架及竖向主框架在相邻附着支承结构处的高差应不大于20mm。

3）竖向主框架和防倾导向装置的垂直偏差应不大于5‰和60mm。

2. 附着升降脚手架的安装与搭设（图3-10）

（1）爬架安装搭设前，应核验工程结构施工时留设的预留螺栓孔或预埋件的平面位置、标高和预留螺栓孔的孔径、垂直度等，还应该核实预留螺栓孔或预埋件处混凝土的强度等级。预留孔应垂直于结构外表面。不能满足要求时应采取合理可行的补救措施。

（2）爬架在安装搭设前，应设置安全可靠的安装平台来承受安装时的竖向荷载。安装平台上应设有安全防护措施。安装平台水平精度应满足架体安装精度要求，任意两点间的高差最大值应不大于20mm。

（3）在地面进行爬架的拼装。用垫木把主框架下节、标准节垫平，穿好螺栓（M16×50、M16×90）、垫圈，并紧固所有螺栓。注意：①拼接时要把每两节之间的导轨找正对齐；②把导向装置组装好安装在相应位置；③把支座（附着支撑结构）固定在主框架相应连接位置上，并紧固。

（4）爬架的吊装。当结构混凝土强度达到设计要求，把支座与结构进行可靠连接；用起重设备把拼接好的主框架吊起，吊点设在上部1/3位置上；按照爬架方案要求，把主框架临时固定在建筑结构上；安装底部桁架，并搭设架体。

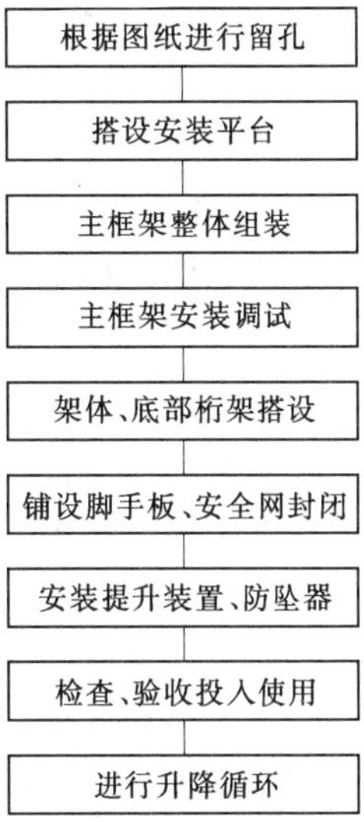

根据图纸进行留孔
→ 搭设安装平台
→ 主框架整体组装
→ 主框架安装调试
→ 架体、底部桁架搭设
→ 铺设脚手板、安全网封闭
→ 安装提升装置、防坠器
→ 检查、验收投入使用
→ 进行升降循环

图3-10　附着升降脚手架的安装与搭设

（5）爬架架体构架的搭设，如图3-11所示。

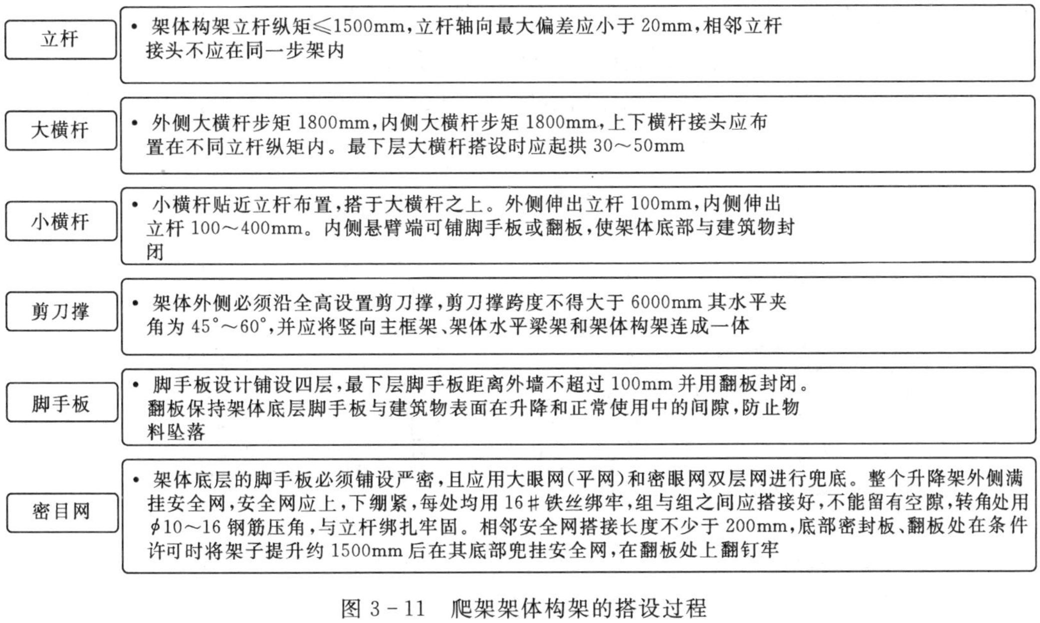

|  |  |
|---|---|
| 立杆 | • 架体构架立杆纵矩≤1500mm，立杆轴向最大偏差应小于20mm，相邻立杆接头不应在同一步架内 |
| 大横杆 | • 外侧大横杆步矩1800mm，内侧大横杆步矩1800mm，上下横杆接头应布置在不同立杆纵矩内。最下层大横杆搭设时应起拱30～50mm |
| 小横杆 | • 小横杆贴近立杆布置，搭于大横杆之上。外侧伸出立杆100mm，内侧伸出立杆100～400mm。内侧悬臂端可铺脚手板或翻板，使架体底部与建筑物封闭 |
| 剪刀撑 | • 架体外侧必须沿全高设置剪刀撑，剪刀撑跨度不得大于6000mm其水平夹角为45°～60°，并应将竖向主框架、架体水平梁架和架体构架连成一体 |
| 脚手板 | • 脚手板设计铺设四层，最下层脚手板距离外墙不超过100mm并用翻板封闭。翻板保持架体底层脚手板与建筑物表面在升降和正常使用中的间隙，防止物料坠落 |
| 密目网 | • 架体底层的脚手板必须铺设严密，且应用大眼网（平网）和密眼网双层网进行兜底。整个升降架外侧满挂安全网，安全网应上，下绷紧，每处均用16＃铁丝绑牢，组与组之间应搭接好，不能留有空隙，转角处用$\phi$10～16钢筋压角，与立杆绑扎牢固。相邻安全网搭接长度不少于200mm，底部密封板、翻板处在条件许可时将架子提升约1500mm后在其底部兜挂安全网，在翻板处上翻钉牢 |

图3-11　爬架架体构架的搭设过程

（6）注意事项：

1）安装过程中应严格控制架体水平梁架与竖向主框架的安装偏差。架体水平梁架相邻两吊点处的高差应小于 20mm；相邻两榀竖向主框架的水平高差应小于 20mm；竖向主框架和防倾导向装置的垂直偏差应不大于 5‰和 60mm。

2）安装过程中架体与工程结构间应采取可靠的临时水平拉撑措施，确保架体稳定。

3）扣件式脚手杆件搭设的架体，搭设质量应符合相关标准的要求。

4）扣件螺栓螺母的预紧力矩应控制在 40～60N·m 范围内。

5）脚手杆端头扣件以外的长度应不小于 100mm，架体外侧小横杆的端头外露长度应不小于 100mm。

6）作业层与安全围护设施的搭设应满足设计与使用要求。脚手架邻近高压线时，必须有相应的防护措施。

3. 附着升降脚手架的安装后的调试验收

架体搭设完毕后，应立即组织有关部门会同爬架单位对下列项目进行调试与检验，调试与检验情况应做详细的书面记录。

（1）架体结构中采用扣件式脚手杆件搭设的部分，应对扣件拧紧质量按 50％的比例进行抽查，合格率应达到 95％以上。

（2）对所有螺纹连接处进行全数检查。

（3）进行架体提升试验，检查升降机具设备是否正常运行。

（4）对架体整个防护情况进行检查。

（5）其他必需的检验调试项目。

架体调试验收合格后方可办理投入使用的手续。

4. 附着升降脚手架的使用

（1）爬架的提升。

提升的总体思路（图 3－12）：第一步，插上防坠销，将提升支座提升至最上一层并固定；第二步，拆开调节顶撑，调整电动升降设备并预紧，拔下承重支座承重销、松开防坠器；第三步，提升架体，支座上部插防坠销，承重支座安装好承重销，防坠支座安装好调节顶撑，锁紧防坠器。

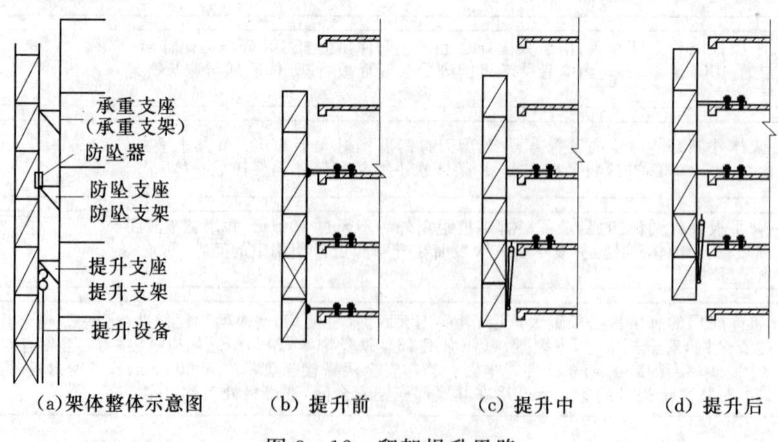


图 3－12　爬架提升思路

（2）爬架升降前的准备工作。

爬架升降前的准备工作包括：①由安全技术负责人对爬架提升的操作人员进行安全技术交底，明确分工，责任落实到位，并记录和签字；②按分工清除架体上的活荷载、杂物与建筑的连接物、障碍物；③安装电动升降装置，接通电源，空载试验，检查防坠器；④准备操作工具，如专用扳手、手锤、千斤顶、撬棍等；⑤安装平台的搭设。

在升降爬架之前，需对爬架进行全面检查，详细的书面记录内容包括以下部分：

1）附着支撑结构附着处混凝土实际强度已达到脚手架设计要求。

2）所有螺栓连接处螺母已拧紧。

3）应撤去的施工活荷载已撤离完毕。

4）所有障碍物已拆除，所有不必要的约束已解除。

5）电动升降系统能正常运行。

6）所有相关人员已到位，无关人员已全部撤离。

7）所有预留螺栓孔洞或预埋件符合要求。

8）所有防坠装置功能正常。

9）所有安全措施已落实。

10）其他必要的检查项目。

如上述检查项目有一项不合格，应停止升降作业，查明原因排除隐患后方可作业。

（3）爬架的提升。

人员落实到位，架体操作的人员组织：①以若干个单片提升作为一个作业组，做到统一指挥，分工明确，各负其责；②下设组长1名，负责全面指挥，操作人员1名，负责电动装置管理、操作、调试、保养的全部责任；③在一个工程中，根据工期要求，可组织几个作业组各自同时对架体进行提升，作业组完成一架体的提升时间约为45min。

升降过程中必须统一指挥，指令规范，并应配备必要的巡视人员。

（4）爬架升降后的检查验收。

检查验收内容包括以下几个部分：

1）检查拆装后的螺栓螺母是否真正按扭矩拧到位，检查是否有应该安装的螺栓没有装上；架体上拆除的临时脚手杆及与建筑的连接杆要按规定搭接，检查脚手杆、安全网是否按规定围护好。

2）检查承重销及顶撑是否安装到位。

3）检查防坠器是否锁紧。

4）架体提升后，要由爬架施工负责人组织对架体各部位进行认真的检查验收，每跨架体都要有检查记录，存在问题必须立即整改。

5）检查合格达到使用要求后由爬架施工负责人填写《附着式升降脚手架施工检查验收表》，双方签字盖章后方可投入下一步使用。

（5）在提升过程中需要注意的事项。

1）升降过程中，若出现异常情况，必须立即停止升降进行检查，彻底查明原因、消除故障后方能继续升降。每一次异常情况均应做详细的书面记录。

2）整体电动爬架升降过程中由于升降动力不同步（相邻两榀主框架高差超过50mm）

引起超载或失载过度时，应通过控制柜点动予以调整。

3）邻近塔吊、施工电梯的爬架进行升降作业时，塔吊、施工电梯等设备应暂停使用。

4）升降到位后，爬架必须及时予以固定。在没有完成固定工作且未办妥交付使用前，爬架操作人员不得交班或下班。

（6）爬架的使用。

注意事项如下：

1）爬架不得超载使用，不得使用体积较小而重量过重的集中荷载。如设置装有混凝土养护用水的水槽、集中堆放物料等。

2）禁止下列违章作业。不得超载，不得将模板支架、缆风绳，泵送混凝土和砂浆的输送管等固定在脚手架上；严禁悬挂起重设备，任意拆除结构件或松动连接件、拆除或移动架体上的安全防护设施，起吊构件时碰撞或扯动脚手架；严禁使用中的物料平台与架体仍连接在一起；严禁在脚手架上推车。

3）爬架穿墙螺栓应牢固拧紧（扭矩为700～800N·m）。检测方法：一个成年劳力靠自身重量以1.0m加力杆紧固螺栓，拧紧为止。

4）施工期间，定期对架体及爬架连接螺栓进行检查，如发现连接螺栓脱扣或架体变形现象，应及时处理。

5）每次提升，使用前都必须对穿墙螺栓进行严格检查，如发现裂纹或螺纹损坏现象，必须予以更换。

6）对架体上的杂物、垃圾、障碍物要及时清理。

7）螺栓连接件、升降动力设备、防倾装置、防坠装置、电控设备等应至少每月维护保养一次。

8）遇5级以上（包括5级）大风、大雨、大雪、浓雾等恶劣天气时禁止进行爬架升降和拆卸作业。并应事先对爬架架体采取必要的加固措施或其他应急措施。如将架体上部悬挑部位用钢管和扣件与建筑物拉结，以及撤离架体上的所有施工活荷载等。夜间禁止进行爬架的升降作业。

9）当附着升降脚手架停用超过3个月时，应提前采取加固措施，如增加临时拉结、抗上翻装置、固定所有构件等，确保停工期间的安全；脚手架停用超过1个月或遇6级以上大风后复工时，应进行检查，确认合格后方可使用。

（7）作业过程中的检查保养。

1）施工期间，每次浇筑完混凝土后，必须将导向架滑轮表面的杂物及时清除，以便导轨自由上下。

2）有关电动提升装置的维修与保养，详情请见《爬架电动系统使用说明书》。

3）防坠器的检查与保养：①各转动部位是否灵活，并且严禁硬性碰撞；②使用保管过程中应注意防坠、防水、防锈；③每次使用前必须检查其灵敏度。

（8）爬架的下降。

下降过程为提升的逆过程。

5．附着升降脚手架的拆除

（1）附着式升降脚手架的拆除步骤。

1）制定方案。根据施工组织设计和爬架专项施工方案，并结合拆除现场的实际情况，有针对性地编制爬架拆除方案，对人员组织、拆除步骤、安全技术措施提出详细要求。拆除方案必须经脚手架施工单位安全、技术主管部门审批后方可实施。

2）方案交底。方案审批后，由施工单位技术负责人和脚手架项目负责人对操作人员进行拆除工作的安全技术交底；拆除人员需佩戴完备的安全防护，在拆除区域设立标志，警戒线及安检员。

3）清理现场。拆除工作开始前，应清理架体上堆放的材料、工具和杂物，清理拆除现场周围的障碍物。

4）人员组织。施工单位应组织足够的操作人员参加架体拆除工作。

（2）爬架拆除的原则。

1）架体拆除顺序为先搭后拆，后搭先拆，严禁按搭设程序拆除架体。

2）拆除架体各步时应一步一清，不得同时拆除 2 步以上。每步上铺设的脚手板以及架体外侧的安全网应随架体逐层拆除，是操作人员又一个相对安全的作业条件。

3）各杆件或零部件拆除时，应用绳索捆扎牢固，缓慢放至地面、群楼顶或楼面，不得抛掷脚手架上的各种材料及工具。

4）拆下的结构件和杆件应分类堆放，并及时运出施工现场，集中清理保养，以备重复使用。

5）拆除作业应在白天进行，遇 5 级及以上大风和大雨、大雪、浓雾和雷雨等恶劣天气时，不得进行拆除作业。

## 五、附着升降式脚手架应注意哪些安全问题

1. 规范对附着升降式脚手架的安全构造要求

（1）架体结构高度不应大于 5 倍楼层高度（2.9m×5＝14.5m）。

（2）架体宽度不应大于 1.2m（本工程架体为 0.9m）。

（3）直线布置的架体支撑跨度不应大于 7m，折线或曲线不应大于 5m。

（4）水平悬挑长度不大于 2m，且不大于跨度的 1/2。

（5）架体全高与支撑跨度的乘积不大于 110$m^2$。

（6）竖向主框架每层应设置一道附墙支座，附墙支座与建筑物连接的螺栓螺母不少于 2 个。或采用弹簧垫架单螺母时，螺杆漏丝不少于 3 扣，且不少于 10mm。附墙支座支承的墙不小于 C10。

（7）转料平台严禁与爬架连接。

（8）防坠落装置设置在主框架处，每一升降点不得少于一个防坠落装置，且与升降设备分别独立固定在建筑结构上（也就是防坠装置不得与提升装置设置在同一附墙支座上）。

（9）水平支承桁架最底层应设置脚手板，并应铺满铺牢，与建筑物墙面之间也应设置脚手板全封闭，宜设置翻转的密封翻板。在脚手板的下面应用安全网兜底。

（10）物料平台不得与附着式升降脚手架各部位和各结构构件相连，其荷载应直接传递给建筑工程结构。

（11）防坠落装置应设置在竖向主框架处并附着在建筑结构上，每一升降点不得少于一个防坠落装置，防坠落装置在使用和升降工况下都必须起作用。

(12) 当架体遇到塔吊、施工电梯、物料平台需断开或开洞时，断开处应加设栏杆和封闭，开口处应有可靠的防止人员及物料坠落的措施。

(13) 附着式升降脚手架必须具有防倾覆、防坠落和同步升降控制的安全装置。

(14) 防坠落装置必须符合下列规定。

a) 防坠落装置应设置在竖向主框架处并附着在建筑结构上，每一升降点不得少于一个防坠落装置，防坠落装置在使用和升降工况下都必须起作用。

b) 防坠落装置必须是机械式的全自动装置，严禁使用每次升降都需重组的手动装置。

c) 防坠落装置技术性能除应满足承载能力要求外，还应符合相关规定。

d) 防坠落装置应具有防尘、防污染的措施，并应灵敏可靠和运转自如。

e) 防坠落装置与升降设备必须分别独立固定在建筑结构上。

2. 爬架在使用过程中注意的安全事项

(1) 遇到下列情况之一时，提升架不得进行升降作业：①6 级以上大风；②雪雨天气；③夜间；④钢梁安装处的混凝土强度低于 C15。

(2) 防止葫芦链条翻链、咬链或错扭等。

(3) 架体应有可靠的避雷措施。

(4) 升降脚手架时，架子上严禁站人（包括架体操作人员）。

3. 爬架拆除时注意的安全事项

拆除时应有可靠的防止人员与物料坠落的措施，拆除的材料及设备不得抛扔。

拆除作业应在白天进行。遇 5 级及以上大风和大雨、大雪、浓雾和雷雨等恶劣天气时，不得进行拆卸作业。

# 学习单元二　模　板　工　程

## 一、大模板构造

随着我国经济迅速发展，高层建筑、大跨度建筑大量兴建，都促使高层脚手架和空间高、跨度大、荷载大的模板支架应用日渐增多，高大模板在施工中已经开始被广泛运用，本学习单元主要介绍大模板工程。

大模板施工，就是采用工具式大型模板，配以相应的吊装机械，以机械化生产方式在施工现场浇筑钢筋混凝土墙体。这种施工方法施工工艺简单，施工速度快，劳动强度低，装修的湿作业减少，而且房屋的整体性好，抗震能力强，因而有广阔的发展前途。

我国目前采用大模板施工的工程基本上分为三类：预制外墙板内墙现浇混凝土（简称内浇外板），内外墙全现浇，外墙砌体内墙现浇（简称内浇外砌），见表 3－1。

采用大模板施工，要求建筑结构设计标准化，预制构配件与大模板配套，以便能使大模板通用，提高重复使用次数，降低施工中模板的摊销费。在建筑方面，大模板施工要求设计参数简化，开间和进深尺寸的种类要减少，而且应符合一定的模数，层高要固定，在

一个地区内墙厚也应当固定，这样就为减少大模板的类型创造了条件。此外，还要求建筑物体型力求简单，尽量避免结构刚度的突变，以减少扭转、振动及应力集中。

表 3-1　　高层建筑大模板结构工程类型

| 工程类型 | 内墙 | | 外墙 | | 楼板做法 | 适用范围 |
|---|---|---|---|---|---|---|
| | 做法 | 模板类型 | 做法 | 模板类型 | | |
| 内浇外板 | 现浇 | 组合式大模板 | 预制 | | 预制或现浇，预制与现浇相结合 | 住宅、公寓 |
| 全现浇内外墙 | 现浇 | 组合式大模板或爬模、滑模 | 现浇复合节能外墙 | 大模板或爬模 | 预制或现浇，预制与现浇相结合 | 住宅、公寓 |
| 内浇外砌 | 现浇 | 组合式大模板 | 砌砖复合节能外墙 | | 预制或现浇，预制与现浇相结合 | 住宅、公寓 |

1. 大模板的分类

(1) 按板面材料分为木质模板、金属模板、化学合成材料模板。

(2) 按组拼方式分为整体式模板、模数组合式模板、拼装式模板。

(3) 按构造外形分为平模、小角模、大角模、筒子模。

2. 大模板的构造形式

大模板主要是由板面系统、支撑系统、操作平台和附件组成，如图 3-13 所示，分为桁架式大模板、组合式大模板、拆装式大模板、筒形模板以及外墙大模板。

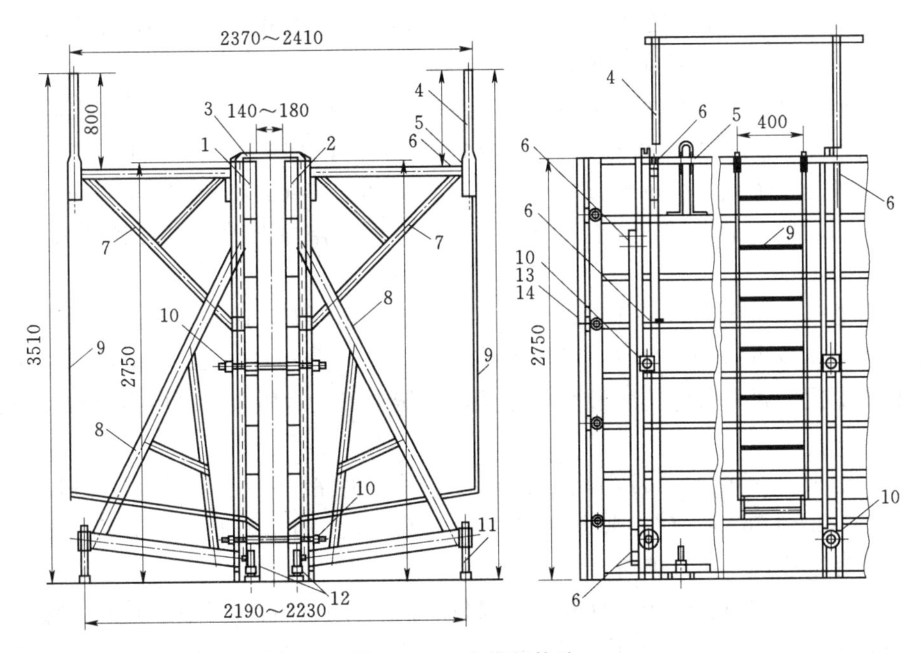


图 3-13　大模板构造

1—反向模板；2—正向模板；3—上口卡板；4—活动护身栏；5、6—螺栓连接；7—操作平台斜撑；8—支撑架；9—爬梯；10—穿墙螺栓；11—地脚螺栓；12—地脚；13—反活动角模；14—正活动脚模

（1）板面系统：包括板面、加劲肋、竖楞。

（2）支撑系统：支撑系统作用是承受水平荷载，防止模板倾覆，每块大模板用2～4榀桁架形成支撑机构，桁架用螺栓或焊接方法与竖楞连接起来。

（3）操作平台：施工人员操作的场所和运行的通道。

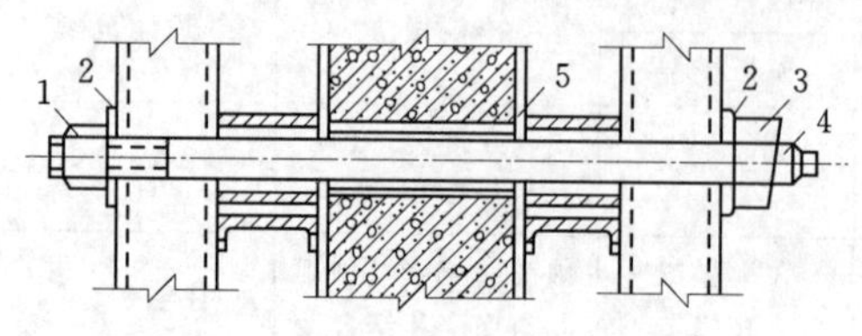

图3－14　穿墙螺栓连接构造

1—螺母；2—垫板；3—板销；4—螺杆；5—套管

（4）附件：主要是指穿墙螺栓。

穿墙螺栓的作用是加强模板的刚度，控制模板的间距。穿墙螺栓连接构造如图3－14所示。

3．板面材料

大模板的板面是直接与混凝土接触的部分，它承受着混凝土浇筑时的侧压力，要求表面平整，加工精密，有一定刚度，能多次重复使用。其材料有钢、木、塑等。

（1）整块钢板面。一般用4～6mm（以6mm为宜）钢板拼焊而成。这种面板具有良好的强度和刚度，能承受较大的混凝土侧压力及其他施工荷载，重复利用率高，一般周转次数在200次以上。另外，由于钢板面平整光洁，耐磨性好，易于清理，这些均有利于提高混凝土表面的质量。缺点是耗钢量大，重量大，易生锈，不保温，损坏后不易修复。

（2）组合钢模板组拼板面。这种面板一般以2.75～3.0mm厚的钢板为面板，虽然也具有一定的强度和刚度，耐磨，自重较整块钢板面要轻，能做到一模多用，但拼缝较多，整体性差，周转使用次数不如整块钢板面多，在墙面质量要求不严的情况下可以采用。用中型组合钢模板拼制而成的大模板，拼缝较少。

（3）木质板面。可作面板的材料有多层胶合板、硬质夹心纤维板和酚醛薄膜胶合板等。青岛生产的“熊猫牌”模板，主要规格为2440mm×1220mm，是用1.5mm厚的单板，由酚醛胶压制而成，表面敷以三聚氰胺树脂薄膜，具有表面平整、可作企口拼缝、重量轻、防水、耐磨、耐酸碱、保温性能好、易脱模（使用前8次可不涂脱模剂）、可两面使用等特点。

硬质夹心纤维板系用木条作芯材，以硬质纤维板作板面，用酚醛树脂胶热压而成，表面采用改性树脂胶进行增强处理，其厚度有12mm、14mm、16mm、18mm，也可根据需要生产其他厚度。规格尺寸与木胶合板相同，性能相似。木质板面可用螺栓与大模板骨架连接。

（4）钢框胶合板板面。青岛瑞达模板公司生产的钢框胶合板板面，是以60mm×80mm和40mm×60mm薄壁空腹方钢作龙骨，以热轧型钢作边框的大模板。这种大模板自重轻、整体刚度好、可以修补。

（5）高分子合成材料面板。这种面板以玻璃钢或硬质塑料板做成。具有自重轻、拆装方便、表面平整光滑、容易脱模、不锈蚀、遇水不膨胀等特点。缺点是刚度小，怕撞击，容易变形。

4．构造类型

（1）内墙模板。

模板的尺寸一般相当于每面墙的大小，这种模板由于无拼接接缝，浇筑的墙面平整。内墙模板有以下几种：

1）整体式大模板。又称平模，是将大模板的面板、骨架、支撑系统和操作平台组拼焊成一体（图 3-15）。这种大模板由于是按建筑物的开间、进深尺寸加工制造的，通用性差，并需用小角模解决纵、横墙角部位模板的拼接处理，仅适用于大面积标准住宅的施工，目前已不多用。

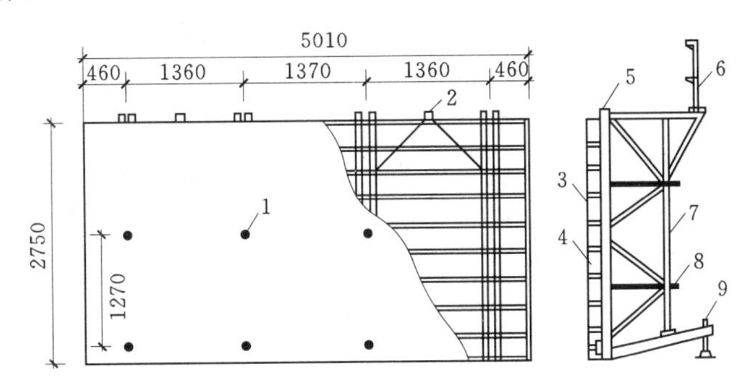

图 3-15　钢制平模构造示意图（单位：mm）

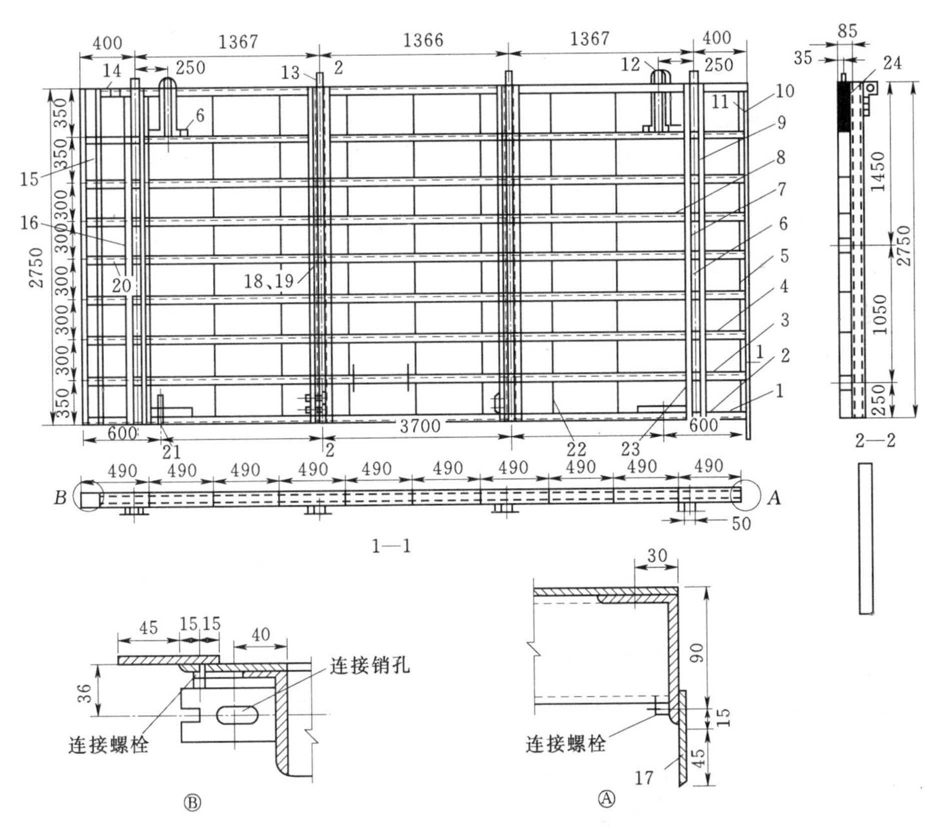


图 3-16　组合大模板板面系统组成

1—面板；2—底横肋（横龙骨）；3、4、5—横肋（横龙骨）；6、7—竖肋（竖龙骨）；8、9、22、23、24—小肋（扁钢竖肋）；10、17—拼缝扁钢；11、15—角龙骨；12—吊环；13—上卡板；14—顶横龙骨；16—撑板钢管；18—螺母；19—垫圈；20—沉头螺丝；21—地脚螺丝

2）组合式大模板。组合式大模板是目前最常用的一种模板形式。它通过固定于大模板板面的角模，可以把纵横墙的模板组装在一起，用以同时浇筑纵横墙的混凝土。并可适应不同开间、进深尺寸的需要，利用模数条模板加以调整。

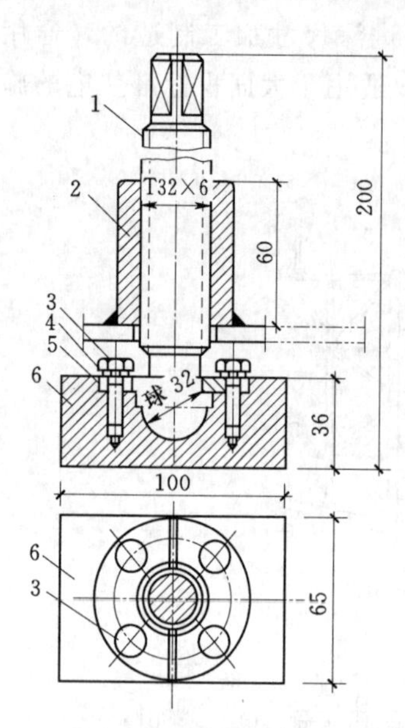


图 3-17　板面地脚螺栓

1—螺杆；2—螺母；3—螺钉；4—弹簧垫圈；5—盖板；6—方形底座

面板骨架由竖肋和横肋组成，直接承受面板传来的荷载。竖肋，一般采用 60mm×6mm 扁钢，间距 400～500mm；横肋（横龙骨），一般采用 8 号槽钢，间距为 300～350mm；竖龙骨采用成对 8 号槽钢，间距为 1000～1400mm（图 3-16）。

横肋与板面之间用断续焊，焊点间距在 20cm 以内。竖向龙骨与横肋之间要满焊，形成整体。

横墙模板的两墙，一端与内纵墙连接，端部焊扁钢，做连接件（图 3-16Ⓐ）；另一端与外墙板或外墙大模板连接，通过长销孔固定角钢；或通过扁钢与外墙大模板连接（图 3-16Ⓑ）。

纵墙大模板的两端，用角钢封闭。在大模板底部两端，各安装一个地脚螺栓，如图 3-17 所示，以调整模板安装时的水平度。

支撑系统——支撑系统由支撑架和地脚螺栓组成，其作用是承受风荷载和水平力，以防止模板倾覆（图 3-18），保持模板堆放和安装时的稳定。

支撑架一般用型钢制成，如图 3-18。每块大模板设 2～4个支撑架。支撑架上端与大模板竖向龙骨用螺栓连接，下部横杆槽钢端部设有地脚螺栓，用以调节模板的垂直度。模板自稳角的大小与地脚螺栓的可调高度及下部横杆长度有关。

操作平台——操作平台由脚手板和三角架构成，附有铁爬梯及护身栏。三脚架插入竖向龙骨的套管内，组装及拆除都比较方便。护身栏用钢管做成，上下可以活动，外挂安全网。每块大模板设置铁爬梯一个，供操作人员上下使用。

3）拆装式大模板。其板面与骨架以及骨架中各钢杆件之间的连接全部采用螺栓组装（图 3-19），这样比组合式大模板便于拆改，也可减少因焊接而变形的问题。

板面——板面与横肋用 M6 螺栓连接固定，其间距为 35cm。为了保证板面平整，板面材料在高度方向拼接时，应拼接在横肋上；在长度方向拼接时，应在接缝处后面铺一木龙骨。

骨架——横肋及周边边框全用 M16 螺栓连接成骨架，连接螺孔直径为 18mm。为了防止木质板面四周损伤，可在其四周加槽钢边框，槽钢型号应比中部槽钢大一个板面厚度。若采用 20mm 厚胶合板，普通横肋为 8 号槽钢，则边框应采用 10 号槽钢；若采用钢板板面，其边框槽钢与中部槽钢尺寸相同。各边框之间焊以 8mm 厚钢板，钻 $\phi18$ 的螺孔，用以互相连接。

竖向龙骨采用 10 号槽钢成对放置，用螺栓与横龙骨连接。

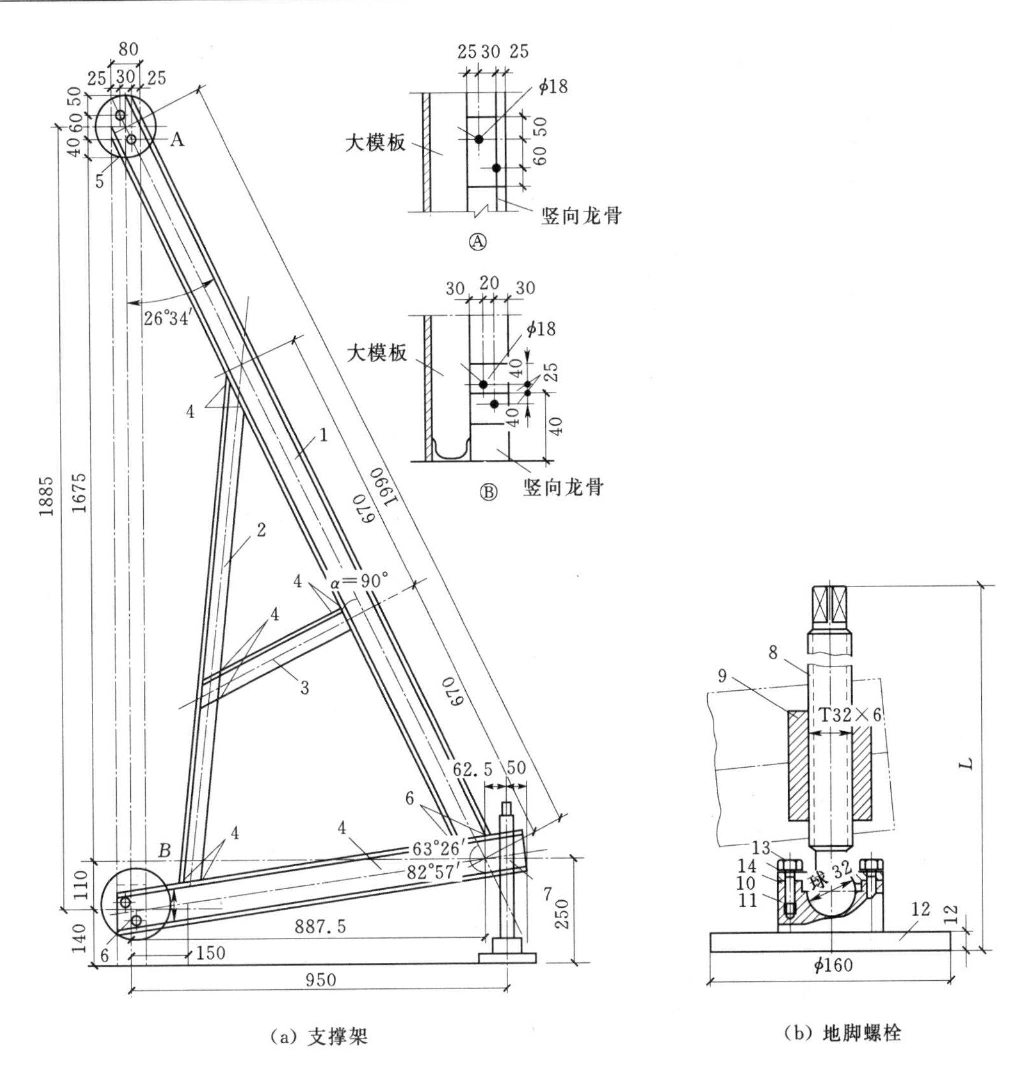


(a) 支撑架　　　　(b) 地脚螺栓

图 3-18　支撑架及地脚螺栓（单位：mm）

1—槽钢；2、3—角钢；4—下部横杆槽钢；5—上加强板；6—下加强板；7—地脚螺栓；8—螺杆；9—螺母；10—盖板；11—底座；12—底盘；13—螺钉；14—弹簧垫圈

骨架与支撑架及操作平台的连接方法与组合式模板相同。

(2) 外墙模板。

全现浇剪力墙混凝土结构的外墙模板结构与组合式大模板基本相同，但有所区别。除其宽度要按外墙开间设计外，还要解决以下几个问题：

1) 门窗洞口的设置。这个问题的习惯做法是：将门窗洞口部位的骨架取掉，按门窗洞口尺寸，在模板骨架上做一边框，并与模板焊接为一体，如图 3-20 所示。门、窗洞口的开洞宜在内侧大模板上进行，以便于捣固混凝土时进行观察。另一种做法是：在外墙内侧大模板上，将门、窗洞口部位的板面取掉，同样做一个型钢边框，并采取以下两种方法支设门、窗洞口模板。

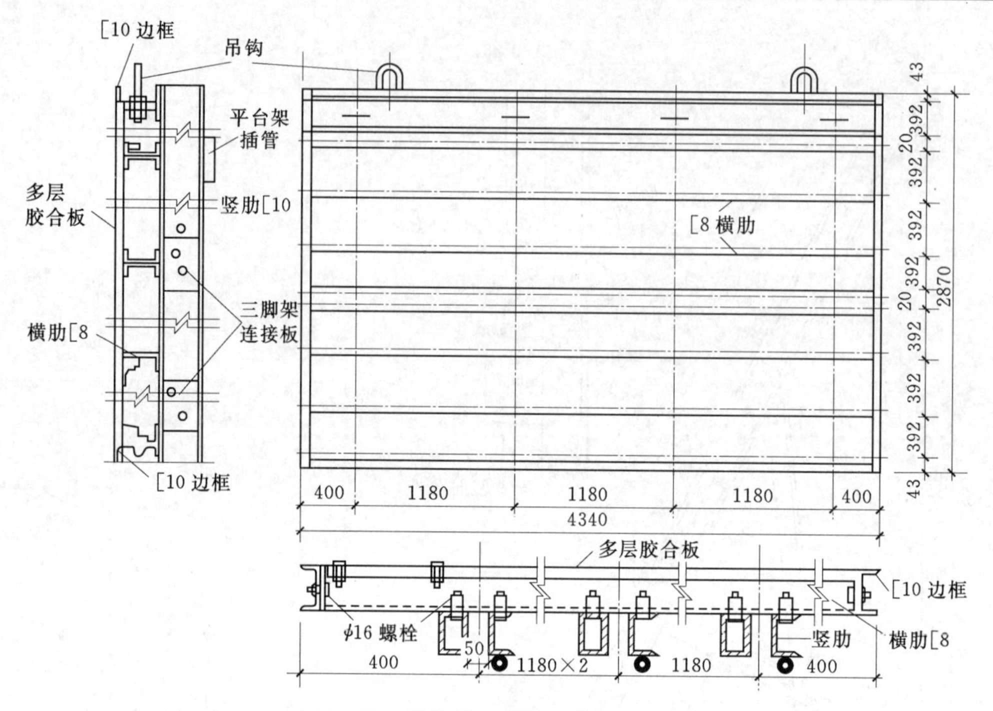


图 3-19 拼装式大模板（单位：mm）

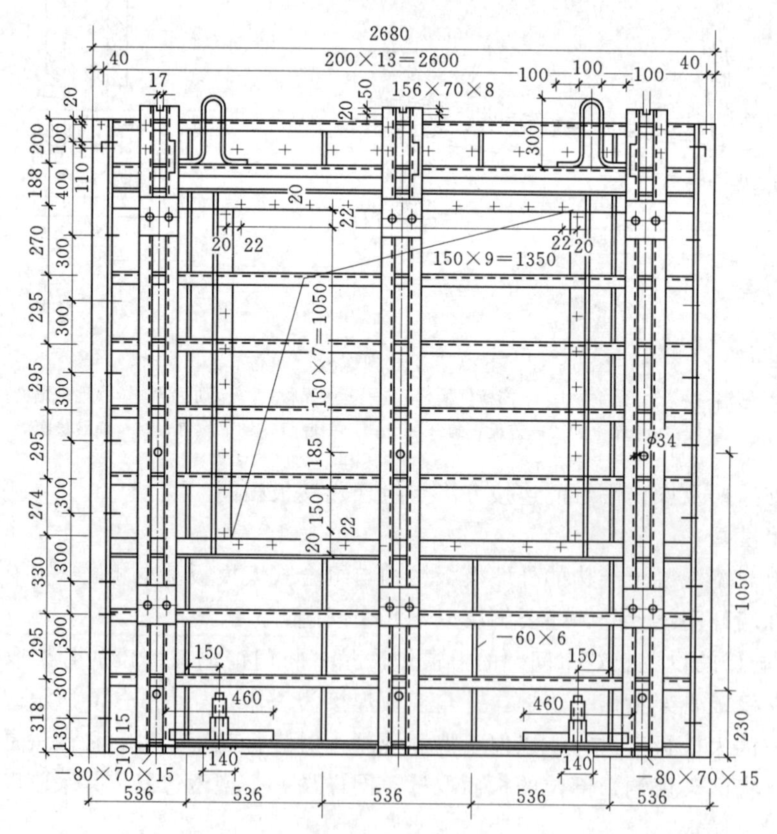


图 3-20 外墙大模板（窗洞口）（单位：mm）

a）散装散拆方法。按门、窗洞口尺寸先加工洞口的侧模和角模［图 3－21（a）、（b）］，钻连接销孔。在大模板骨架上按门、窗洞口尺寸焊接角钢边框，其连接销孔位置要和门、窗洞口模板一致。支模时，将门、窗洞口模板用 U 形卡与角钢固定［图 3－21（c）］。

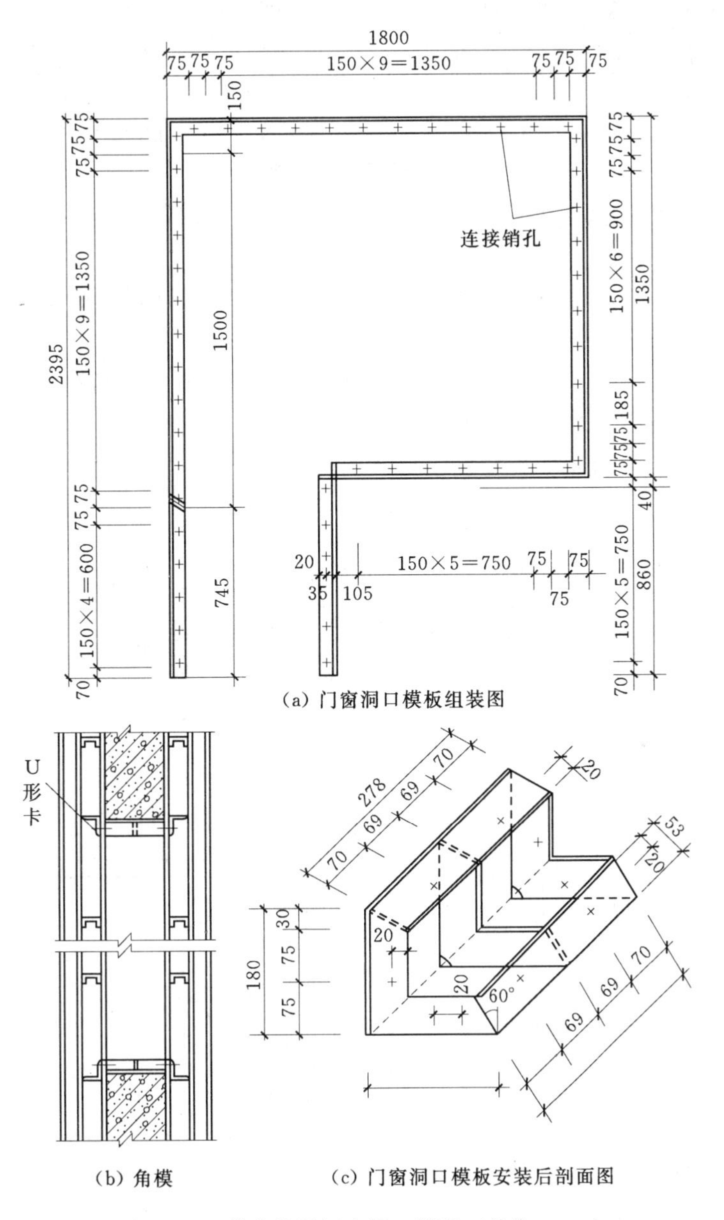


（a）门窗洞口模板组装图

（b）角模　　（c）门窗洞口模板安装后剖面图

图 3－21　散装散拆门窗洞口模板（单位：mm）

b）板角结方法。在模板面门、窗洞口各个角的部位设专用角模，门、窗洞口的各面作条形板模，各板模用合页固定在大模板板面上。支模时用钢筋钩将其支撑就位，然后安装角模。角模与侧模用企口缝连接，如图 3－22 所示。

目前最新的做法是：大模板板面不再开门窗洞口，门洞和窄窗采用假洞口框固定在大

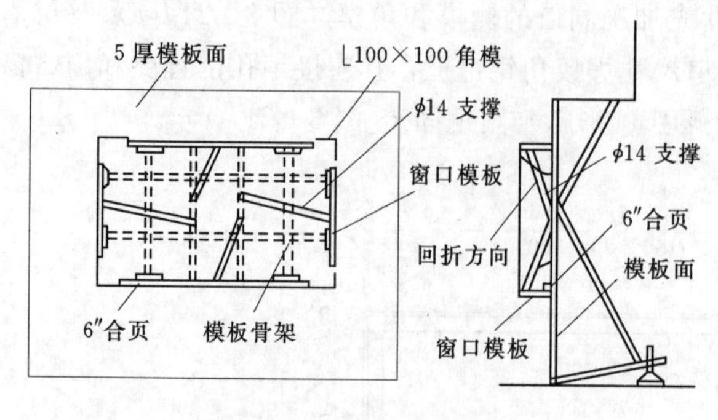


图 3-22　外墙窗口模板固定方法（单位：mm）

模板上，装拆方便。

2）外墙采用装饰混凝土时，要选用适当的衬模。装饰混凝土是利用混凝土浇筑时的塑性，依靠衬模形成有花饰线条和纹理质感的装饰图案，是一种新的饰面技术。它的成本低，耐久性好，能把结构与装修结合起来施工。

目前国内应用的衬模材料及其做法如下：

a）铁木衬模。用 2mm 厚铁皮加工成凹凸形图案，与大模板用螺栓固定。在铁皮的凸槽内，用木板填塞严实，如图 3-23 所示。

b）角钢衬模。用 30mm×30mm 角钢，按设计图案焊接在外墙外侧大模板板面即可，如图 3-24 所示。焊缝须磨光。角钢端部接头、角钢与模板的缝隙及板面不平处，均应用环氧砂浆嵌填、刮平、磨光，干后再涂刷环氧清漆两遍。

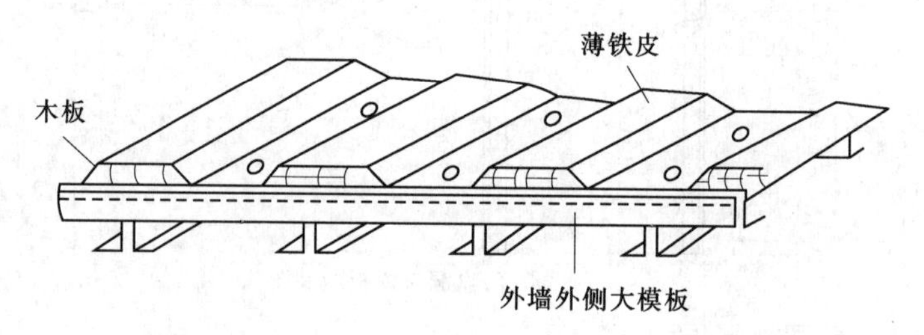


图 3-23　铁木衬模

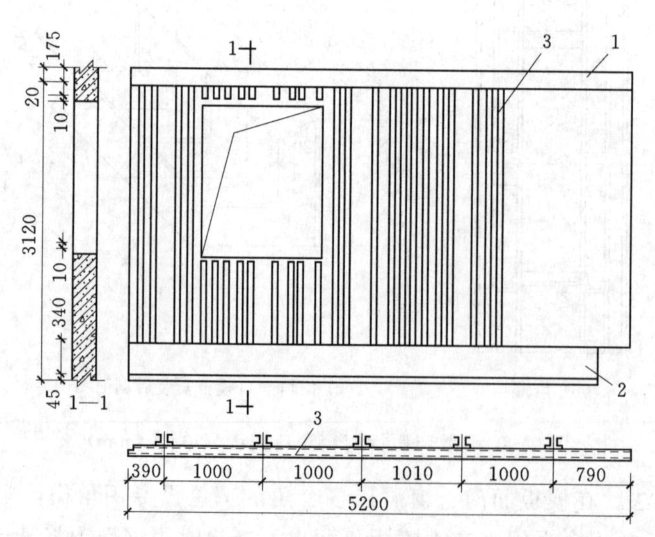


图 3-24　全现浇装饰混凝土外墙模板（单位：mm）

1—上口水平装饰线模位置；2—下口水平装饰线模位置；

3—30mm 瓜角钢竖线条模

c）橡胶衬模。若采用油类脱模剂，应选用耐热、耐油橡胶作衬模。一般在工厂按图案要求辊轧成型，在现场安装固定。线条的端部应做成45°斜角，以利于脱模。

d）梯形塑料条。将梯形塑料条用螺栓固定在大模板上。横向放置时要注意安装模板的标高，使其水平一致；竖向放置时，可长短不等，疏密相同。

3）保证外墙上下层不错台、不漏浆和相邻模板平顺问题。为了解决外墙竖线条上下层不顺直的问题，防止上、下楼层错台和漏浆，要在外墙外侧大模板的上端固定一条宽175mm、厚30mm、长度与模板宽度相同的硬塑料板，在其下部固定一条宽145mm、厚30mm的硬塑料板。为了能使下层墙体作为上层模板的导墙，在其底部连接固定一条12[槽钢，槽钢外面固定一条宽120mm、厚32mm的橡胶板，如图3－25、图3－26所示。浇筑混凝土后，墙体水平缝处形成两道腰线，可以作为外墙的装饰线。上部腰线的主要功能是在支模时将下部的橡胶板和硬塑料板卡在里边作导墙，橡胶板又起封浆条的作用。所以浇筑混凝土时，既可保证墙面平整，又可防止漏浆。

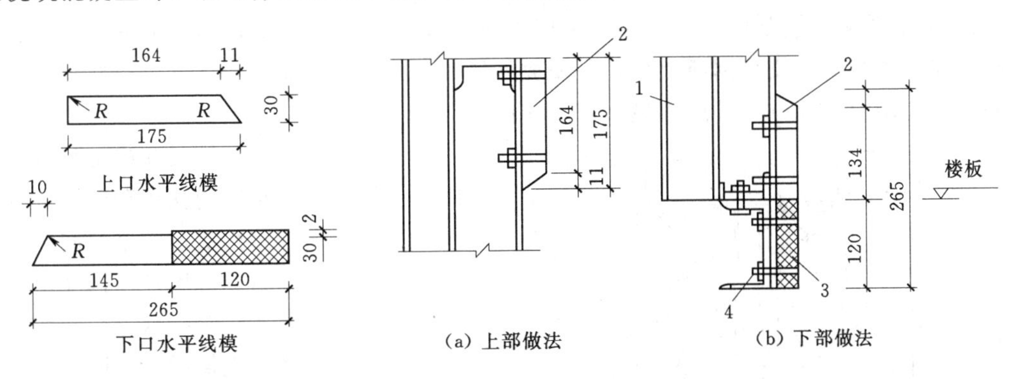


(a) 上部做法　　(b) 下部做法

图3－25　腰线条设置示意（单位：mm）

图3－26　腰线条设置示意（单位：mm）

1—模板；2—硬塑料板；3—橡胶板；4—连接槽钢

为保证相邻模板平整，要在相邻模板垂直接缝处用梯形橡胶条、硬塑料条或L30×4作堵缝条，用螺栓固定在两大模板中间，如图3－27所示。这样既可防止接缝处漏浆，又使相邻外墙中间有一个过渡带，拆模后可以作为装饰线或抹平。

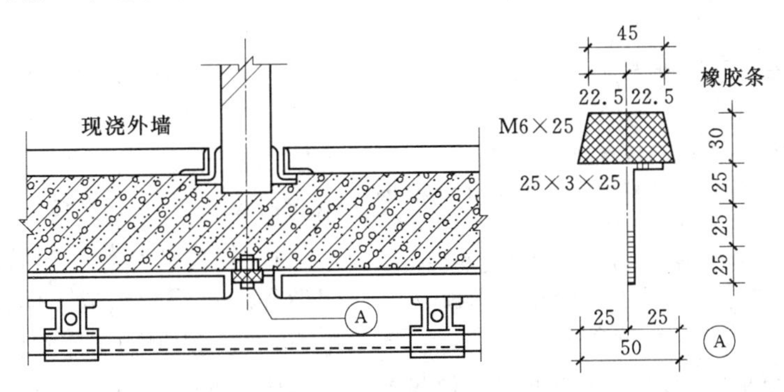


图3－27　外墙大模板垂直接缝处理（单位：mm）

4）外墙大角的处理。外墙大角处相邻的大模板，采取在边框上钻连接销孔，将1根80mm×80mm的角模固定在一侧大模板上。两侧模板安装后，用U形卡与另一侧模板连接固定，如图 3－28 所示。

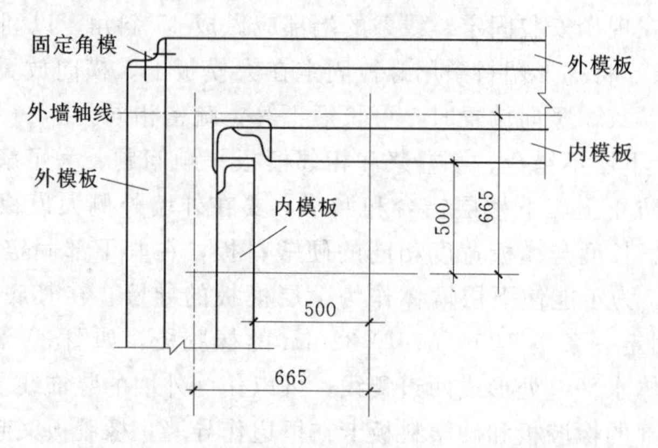


图 3－28　大角部位模板固定示意（单位：mm）

5）外墙外侧大模板的支设。一般采用外支安装平台方法。安装平台由三角挂架、平台板、安全护身栏和安全网所组成，是安放外墙大模板、进行施工操作和安全防护的重要设施。在有阳台的地方，外墙大模板安装在阳台上。

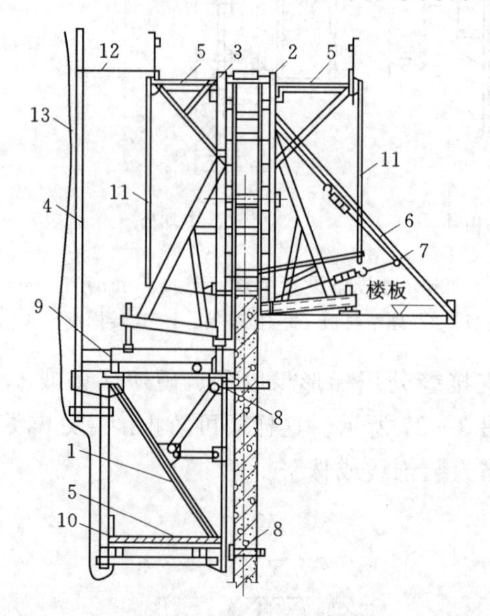


图 3－29　三角挂架平台

1—三角挂架；2—外墙内侧大模板；3—外墙外侧大模板；4—护身栏；5—操作平台；6—防侧移撑杆；7—防侧移位花篮螺栓；8—L形螺栓挂钩；9—模板支撑滑道；10—下层吊笼吊杆；11—上人爬梯；12—临时拉结；13—安全网

三角挂架是承受模板和施工荷载的构件，必须保证有足够的强度和刚度。各杆件用 2L50×5 焊接而成，每个开间内设置两个，通过 $\phi$40 的 L 形螺栓挂钩固定在下层外墙上，如图 3－29 所示。

平台板用型钢做横梁，上面焊接钢板或铺脚手架，宽度要满足支模和操作需要。其外侧设有可供两个楼层施工用的护身栏和安全网。为了施工方便，还可在三角挂架上用钢管和扣件做成上、下双层操作平台。即上层作结构施工用，下层平台进行墙面修补用。

(3) 电梯井模板。

用于高层建筑的电梯井模板，其井壁外围模板可以采用大模板，内侧模板可采用筒形模板（筒形提模）。

1）组合式提模。组合式提模由模板、门架和底盘平台组成。模板可以做成单块平模，也可以将四面模板固定在支撑架上。整体安装模板时，将支撑架外撑，模板就位；拆除模板时，吊装支撑架，模板收缩移位，即可将模板随支架同时拆除。单块模板支拆的程序如图 3－30 所示。

电梯井内的底盘平台，可做成工具式，伸入电梯间筒壁内的支撑杆可做成活动式。拆除时将活动支撑杆缩入套筒内即可，如图 3－31 所示。

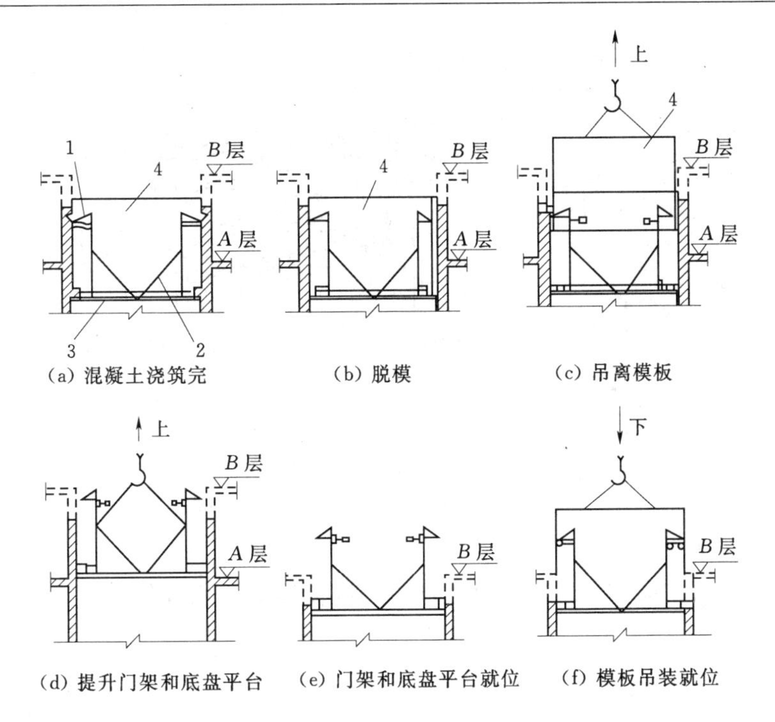


(a) 混凝土浇筑完　(b) 脱模　(c) 吊离模板

(d) 提升门架和底盘平台　(e) 门架和底盘平台就位　(f) 模板吊装就位

图 3-30　电梯井组合式提模施工程序

1—支顶模板的可调三脚架；2—门架；3—底盘平台；4—模板

2）组合式铰接筒形模。组合式铰接筒形模的面板由钢框胶合板模板或组合式钢模板拼装而成，在每个大角用钢板铰链拼成三角铰，并用铰链与模板板面连成一体，如图 3-32 所示，通过脱模器使模板启合，达到支拆模板的目的。筒形模的吊点设在 4 块墙模的上部，由 4 个吊索起吊。

大模板当采用钢框覆面胶合板模板组成，连同铰接角膜一起，可组成任意规格尺寸的大模板。模板背面用 50mm×100mm 方钢管连接，横向方钢管龙骨外侧再用同样钢管作竖向龙骨。

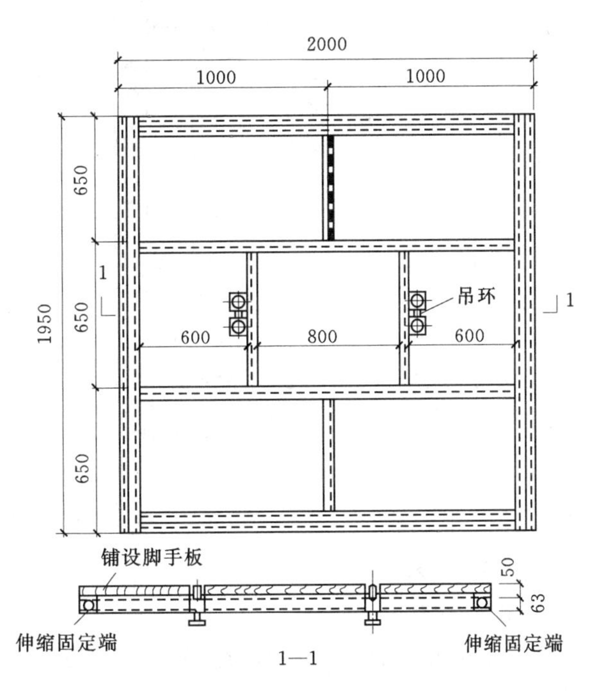


图 3-31　电梯间工具式支模平台

（单位：mm）

铰接式角模除作为筒模的一个组成部分外，其本身还具有支模和拆模的功能。支模时，角模张开，两翼呈 90°；拆模时，两翼收拢。角模有三个铰链轴，即 $A$、$B_1$、$B_2$，如图 3-33（b）所示，当脱模时，脱模器牵动相邻的大模板，

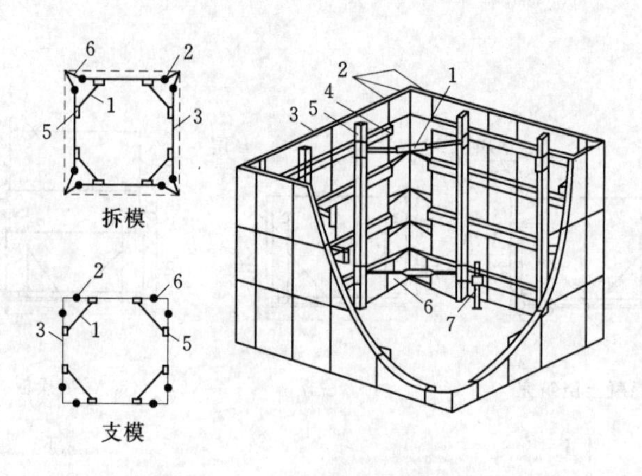


图 3-32　铰接式筒形模

1—脱模器；2—铰链；3—组合式模板；4—横龙骨；5—竖龙骨；6—三角铰；7—支腿

使其脱离相应墙面的内链板 $B_1$、$B_2$ 轴，同时外链板移动，时 $A$ 轴也脱离墙面，这样就完成了脱模工作。

角膜和脱模器构造，如图 3-33 所示。

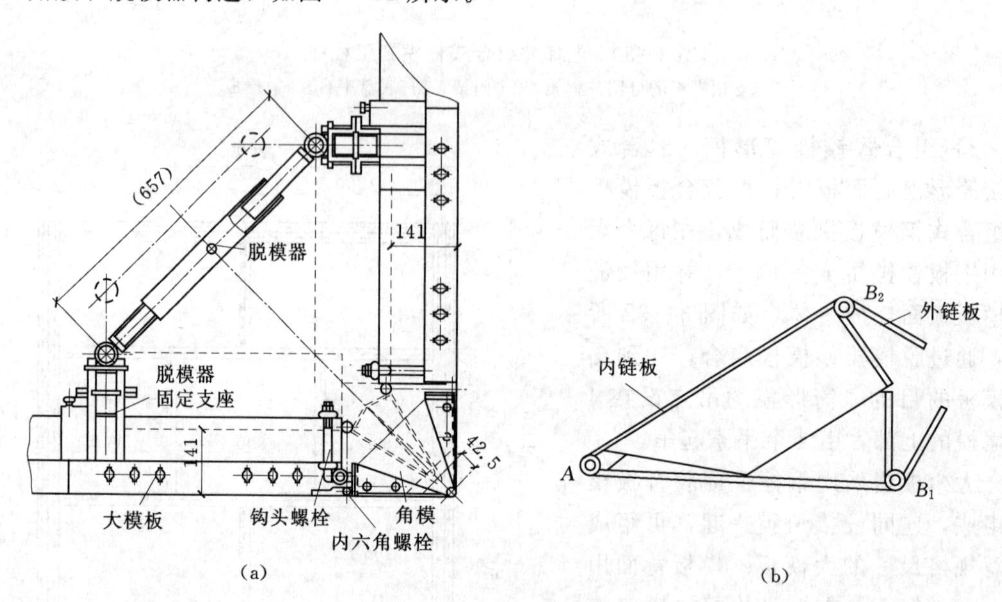


图 3-33　角模及脱模器构造

## 二、模板设计

1. 设计原则

(1) 模板的设计应与建筑设计配套。规格类型要少，通用性要强，能满足不同平面组合的需要。

(2) 力求构造简单合理，装拆灵活方便。

(3) 模板的组合，尽量做到纵、横墙体能同时浇筑混凝土。

(4) 坚固耐用，经济合理。大模板的设计首先要满足刚度要求，确保大模板在堆放、组装、拆除时的自身稳定，以增强其周转使用次数。同时应采用合理的结构和恰当地选用钢材规格，以减少一次投资量。

2. 大模板的配制

(1) 按建筑平面确定模板型号。

根据建筑平面和轴线尺寸，凡外形尺寸和节点构造相同的模板均可列为同一型号。当节点相同、外形尺寸变化不大时，则以常用的开间尺寸为基准模板，另配模板条。

(2) 按施工流水段确定模板数量。

为了便于大模板周转使用，常温情况下一般以一天完成一个流水段为宜。所以，必须根据一个施工流水段轴线的多少来配置大模板。同时还必须考虑特殊部位的模板配置问题，如电梯间墙体、全现浇筑工程中山墙和伸缩缝部位的模板数量。

(3) 根据房间的开间、进深、层高确定模板的外形尺寸。

1) 模板高度。与层高和模板厚度有关，一般可以通过下式确定：

$$H=h-h_1-C_1 \tag{3-1}$$

式中　$H$——模板高度，mm；

$h$——楼层高度，mm；

$h_1$——楼板厚度，mm；

$C_1$——余量，考虑到模板找平层砂浆厚度及模板安装不平等因素而采用的一个常数，通常取 20～30mm。

2) 横墙模板长度。横墙模板长度与进深轴线、墙体厚度以及模板的搭接方法有关，按下式计算：

$$L=L_1-L_2-L_3-C_2 \tag{3-2}$$

式中　$L$——内横墙模板长度，mm；

$L_1$——进深轴线尺寸，mm；

$L_2$——外墙轴线至外墙内表面的尺寸，mm；

$L_3$——内墙轴线至墙面的尺寸，mm；

$C_2$——为拆模方便，外端设置一角模，其宽度通常取 50mm。

3) 纵墙模板长度。纵墙模板长度与开间轴线尺寸、墙体厚度、横墙模板厚度有关，按下式确定：

$$B=b_1-b_2-b_3-C_3 \tag{3-3}$$

式中　$B$——纵墙模板长度，mm；

$b_1$——开间轴线尺寸，mm；

$b_2$——内横墙厚度，mm，端部纵横墙模板设计时，此尺寸为内横墙厚度的 1/2 加外轴线到内墙皮的尺寸；

$b_3$——横墙模板厚度的 2 倍，mm；

$C_3$——模板搭接余量，为使模板能适应不同的墙体厚度，故取一个常数，通常取 20mm。

(4) 加工质量要求。

1）加工制作模板所用的各种材料与焊条，以及模板的几何尺寸必须符合设计要求。

2）各部位焊接牢固，焊缝尺寸符合设计要求，不得有漏焊、夹渣、咬肉、开焊等现象。

3）毛刺、焊渣要清理干净，防锈漆涂刷均匀。

4）质量允许偏差，应符合规定。

**三、施工要点及注意事项**

1．施工流水段划分的原则

流水段的划分，要根据建筑物的平面、工程量、工期要求和机具设备条件综合考虑。一般应注意以下几点：

(1) 尽量使各流水段的工程量大致相等，模板的型号、数量基本一致，劳动力配备相对稳定，以利于组织均衡施工。

(2) 要使各流水段的吊装次数大致相等，以便充分发挥垂直起重设备的能力。

(3) 采取有效的技术组织措施，做到每天完成一个流水段的支模、拆模工序，使大模板得到充分的利用。即配备一套大模板，按日夜两班制施工，每 24h 完成一个施工流水段，其流水段的范围是几条轴线（指内横轴线）。另外，根据流水段的范围，计算全部工程量和所需的吊装次数，以确定起重设备（一般采用塔式起重机）的台数；其次是确定施工周期。由于大模板工程的施工周期与结构施工的一些技术要求（如墙体混凝土达到 $1N/mm^2$，方可拆模；达到 $4N/mm^2$，方可安装楼板）有关，因此，施工周期的长短，与每个施工流水段能否实现 24h 完成有密切关系。如一栋全现浇大模板工程共为 5 个单元（每个单元 5 条轴线），流水段的范围定为 5 条轴线，则施工周期为 5d 一层。

2．内墙大模板安装和拆除

(1) 大模板运到现场后，要清点数量，核对型号。清除表面锈蚀和焊渣，板面拼缝处要用环氧树脂腻子嵌缝。背面涂刷防锈漆，并用醒目字体注明编号，以便安装时对号入座。

大模板的三角挂架、平台、护身栏以及背面的工具箱，必须经全部检查合格后，方可组装就位。对模板的自稳角要进行调试，检测地脚螺栓是否灵便。

(2) 大模板安装前，应将安装处的楼面清理干净。为防止模板缝隙偏大出现漏浆，一般可采取在模板下部抹找平层砂浆，待砂浆凝固后再安装模板；或在墙体部位用专用模具，先浇筑高 5～10cm 的混凝土导墙，然后再安装模板。

(3) 安装模板时，应按顺序吊装就位。先安装横墙一侧的模板，靠吊垂直后，放入穿墙螺栓和塑料套管，然后安装另一侧的模板，并经靠吊垂直后才能旋紧穿墙螺栓。横墙模板安装完毕后，再安装纵墙模板。墙体的厚度主要靠塑料套管和导墙来控制。因此，塑料套管的长度必须和墙体厚度一致。

(4) 靠吊模板的垂直度，可采用 2m 长双十字靠尺检查，如图 3-34 所示。如板面不垂直或横向不水平，必须通过支撑架地脚螺栓或模板下部的地脚螺栓进行调整。

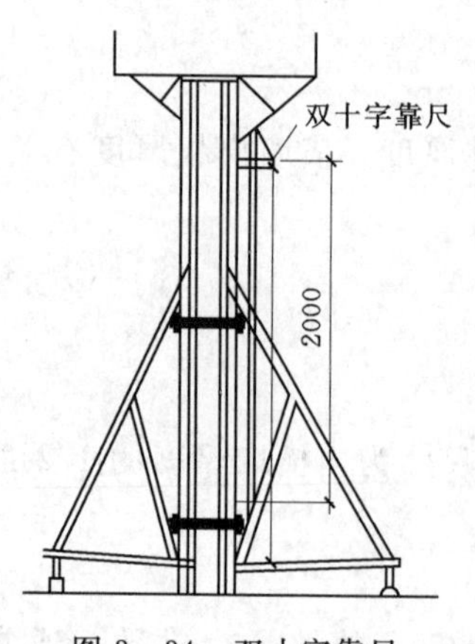


图 3-34 双十字靠尺（单位：mm）

(5) 大模板安装后，如底部仍有空隙，应用水泥纸袋或木条塞紧，以防漏浆。但不可

将其塞入墙体内，以免影响墙体的断面尺寸。

（6）楼梯间墙体模板的安装，可采用楼梯间支模平台方法。为了解决好上下墙体接搓处不漏浆，可采用以下两种方法。

1）把圈梁模板与墙体大模板连接为一体，同时施工。做法是：针对圈梁高 13cm，把 1 根 24 号槽钢切割成 140mm 和 100mm 高两根，长度依据楼梯休息平台到外墙的净空尺寸下料。然后将切割的槽钢搭接 30mm 对焊在一起。在槽钢下侧打孔，用 $\phi6$ 螺栓和 3mm×50mm 的扁钢固定两道 b 字形橡皮条［图 3－35（a）］。在圈梁槽钢模板与楼梯平台相交处，根据平台板的形状做成企口，并留出 20mm 空隙，以便于支拆模板，如图 3－35（b）所示。

圈梁模板要与大模板用螺栓连接固定在一起。其缝隙应用环氧树脂腻子嵌平。

2）直接用 20 号或 16 号槽钢与大模板连接固定，槽钢外侧用扁钢固定 b 形橡皮条，如图 3－36 所示。

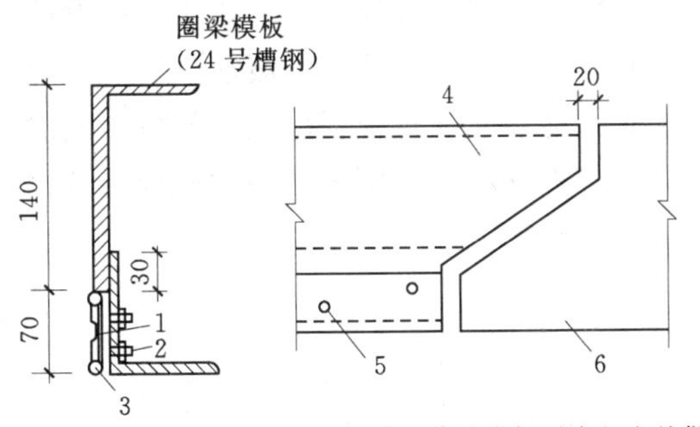


图 3－35 楼梯间圈梁模板做法之一（单位：mm）
1—压胶条的扁钢 3mm×50mm；2—$\phi6$ 螺栓；3—b 形橡胶条；4—用［24 槽钢改制的圈梁模板，长度按楼梯段决定；5—$\phi6.5$ 螺孔，间距 150mm；6—楼梯平台板

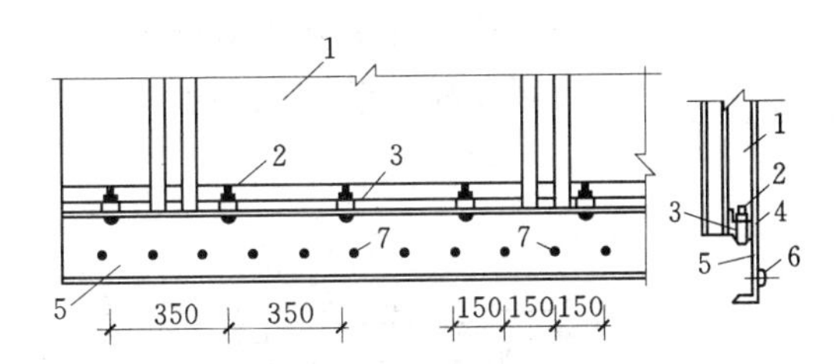


图 3－36 楼梯间圈梁模板作法之二（单位：mm）
1—大模板；2—连接螺栓（$\phi18$）；3—螺母垫；4—模板角钢；5—圈梁模板（20 号或 16 号）；6—橡皮条压板（3mm×30mm）；7—橡皮条连接螺孔

3）楼梯间墙模板支设，要注意直接引测轴线，以保证放线精度。先安装一侧模板，并将圈梁模板与下层墙体贴紧，靠吊垂直后，用 100mm×100mm 的木方撑牢，如图 3－37 所示。

（7）大模板连接固定圈梁模板后，与后支架高低不一致。为保证安全，可在地脚螺栓下部嵌 100mm 高的垫木，以保持大模板的稳定，防止倾倒伤人。

3. 外墙大模板安装和拆除

（1）施工时要弹好模板的安装位置线，保证模板就位准确。安装外墙大模板时，要注意上下楼层和相邻模板的平整度和垂直。要利用外墙大模板的硬塑料条压紧下层外墙，防止漏浆。并用倒链和钢丝绳将外墙大模板与内墙拉接固定，严防振捣混凝土时模板发生位移。

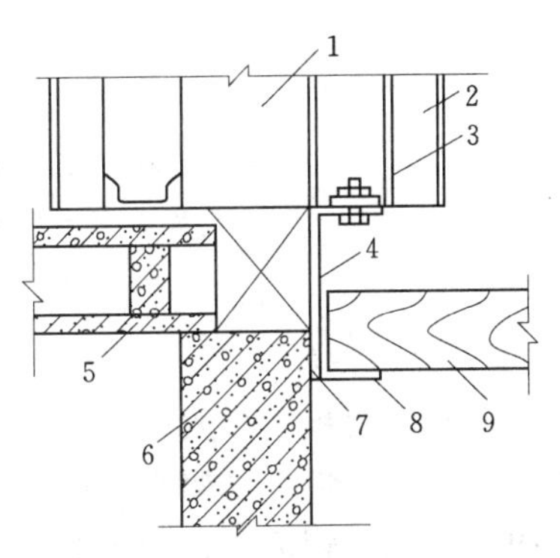


图 3－37 楼梯间墙支模示意图
1—上层墙体；2—大模板；3—连接螺栓；4—圈梁；5—圆孔楼板；6—下层墙体；7—橡皮条；8—圈梁模板；9—木横撑

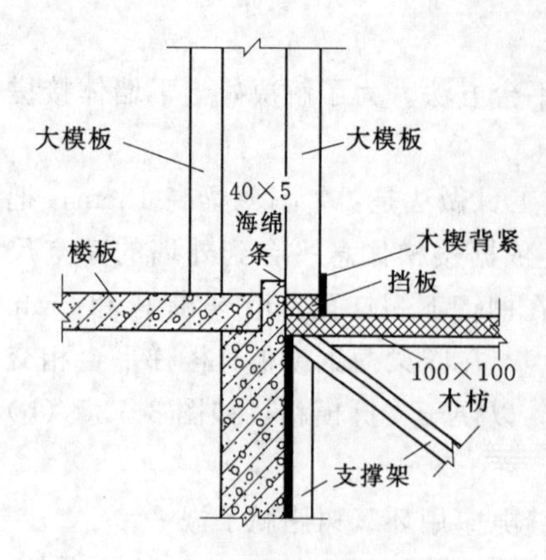


图 3-38　大模板底部导墙支模图
（单位：mm）

（2）为了保证外墙面上、下层平整一致，还可以采用“导墙”的做法。即将外墙大模板加高（视现浇楼板厚度而定），使下层的墙体作为上层大模板的导墙，在导墙与大模板之间，用泡沫条填塞，防止漏浆，可以做到上下层墙体平整一致，如图 3-38 所示。

（3）外墙后施工时，在内横墙端部要留好连接钢筋，做好堵头模板的连接固定。

（4）如果外墙采用装饰混凝土，拆模时不能沿用传统的方法。可在外侧模板后支架的下部，安装与板面垂直的滑动轨道（图 3-39），使模板做前后和左右移动。每根轨道上均有顶丝，模板就位后用顶丝将地脚顶住，防止前后移动。滑动轨道两端滚轴位置的下部，各设 1 个轨枕，如图 3-39 所示，内装与轨道滚动轴承方向垂直的滚动轴承。轨道坐落在滚动轴承上，可左右移动。滑动轨道与模板地脚连接。通过模板后支架与模板同时安装和拆除。这样，在拆除外侧模板时，可以先水平向外移动一段距离，使大模板与墙面脱离，防止因拆模碰坏装饰混凝土。

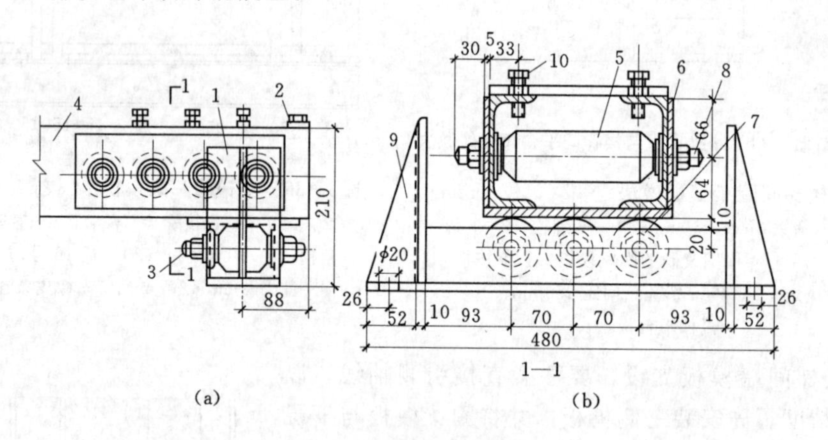


图 3-39　模板滑动轨道及轨枕滚轴（单位：mm）
1—支架；2—端板；3、8—轴辊；4—活动装置骨架；5、7—轴滚；
6—垫板；9—加强板；10—螺栓顶丝

4. 安全要求

（1）大模板的存放应满足自稳角的要求，并采取面对面存放。长期存放模板，应将模板连成整体。没有支架或自稳角不足的大模板，要存放在专用的插放架上，或平卧堆放，不得靠在其他物体上，防止滑移倾倒。在楼层内存放大模板时，必须采取可靠的防倾倒措施。遇有大风天气，应将大模板与建筑物固定。

（2）大模板必须有操作平台、上人梯道、防护栏杆等附属设施，如有损坏应及时补修。

（3）大模板起吊前，应将吊装机械位置调整适当，稳起稳落，就位准确，严禁大幅度摆动。

（4）大模板安装就位后，应及时用穿墙螺栓、花篮螺栓将全部模板连接成整体，防止倾倒。

（5）全现浇大模板工程在安装外墙外侧模板时，必须确保三角挂架、平台或爬模提升架安装牢固。外侧模板安装后，应立即穿好销杆，紧固螺栓。安装外侧模板、提升架及三角挂架的操作人员必须挂好安全带。

（6）模板安装就位后，要采取防止触电保护措施，将大模板串联起来，并同避雷网接通，防止漏电伤人。

（7）大模板组装或拆除时，指挥和操作人员必须站在安全可靠的地方，防止意外伤人。

（8）模板拆模起吊前，应检查所有穿墙螺栓是否全都拆除。在确无遗漏、模板与墙体完全脱离后，方准起吊。拆除外墙模板时，应先挂好吊钩，绷紧吊索，门、窗洞口模板拆除后，再行起吊。待起吊高度越过障碍物后，方准行车转臂。

（9）大模板拆除后，要加以临时固定，面对面放置，中间留出 60cm 宽的人行道，以便清理和涂刷脱模剂。

（10）提升架及外模板拆除时，必须检查全部附墙连接件是否拆除，操作人员必须挂好安全带。

（11）筒形模可用拖车整体运输，也可拆成平板用拖车重叠放置运输。平板重叠放置时，垫木必须上下对齐，绑扎牢固。

# 学习单元三　（剪力墙）钢筋工程施工

**【项目描述】**

通过剪力墙平法施工图的识读，进行剪力墙钢筋的下料、绑扎等工作，熟悉剪力的墙构造及钢筋类型，掌握剪力墙施工图的平面整体表示方法，掌握剪力墙钢筋工程的施工流程及施工要点。

**【任务描述】**

根据施工图纸识读剪力墙平法施工图，并根据图纸内容进行剪力墙钢筋的下料、绑扎等工作。

**【能力目标】**

（1）能够正确识读剪力墙的平法结构施工图。

（2）能够根据图纸进行剪力墙钢筋的计算、下料及绑扎等工作。

**【知识目标】**

（1）熟悉剪力墙的构造和钢筋组成。

（2）掌握剪力墙施工图的平面整体表示方法。

（3）掌握剪力墙钢筋工程施工的流程及施工要点。

# 任务一　剪力墙施工图识读

【引例 3-1】　你知道图 3-40 绑扎的是什么构件的钢筋吗？

图 3-40　某工地剪力墙钢筋绑扎现场

思考：什么是剪力墙？建筑中为什么要设置剪力墙？剪力墙的构件组成有哪些？

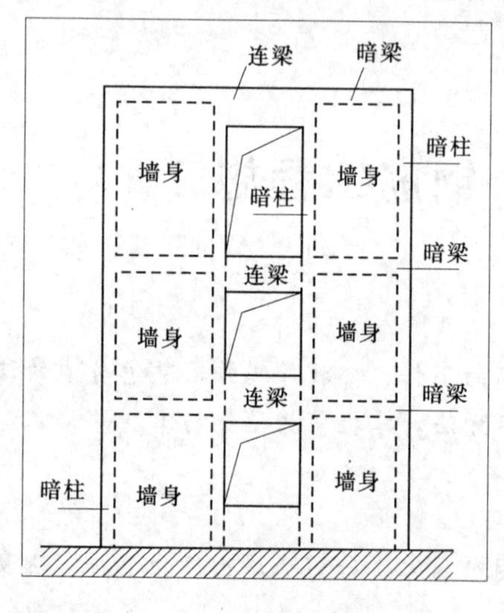


图 3-41　剪力墙的构件组成

剪力墙又称抗风墙或抗震墙、结构墙，是房屋或构筑物中主要承受风荷载或地震作用引起的水平荷载，能够防止结构剪切破坏，分平面剪力墙和筒体剪力墙。剪力墙由剪力墙柱、剪力墙身和剪力墙梁三类构件构成组成，简称“一墙、二柱、三梁”，即剪力墙包含一种墙身、两种墙柱、三种墙梁，如图 3-41 所示。

（1）一种墙身：就是一道钢筋混凝土的墙，常见厚度在 200mm 以上，一般配置两排及两排以上的钢筋网。剪力墙身的钢筋网通常设置水平分布筋和竖向分布筋（即垂直分布筋）。布置钢筋时，把水平分布筋放在外侧，竖向分布筋放在水平分布筋的内侧。因此，剪力墙的保护层是针对水平分布筋来说的。剪力墙身水平钢筋构造如图 3-42 所示。

（2）两种墙柱：暗柱和端柱。

暗柱的宽度等于墙的厚度，所以暗柱隐藏在墙内看不见；端柱的宽度比墙厚度要大，凸出墙面。暗柱包括直墙暗柱、翼墙暗柱和转角暗柱；端柱包括直墙端柱、翼墙端柱和转角端柱。在《混凝土结构施工图平面整体表示方法制图规则和构造详图》（11G101—1）（以后简称 11G101—1）中，把暗柱和端柱统称为“边缘构件”，这是因为这些构件被设置

在墙肢的边缘部位，边缘构件又分为“构造边缘构件”（GBI）和“约束边缘构件”（YBG）两大类。

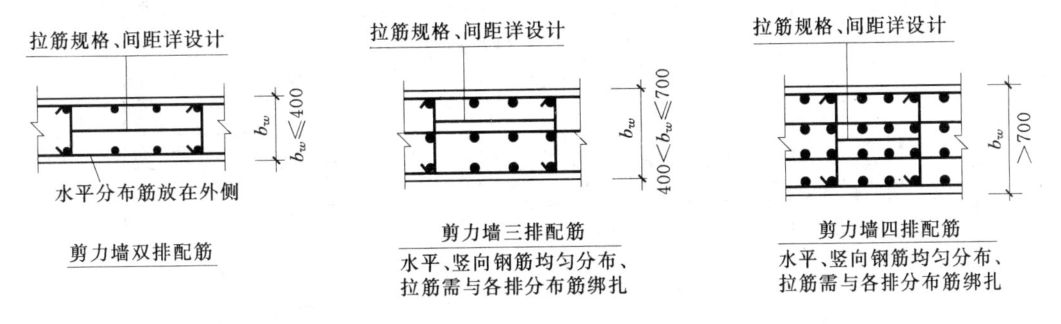


图 3-42 剪力墙身水平钢筋构造（单位：mm）

特别提示：约束边缘构件（约束边缘暗柱和约束边缘端柱）应用在抗震等级较高的建筑，构造边缘构件（构造边缘暗柱和构造边缘端柱）应用在抗震等级较低的建筑。有时，同一栋建筑，在下部楼层（如二层及以下）采用约束边缘构件，而到上面的楼层采用构造边缘构件，这样在同一位置上的暗柱，在下部楼层（如二层及以下）的楼层编号为 YBZ，而到了上面的楼层就变成了 GBZ，在读图时尤其要注意这点。

（3）三种墙梁：连梁（LL）、暗梁（AL）和边框梁（BKL）。

连梁其实是一种特殊的墙身，它是上下楼层窗（门）洞口之间的那部分水平的窗间墙。

暗梁与暗柱有些共同性，因为他们都是隐藏在墙身内部看不见的构件，它们都是墙身的一个组成部分，事实上，剪力墙的暗梁和砖混结构的圈梁有共同之处，它们都是墙身的一个水平性“加强带”，一般设置在楼板之下（即暗梁的顶标高一般与板顶标高相齐）。

边框梁与暗梁有很多共同之处，边框梁也是一般设置在楼板以下部位，但边框梁的截面宽度比暗梁宽，也就是说，边框梁的截面宽度大于墙身厚度，因而形成了凸出剪力墙面的一个边框。

思考：图 3-43 为某工程－0.030～12.270 剪力墙平法施工图，你能读懂图中的代号、尺寸的含义吗？能用下图进行算量和施工吗？

**【实训项目】** 根据施工图纸识读剪力墙平法施工图，并撰写识图报告。

## 一、剪力墙的平面表示方法

剪力墙平法施工图在平面布置图上采用列表注写方式或截面注写方式表达。剪力墙平面布置可采用适当比例单独绘制，也可与柱或梁平面布置图合并绘制。当剪力墙平面布置图较复杂或采用截面注写方式时，应按标准层分别绘制剪力墙平面布置图。

### 1. 列表注写方式

列表注写方式，即分别在剪力墙柱表、剪力墙身表和剪力墙梁表中，对应于剪力墙平面布置图上的编号，用绘制截面配筋图并注写几何尺寸与配筋具体数值的方式来表达剪力墙平法施工图，如图 3-43 所示。

剪力墙柱和剪力墙梁的编号都是由构件代号和序号组成，墙柱编号见表 3-2，墙梁编号见表 3-3。剪力墙身除了构件代号和序号外，还要注写墙身所配置的水平与竖向分

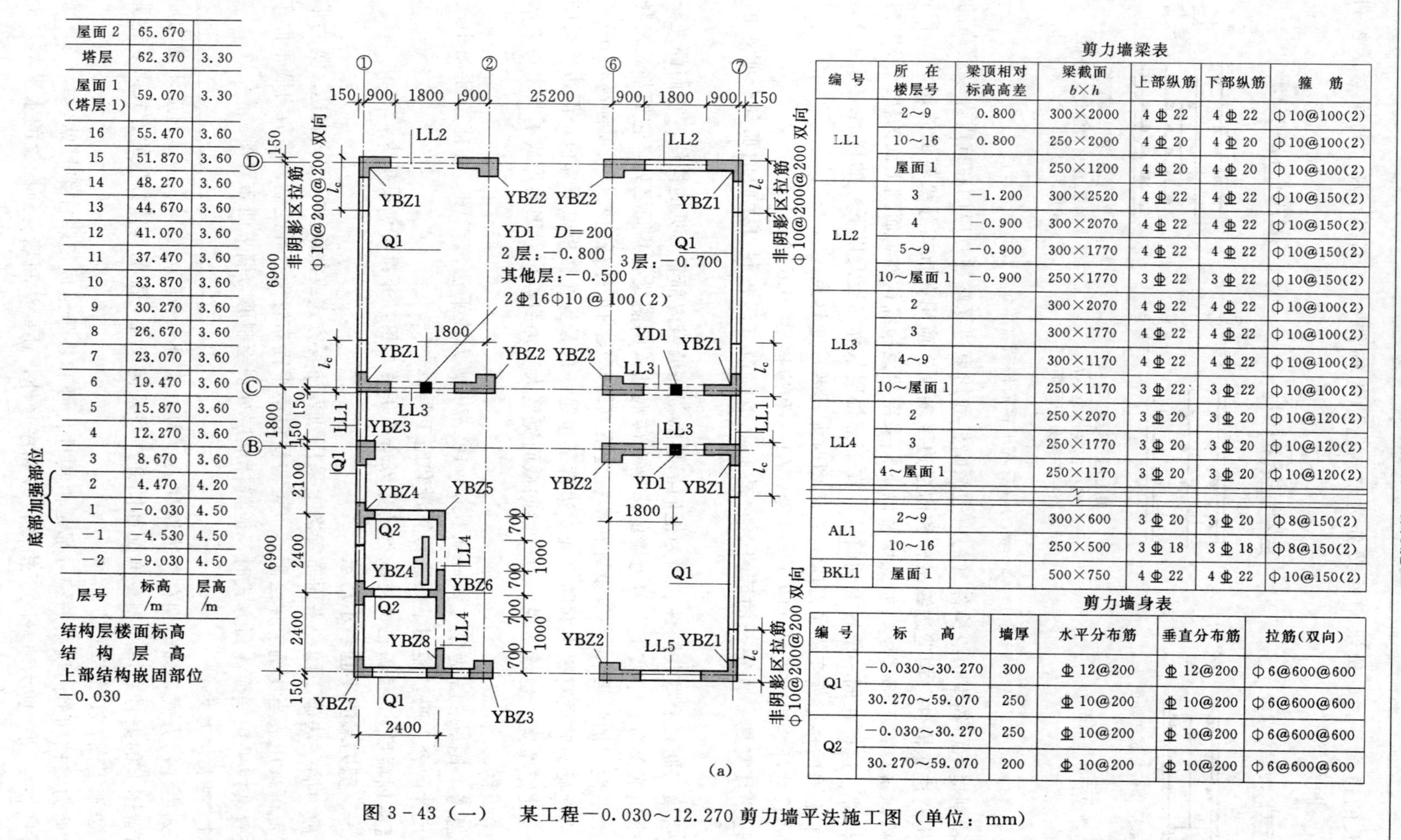


| 层号 | 标高/m | 层高/m |
|---|---|---|
| 屋面2 | 65.670 | |
| 塔层 | 62.370 | 3.30 |
| 屋面1（塔层1） | 59.070 | 3.30 |
| 16 | 55.470 | 3.60 |
| 15 | 51.870 | 3.60 |
| 14 | 48.270 | 3.60 |
| 13 | 44.670 | 3.60 |
| 12 | 41.070 | 3.60 |
| 11 | 37.470 | 3.60 |
| 10 | 33.870 | 3.60 |
| 9 | 30.270 | 3.60 |
| 8 | 26.670 | 3.60 |
| 7 | 23.070 | 3.60 |
| 6 | 19.470 | 3.60 |
| 5 | 15.870 | 3.60 |
| 4 | 12.270 | 3.60 |
| 3 | 8.670 | 3.60 |
| 2 | 4.470 | 4.20 |
| 1 | −0.030 | 4.50 |
| −1 | −4.530 | 4.50 |
| −2 | −9.030 | 4.50 |

结构层楼面标高
结构层高
上部结构嵌固部位
−0.030

剪力墙梁表

| 编号 | 所在楼层号 | 梁顶相对标高高差 | 梁截面 $b \times h$ | 上部纵筋 | 下部纵筋 | 箍筋 |
|---|---|---|---|---|---|---|
| LL1 | 2～9 | 0.800 | 300×2000 | 4Ф22 | 4Ф22 | Φ10@100(2) |
| | 10～16 | 0.800 | 250×2000 | 4Ф20 | 4Ф20 | Φ10@100(2) |
| | 屋面1 | | 250×1200 | 4Ф20 | 4Ф20 | Φ10@100(2) |
| LL2 | 3 | −1.200 | 300×2520 | 4Ф22 | 4Ф22 | Φ10@150(2) |
| | 4 | −0.900 | 300×2070 | 4Ф22 | 4Ф22 | Φ10@150(2) |
| | 5～9 | −0.900 | 300×1770 | 4Ф22 | 4Ф22 | Φ10@150(2) |
| | 10～屋面1 | −0.900 | 250×1770 | 3Ф22 | 3Ф22 | Φ10@150(2) |
| LL3 | 2 | | 300×2070 | 4Ф22 | 4Ф22 | Φ10@100(2) |
| | 3 | | 300×1770 | 4Ф22 | 4Ф22 | Φ10@100(2) |
| | 4～9 | | 300×1170 | 4Ф22 | 4Ф22 | Φ10@100(2) |
| | 10～屋面1 | | 250×1170 | 3Ф22 | 3Ф22 | Φ10@100(2) |
| LL4 | 2 | | 250×2070 | 3Ф20 | 3Ф20 | Φ10@120(2) |
| | 3 | | 250×1770 | 3Ф20 | 3Ф20 | Φ10@120(2) |
| | 4～屋面1 | | 250×1170 | 3Ф20 | 3Ф20 | Φ10@120(2) |
| AL1 | 2～9 | | 300×600 | 3Ф20 | 3Ф20 | Φ8@150(2) |
| | 10～16 | | 250×500 | 3Ф18 | 3Ф18 | Φ8@150(2) |
| BKL1 | 屋面1 | | 500×750 | 4Ф22 | 4Ф22 | Φ10@150(2) |

剪力墙身表

| 编号 | 标高 | 墙厚 | 水平分布筋 | 垂直分布筋 | 拉筋(双向) |
|---|---|---|---|---|---|
| Q1 | −0.030～30.270 | 300 | Ф12@200 | Ф12@200 | Φ6@600@600 |
| | 30.270～59.070 | 250 | Ф10@200 | Ф10@200 | Φ6@600@600 |
| Q2 | −0.030～30.270 | 250 | Ф10@200 | Ф10@200 | Φ6@600@600 |
| | 30.270～59.070 | 200 | Ф10@200 | Ф10@200 | Φ6@600@600 |

图3-43（一）　某工程−0.030～12.270剪力墙平法施工图（单位：mm）

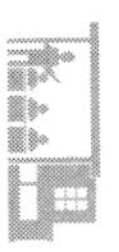

剪力墙柱表

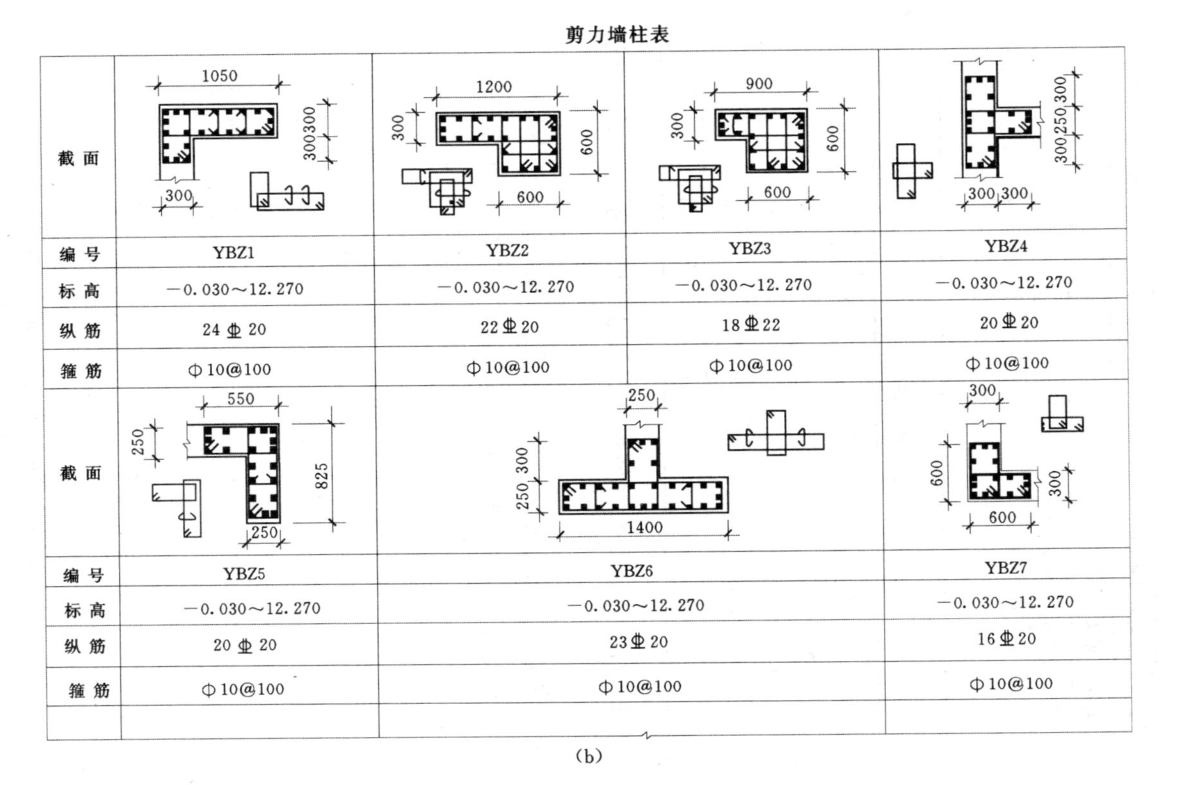

| 截面 | | | | |
|---|---|---|---|---|
| 编号 | YBZ1 | YBZ2 | YBZ3 | YBZ4 |
| 标高 | −0.030～12.270 | −0.030～12.270 | −0.030～12.270 | −0.030～12.270 |
| 纵筋 | 24⌀20 | 22⌀20 | 18⌀22 | 20⌀20 |
| 箍筋 | Φ10@100 | Φ10@100 | Φ10@100 | Φ10@100 |
| 截面 | | | | |
| 编号 | YBZ5 | YBZ6 | | YBZ7 |
| 标高 | −0.030～12.270 | −0.030～12.270 | | −0.030～12.270 |
| 纵筋 | 20⌀20 | 23⌀20 | | 16⌀20 |
| 箍筋 | Φ10@100 | Φ10@100 | | Φ10@100 |

(b)

图 3－43（二） 某工程−0.030～12.270剪力墙平法施工图（单位：mm）

布钢筋的排数（接序号后续注写在括号内），表达形式为Q××（×排），当墙身所设置的水平与竖向分布钢筋的排数为2时可省略不注。

表3-2　墙柱编号

| 墙梁类型 | 代号 | 序号 |
|---|---|---|
| 连梁 | LL | ×× |
| 连梁（对角暗撑配筋） | LL（JC） | ×× |
| 连梁（交叉斜筋配筋） | LL（JX） | ×× |
| 连梁（集中对角斜筋配筋） | LL（DX） | ×× |
| 暗梁 | AL | ×× |
| 边框梁 | BKL | ×× |

表3-3　墙梁编号

| 墙柱类型 | 代号 | 序号 |
|---|---|---|
| 约束边缘构件 | YBZ | ×× |
| 构造边缘构件 | GBZ | ×× |
| 非边缘暗柱 | AZ | ×× |
| 扶壁柱 | FBZ | ×× |

剪力墙柱表中包含的内容有截面几何尺寸、编号、墙柱起止标高、纵筋和箍筋具体数值。

剪力墙身表中包含的内容有编号、墙身起止标高、墙厚、水平分布筋、垂直分布筋和拉筋。拉筋的布置方式分为“双向”和“梅花双向”，如图3-44所示。

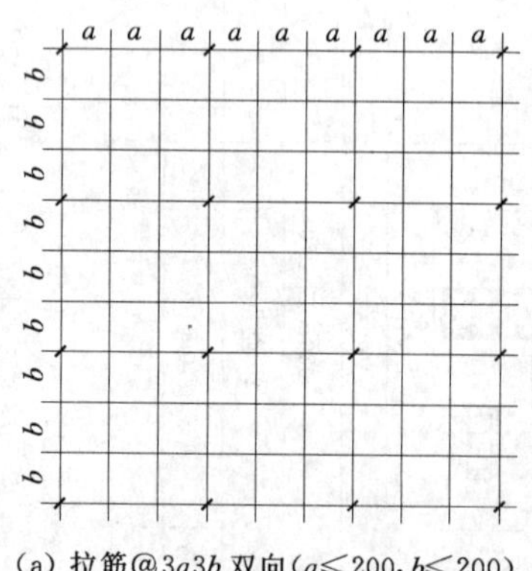


(a) 拉筋@3$a$3$b$双向($a$≤200，$b$≤200)

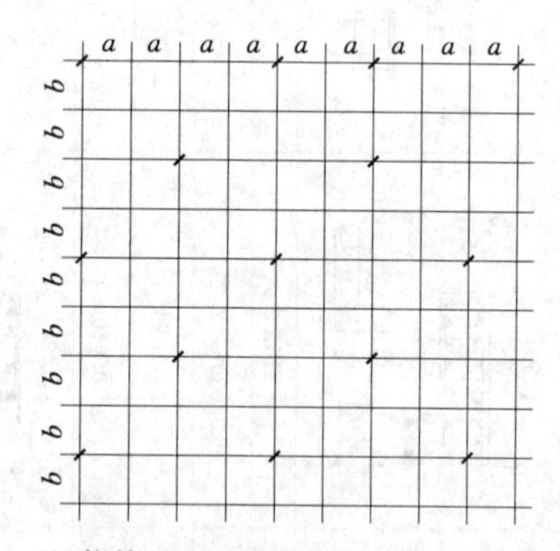


(b)拉筋@4$a$4$b$梅花双向($a$≤150，$b$≤150)

图3-44　双向拉筋与梅花双向拉筋示意（单位：mm）

（图中$a$为竖向分布钢筋间距，$b$为水平分布钢筋间距）

剪力墙梁表中包含的内容有编号、所在楼层号、梁顶相对标高高差、梁截面尺寸、上部纵筋、下部纵筋和箍筋具体数值。

2. 截面注写方式

与柱截面注写方式相同，在分标准层绘制的剪力墙平面布置图上，直接在剪力墙柱、

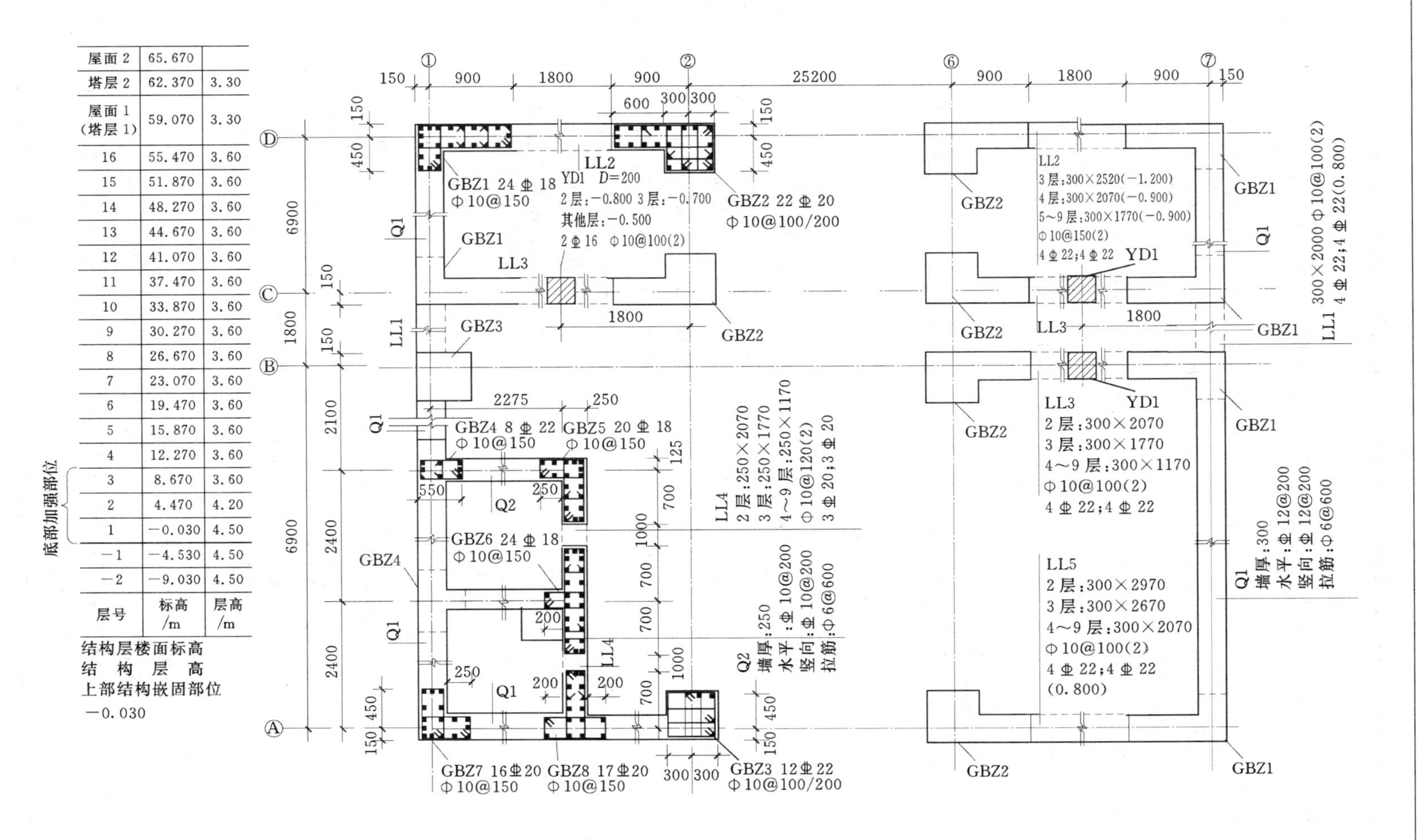


| 屋面 2 | 65.670 | |
|---|---|---|
| 塔层 2 | 62.370 | 3.30 |
| 屋面 1（塔层 1） | 59.070 | 3.30 |
| 16 | 55.470 | 3.60 |
| 15 | 51.870 | 3.60 |
| 14 | 48.270 | 3.60 |
| 13 | 44.670 | 3.60 |
| 12 | 41.070 | 3.60 |
| 11 | 37.470 | 3.60 |
| 10 | 33.870 | 3.60 |
| 9 | 30.270 | 3.60 |
| 8 | 26.670 | 3.60 |
| 7 | 23.070 | 3.60 |
| 6 | 19.470 | 3.60 |
| 5 | 15.870 | 3.60 |
| 4 | 12.270 | 3.60 |
| 3 | 8.670 | 3.60 |
| 2 | 4.470 | 4.20 |
| 1 | −0.030 | 4.50 |
| −1 | −4.530 | 4.50 |
| −2 | −9.030 | 4.50 |
| 层号 | 标高/m | 层高/m |

结构层楼面标高
结 构 层 高
上部结构嵌固部位
−0.030

图 3-45 某工程 12.270～30.270 剪力墙平法施工图（单位：mm）

剪力墙身和剪力墙梁上原位标注截面尺寸和配筋具体数值，如图 3-45 所示。

3. 剪力墙洞口的表示方法

无论采用列表注写方式还是截面注写方式，剪力墙上的洞口均可在剪力墙平面布置图上原位表达。

在剪力墙平面布置图上绘制洞口示意，并标注洞口中心的平面定位尺寸。

在洞口中心位置引注：①洞口编号；②洞口几何尺寸；③洞口中心相对标高；④洞口每边补强钢筋。具体规定如下：

(1) 洞口编号。矩形洞口为 JD×× (××为序号)，圆形洞口为 YD×× (××为序号)。

(2) 洞口几何尺寸。矩形洞口为洞宽 $b$×洞高 $h$，圆形洞口为洞口直径 $D$。

(3) 洞口中心相对标高，是相对于结构楼(地)面标高的洞口中心高度。当其高于结构层楼面时为正值，低于结构楼面时为负值。

## 二、剪力墙钢筋的识读

**【实训项目】** 根据剪力墙平法施工图进行剪力墙钢筋计算，并完成剪力墙的钢筋下料单。

剪力墙中各构件中包括的钢筋如图 3-46 所示。

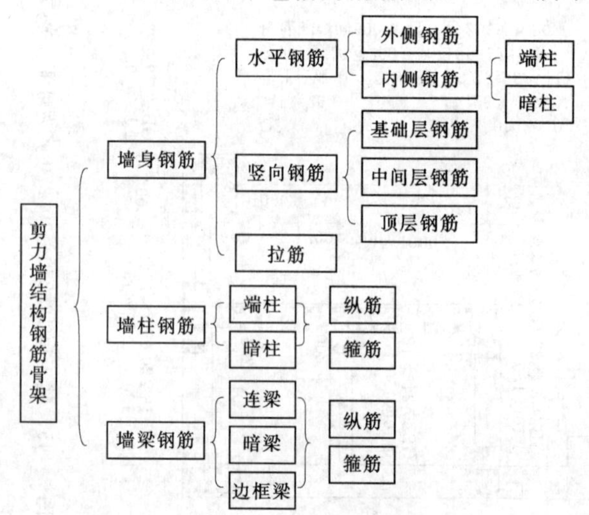


图 3-46　剪力墙各构件中包括的钢筋

### (一) 剪力墙墙身的钢筋识读

剪力墙身的钢筋设置包括水平分布筋、竖向分布筋(即垂直分布筋)和拉筋，这三种钢筋形成了剪力墙身的钢筋网。一般剪力墙身设置两层或两层以上的钢筋网，而各排钢筋网的钢筋直径和间距是一致的。剪力墙身采用拉筋把外侧钢筋网和内侧钢筋网连接起来。如果剪力墙身设置三层或更多层的钢筋网，拉筋还要把中间层的钢筋网固定起来。

1. 墙身水平分布筋的构造

剪力墙身水平钢筋包括剪力墙身的水平分布筋、暗梁的纵筋和边框梁的纵筋。剪力墙身的主要受力钢筋是水平分布筋，这里只讨论墙身水平分布筋的构造，暗梁的纵筋和边框梁的纵筋见后文的"剪力墙梁的钢筋构造"。

水平分布筋构造按照一般构造、无暗柱时构造、在暗柱中的构造和在端柱中的构造分别介绍。

(1) 水平分布筋在剪力墙身中的一般构造。

墙水平及竖向分布钢筋直径不宜小于 8mm，间距不宜大于 300mm。

厚度大于 160mm 的墙应配置双排分布钢筋网；结构中重要部位的剪力墙，当其厚度不大于 160mm 时，也宜配置双排分布钢筋网。

双排分布钢筋网应沿墙的两个侧面布置，且应采用拉筋连系，拉筋直径不宜小于

6mm，间距不宜大于 600mm。对重要部位的墙宜适当增加拉筋的数量。

剪力墙水平分布钢筋的搭接长度不应小于 $1.2l_a$（或 $l_{aE}$）。同排水平分布钢筋的搭接接头之间以及上、下相邻水平分布钢筋的搭接接头之间沿水平方向的净间距不宜小于 500mm。

(2) 水平分布筋无暗柱时的锚固构造。

无暗柱时剪力墙水平钢筋锚固构造，不同于框架梁以框架柱为支座的那种锚固，因为墙身的端部不构成墙身的支座，所以我们可以把这个剪力墙水平钢筋的锚固构造看成是剪力墙水平钢筋到了墙肢端部的一种“收边”构造。

当墙厚较小时，端部 U 形筋与墙身水平钢筋搭接墙端部搭接 $l_{lE}$（$l_l$），墙端部设置双列拉筋，如图 3－47（a）所示。当墙厚足够时，剪力墙水平分布钢筋应伸至墙端并向内水平弯折 $10d$ 后截断（$d$ 为水平分布钢筋直径），墙端部设置双列拉筋，如图3－47（b）所示。

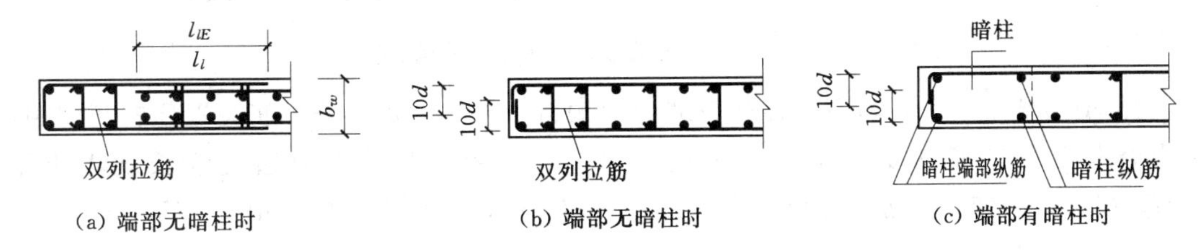


图 3－47　剪力墙直墙端部水平钢筋构造（单位：mm）

(3) 水平分布筋在暗柱中的锚固构造。

1) 剪力墙水平分布筋在直墙端部暗柱中的构造。剪力墙直墙端部设有暗柱时，水平分布钢筋应伸至暗柱端纵筋的外侧并向内水平弯折 $10d$ 后截断（$d$ 为水平分布钢筋直径），如图 3－47（c）所示。此时剪力墙水平分布筋在暗柱的外侧与暗柱的箍筋平行，而且与暗柱箍筋处于同一垂直层面，即在暗柱箍筋之间插空通过暗柱。

2) 剪力墙水平分布筋在翼墙或转角中的构造。当剪力墙端部有翼墙或转角时，水平分布钢筋应伸至翼墙或转角外边，并向两侧水平弯折 $15d$ 后截断，如图 3－48（a）所示。

在转角墙处，外墙外侧的水平分布钢筋应在墙端外角处弯入翼墙，并与翼墙外侧的水平分布钢筋搭接，如图 3－48（b）所示；当需要在纵横墙转角处设置搭接接头时，沿外墙边的水平分布钢筋的总搭接长度不应小于 $l_{le}$（或 $l_l$），如图 3－48（c）所示。

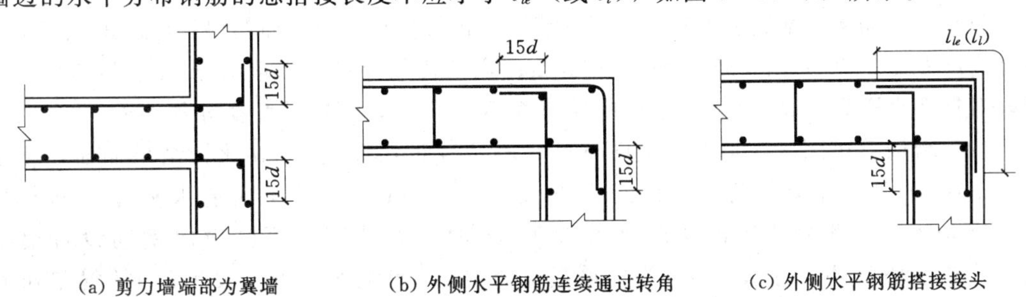


图 3－48　剪力墙端部有翼墙或转角时水平分布钢筋的锚固

（$l_{le}$是纵向受拉钢筋绑扎搭接长度，与钢筋锚固长度和钢筋搭接接头面积百分比有关；$l_l$ 用于非抗震时。）

(4) 水平分布筋在端柱中的构造。

1) 剪力墙水平分布筋在端柱端部墙和翼墙中的构造。剪力墙水平分布筋在端柱端部和端柱翼墙中均伸至端柱对边后弯 $15d$ 直钩，若伸至对边直锚长度不小于 $1.2l_{aE}$($l_a$) 时可不设弯钩，如图 3-49 所示。

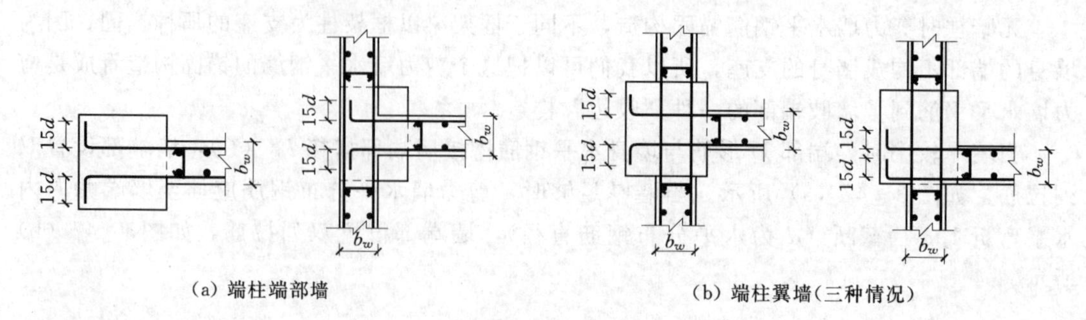


图 3-49　剪力墙端柱中水平钢筋构造

2) 剪力墙水平分布筋在端柱转角墙中的构造。剪力墙水平分布筋在端柱转角墙中，剪力墙水平分布筋均要伸至端柱对边后弯 $15d$ 直钩，且伸至对边直锚长度不小于 $0.6l_{abE}$($l_{ab}$)，当伸至对边直锚长度不小于 $1.2l_{aE}$($l_a$) 时可不设弯钩，如图 3-50 所示。

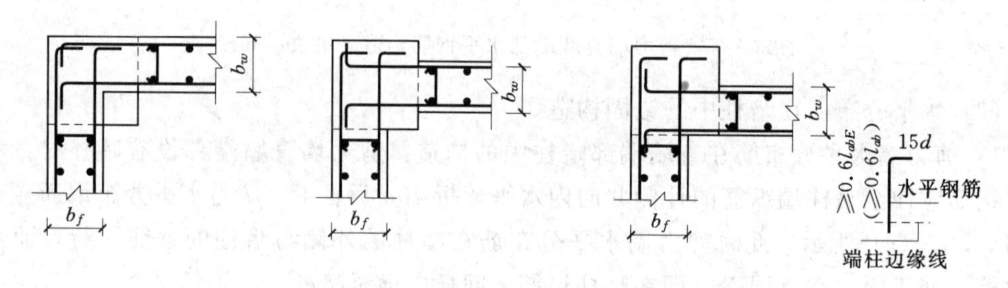


图 3-50　剪力墙端柱转角墙中水平钢筋构造（三种情况）

2. 墙插筋在基础中的锚固构造

在 11G101—3 中，剪力墙插筋在基础内的锚固构造没有因基础类型的不同而不同，而是按照墙插筋保护层的厚度和基础高度 $h_j$ 与受拉钢筋锚固长度 $l_{aE}$($l_a$) 比值不同给出了三种锚固构造，如图 3-51 所示，其要点如下。

(1) 墙插筋插至基础底板支在底板钢筋网上再做弯钩，当墙插筋保护层厚度大于 $5d$、基础高度 $h_j>l_{aE}$($l_a$) 时，弯钩平直段为 $6d$；当墙插筋保护层厚度大于 $5d$、$h_j\leqslant l_{aE}$($l_a$) 时，弯钩平直段为 $15d$；当墙插筋保护层厚度不大于 $5d$，弯钩平直段均为 $15d$。

(2) 墙插筋锚固区内均要设横向钢筋。不论保护层厚度与 $5d$ 比较结果如何，不论 $h_j$ 与 $l_{aE}$($l_a$) 比较结果如何，均设间距不大于 500mm 且不少于两道水平分布筋与拉筋。但是当柱外侧插筋保护层厚度不大于 $5d$ 时，墙外侧锚固区横向钢筋设置要求高，应满足直径不小于 $d/4$（$d$ 为插筋最大直径），间距不大于 $10d$（$d$ 为插筋最小直径）且不大于 100mm 的要求，同时要求插筋插入基础内的深度不小于 $0.6l_{abE}$($l_{ab}$) 后再弯折 $15d$。

(3) 墙插筋在基础内还可以采用墙外侧纵筋与底板钢筋搭接的锚固构造，搭接长度不

小于 $l_{lE}(l_l)$，如图 3－51 所示。

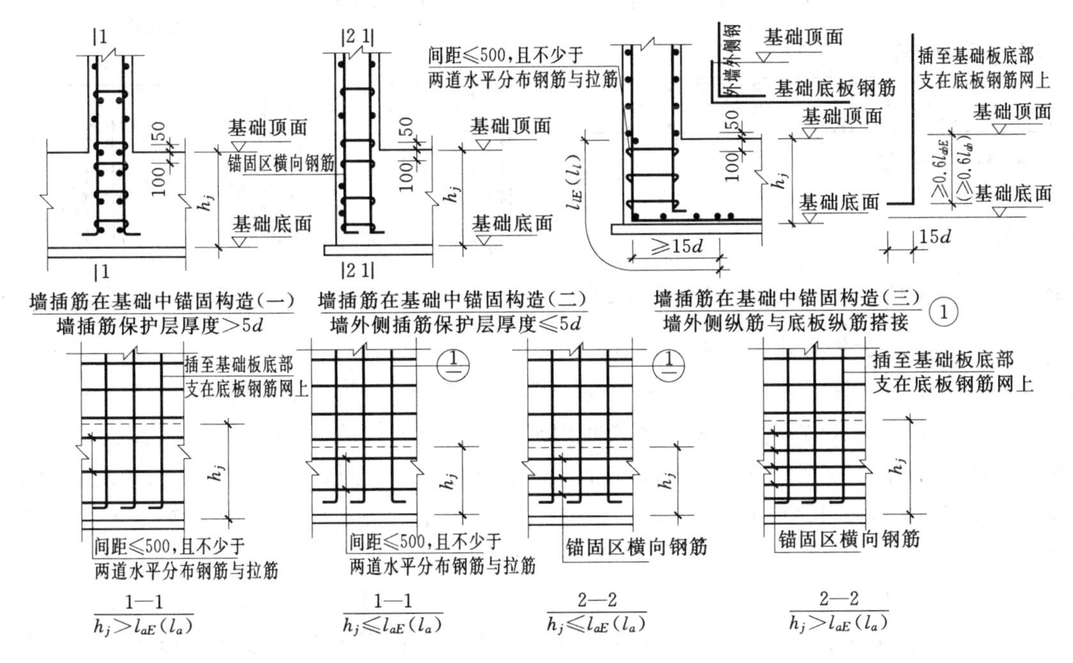


注：1. $h_j$ 为基础底面至基础顶面的高度，对于带基础梁的基础为基础梁顶面值基础梁底面的高度。
2. 锚固区横向钢筋应满足直径不小于 $d/4$（$d$ 为插筋最大直径），间距不大于 $10d$（$d$ 为插筋最小直径）且不大于 100mm 的要求。

图 3－51 墙插筋在基础中的锚固构造（单位：mm）

3. 剪力墙墙身竖向钢筋构造

竖向钢筋包括墙身的竖向分布筋和墙柱（暗柱和端柱）的纵向钢筋，而竖向分布筋仅仅包括剪力墙身钢筋网中的垂直分布筋（即竖向分布筋）。例如，“剪力墙竖向钢筋顶部构造”就包含墙柱和墙身。

（1）剪力墙竖向分布筋构造。

剪力墙竖向分布钢筋可在同一高度搭接，搭接长度不应小于 $1.2l_{aE}(l_a)$。

在暗柱内部（指暗柱配箍区）不布置剪力墙竖向分布钢筋。

剪力墙身的第一道竖向分布筋的起步距离在《混凝土结构施工钢筋排布规则与构造详图》(12G901—1)（后面简称 12G901—1）中表示为“距墙柱最外侧纵筋中心 1/2 竖向分布筋间距”，但是具体进行钢筋计算时，确定墙柱最外侧纵筋的位置比较麻烦，而施工图中墙柱的尺寸是明确表示的，所以第一根竖向分布筋的起步距离以“距墙柱边缘 1/2 竖向分布筋间距”来确定更简单方便，如图 3－52 所示。

（2）剪力墙竖向钢筋顶部构造。

剪力墙竖向钢筋顶部构造包含暗柱和墙身的竖向钢筋顶部构造，如图 3－53 所示，剪力墙竖向钢筋弯锚入屋面板或楼板内，从板底开始伸入屋面板或楼板顶部后弯折 $12d$。当顶部设有边框梁时，竖向钢筋伸入边框架内 $l_{aE}(l_a)$。端柱的竖向钢筋执行框架柱钢筋构造。

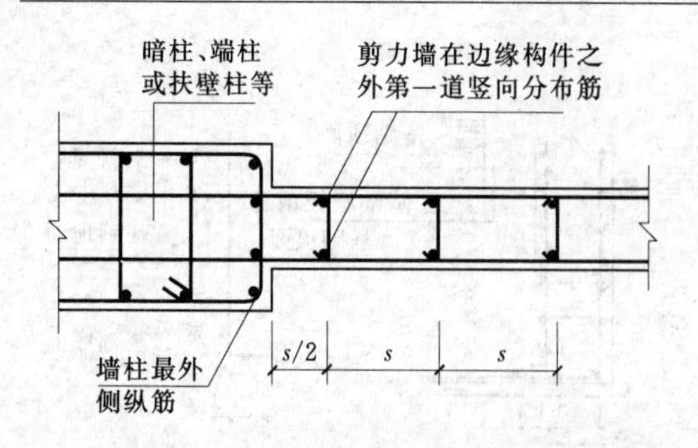


图 3-52　剪力墙身第一道竖向分布钢筋的定位

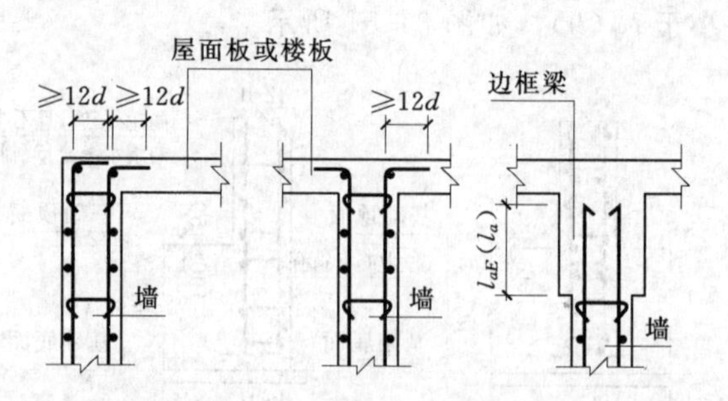


图 3-53　剪力墙竖向钢筋顶部构造

(3) 剪力墙变截面处竖向钢筋构造。

剪力墙变截面处竖向钢筋构造包含墙柱和墙身的竖向钢筋变截面构造。

边柱或边墙变截面处竖向钢筋变截面构造，如图 3-54 (a) 所示。边柱或边墙外侧的竖向钢筋垂直地通到上一楼层，这符合“能通则通”的原则，边柱或边墙内侧的竖向钢筋伸到楼板顶部以下弯折 $12d$ 后切断，上一层的墙柱和墙身竖向钢筋插入当前楼层 $1.2l_{aE}(l_a)$。

中柱或中墙变截面处竖向钢筋构造，如图 3-54 (b)、图 3-54 (c) 所示。图 3-54 (b)的构造做法为当前楼层的墙柱和墙身的竖向钢筋伸到楼板顶部以下然后弯折 $12d$ 后切断，上一层的墙柱和墙身竖向钢筋插入当前楼层 $1.2l_{aE}(l_a)$；图 3-54 (c) 的做法是当前楼层的墙柱和墙身的竖向钢筋不切断，而是以 1/6 钢筋斜率的方式弯曲伸到上一楼层。

边柱或边墙外侧变截面时竖向钢筋构造，如图 3-54 (d) 所示。下一层边柱或边墙外侧的竖向钢筋伸到楼板顶部以下弯折 $12d$ 后切断，上一层的墙柱和墙身竖向钢筋插入当前楼层 $1.2l_{aE}(l_a)$。

上下楼层竖向钢筋规格发生变化时，我们不妨称为“钢筋变直径”。此时的构造做法是，当前楼层的墙柱和墙身的竖向钢筋伸到楼板顶部以下弯折到对边切断，上一层的墙柱和墙身竖向钢筋插入当前楼层 $1.2l_{aE}(l_a)$。

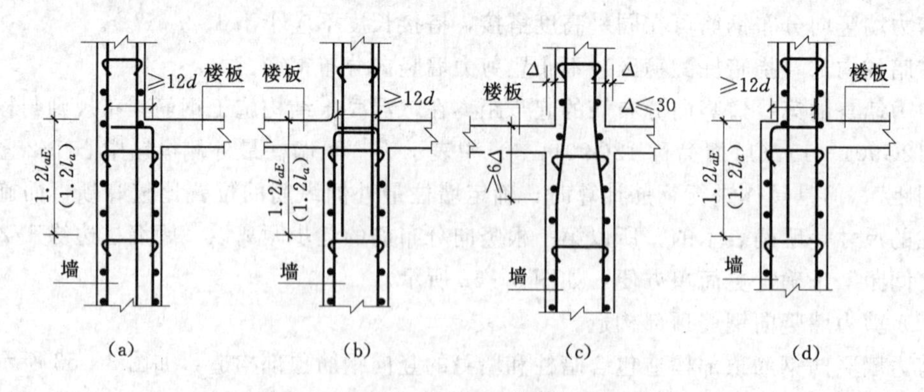


图 3-54　剪力墙变截面处竖向钢筋构造

(4) 剪力墙竖向钢筋连接构造。

剪力墙身竖向钢筋连接构造适用于暗柱和墙身竖向分布筋，具体构造如图 3-55

所示。

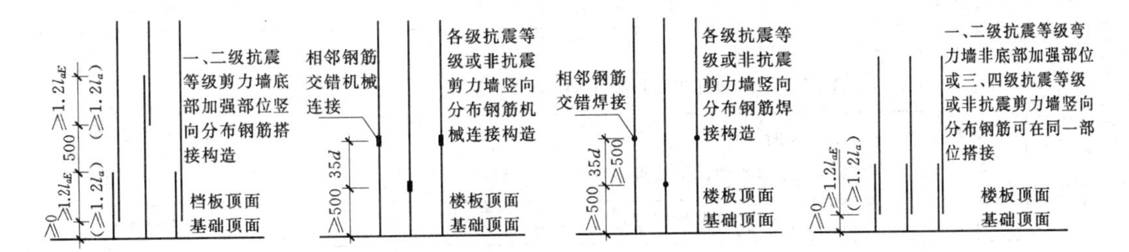


图 3－55　剪力墙墙身竖向分布钢筋连接构造

（5）端柱、小墙肢构造。

端柱、小墙肢的竖向钢筋和箍筋构造与框架柱相同，剪力墙墙肢两端的竖向受力钢筋不宜少于 4 根直径为 12mm 或 2 根直径为 16mm 的钢筋，并宜沿该竖向钢筋方向配置直径不小于 6mm、间距为 250mm 的箍筋或拉筋。

其他内容见抗震框架柱 KZ 纵向钢筋连接构造、抗震框架柱 KZ 边柱和角柱柱顶纵向钢筋构造、抗震框架柱 KZ 中柱柱顶纵向钢筋构造、抗震框架柱 KZ 变截面纵向钢筋构造和抗震框架柱 KZ 箍筋加密区范围。

4. 墙身钢筋计算公式

一般民用建筑的剪力墙墙身直径为 10～14mm，由于直径偏小，钢筋多采用绑扎搭接的连接方式，现按照绑扎搭接连接方式列出墙身水平分布筋、竖向分布筋和拉筋的长度和根数计算公式，见表 3－4。

**表 3－4　　墙身钢筋计算公式表**

| 钢筋 | 计算内容 | 计算公式 | 备注 |
|---|---|---|---|
| 水平分布筋 | 长度 | $L$＝墙净长＋锚固长度＝墙长－2×墙保护层厚度＋左锚固长＋右锚固长 | 11G 101—1 第 68 页 |
| | 根数 | 基础内单侧：$n$＝max{2,[($h_j$－100－基础保护层厚度－基础底部包括 $x$ 方向和 $y$ 方向的钢筋直径)/500＋1]} | 11G 101—3 第 58 页 |
| | | 各楼层单侧：$n$＝(层高－50)/间距＋1<br>当内侧、外侧钢筋长度相同时，总根数＝单侧根数×排数 | |
| | | 起步距离距楼面 50mm | 12G 901—1 第 3－12 页 |
| 竖向分布筋 | 长度 | 基础插筋：$L$＝弯折长度＋基内竖向锚固长度＋上层搭接长度＝弯折长度＋（$h_j$－100－基础保护层厚度－基础底部包括 $x$ 方向和 $y$ 方向的钢筋直径）＋上层搭接长度 | 11G 101—3 第 58 页 |
| | | 中间层：$L$＝层高＋上层搭接长度<br>顶层：$L$＝层高－屋面板或楼板保护层厚度＋12$d$［或锚入 BKL 内 $l_{aE}$（$l_a$）］ | 11G 101—1 第 70 页 |
| | 根数 | 单侧：$n$＝(墙净长－2×起步距离)/间距＋1<br>总根数＝单侧根数×排数<br>起步距离距边缘构件 1/2 竖向筋间距 | |

续表

| 钢筋 | 计算内容 | 计算公式 | 备注 |
|---|---|---|---|
| 拉筋 | 长度 | $d$=8，10，12时，<br>$L$=墙梁宽－2×墙保护层厚度＋24.8$d$ | 抗震<br>$d$为拉筋直径 |
| | | $d$=6，6.5时<br>$L$=墙梁宽－2×墙保护层厚度＋150＋4.8$d$ | |
| | | $L$=墙梁宽－2×墙保护层厚度＋14.8$d$ | 非抗震 |
| | 根数 | 双向：$n$=净墙面积/横向间距×竖向间距 | 11G 101—1第16页 |
| | | 梅花双向：$n$=[横向长度/(0.5横向间距)＋1]×[竖向长度/(0.5竖向间距)＋1]×50% | |

（二）剪力墙柱的钢筋识读

剪力墙柱包括暗柱和端柱，在框剪结构中，剪力墙的端柱经常担当框架结构中框架柱的作用，所以端柱的钢筋构造遵循框架柱的钢筋构造，剪力墙中的端柱也类似，也要遵循框架柱的钢筋构造，但是暗柱的钢筋构造与端柱不同，一部分遵循剪力墙身竖向钢筋构造，另一部分遵循框架柱的钢筋构造，这是学习剪力墙柱的难点。

1. 剪力墙柱插筋锚固构造

作为墙柱在基础内的锚固构造与框架柱完全相同，遵循11G 101—3图集第59页“柱插筋在基础中的锚固”要求，具体内容见情境二中学习单元四的内容。

2. 剪力墙柱纵筋连接构造

剪力墙柱的纵筋连接构造如图3－56所示，要点如下。

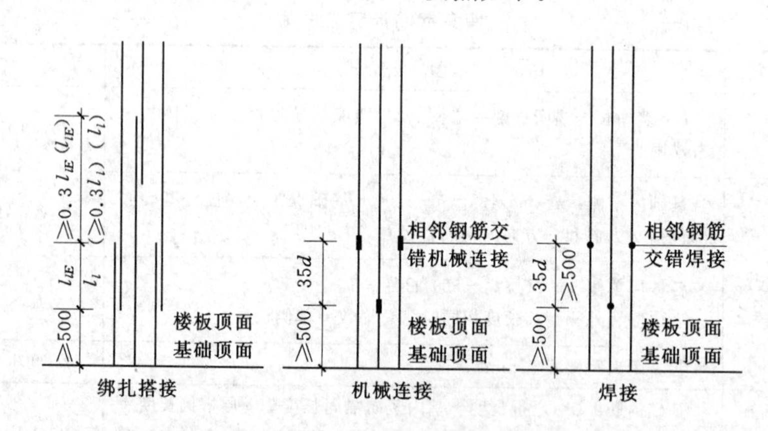


注：1. 适用于约束边缘构件阴影部分和构造边缘构件的纵向钢筋；
2. 当纵筋采用绑扎搭接时，应在搭接长度范围内设箍筋直径不小于$d$/4（$d$为搭接钢筋最大直径），间距不大于5$d$（$d$为搭接钢筋最小直径）及100mm的加密箍筋。

图3－56　剪力墙边缘构件纵筋连接构造

(1) 相邻纵筋交错连接。当采用搭接连接时，搭接长度不小于$l_{lE}$（$l_l$），相邻纵筋搭接范围错开不小于0.3$l_{lE}$（0.3$l_l$）；当采用机械连接时，相邻纵筋连接点错开为35$d$（$d$为最大纵筋直径）；当采用焊接时，相邻纵筋连接点错开35$d$（$d$为最大纵筋直径）且不小

于500mm。

（2）墙柱纵筋连接点距离结构层底面不小于500mm。

$l_{lE}$为抗震搭接长度，$l_l$为非抗震搭接长度，下同。

3. 剪力墙柱钢筋构造

剪力墙柱（边缘构件）钢筋包括纵筋和箍筋，局部可能还有拉筋。在框架一剪力墙结构力墙的端柱经常担当框架结沟中框架柱的作用，这时候端柱的钢筋构造应该遵照框架柱的钢筋构造。

（1）构造边缘构件（GBZ）构造。

构造边缘端柱仅在矩形柱的范围内布置纵筋和箍筋，其箍筋布置为复合箍筋，与框架柱类似。构造边缘暗柱、翼墙柱、转角墙柱的构造见11G101－1图集第73页，纵筋、箍筋与框架柱类似。

（2）约束边缘构件（YBZ）构造。

1）约束边缘端柱与构造边缘端柱的共同点和不同点。

它们的共同点是在矩形柱的范围内布置纵筋和箍筋。其纵筋和箍筋布置与框架柱类似，尤其是在框剪结构中端柱往往会兼当框架柱的作用。

它们的不同点是约束边缘端柱“$\lambda_v$区域”，也就是阴影部分（即配箍区域）不但包括矩形柱的部分，而且伸出一段翼缘，其伸出翼缘的净长度详见设计或图集，如图3-57所示。与构造边缘端柱不同的是，约束边缘端柱还有一个“$\lambda_v/2$区域”，即图中“虚线部分”。这部分的配筋特点为加密拉筋，普通墙身的拉筋是“隔一拉一”或“隔二拉一”，而在这个“虚线区域”内是每个竖向分布筋都设置拉筋。

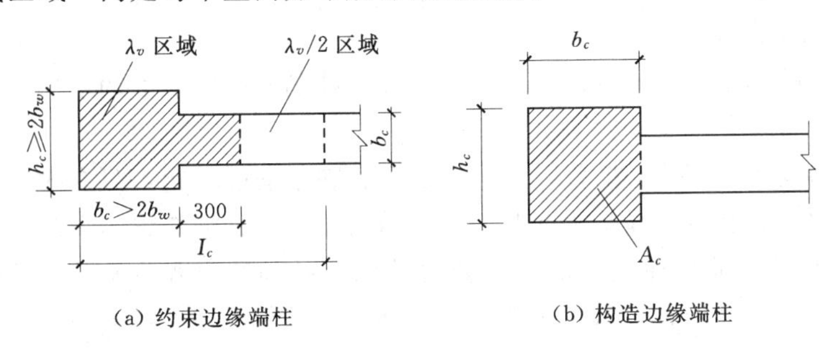


(a) 约束边缘端柱　　(b) 构造边缘端柱

图3-57　约束边缘端柱与构造边缘端柱（单位：mm）

2）约束边缘暗柱与构造边缘暗柱的共同点和不同点。

它们的共同点是在暗柱的端部或角部都有一个阴影部分（即配箍区域），纵筋、箍筋及拉筋详见具体设计标注。凡是拉筋都应该拉住纵横两个方向的钢筋，所以，暗柱的拉筋也要同时钩住暗柱的纵筋和箍筋。

它们的不同点是约束边缘暗柱除了阴影部分（即配箍区域）以外，在阴影部分与墙身之间还存在一个“虚线区域”。这部分的配筋特点为加密拉筋，普通墙身的拉筋是“隔一拉一”或“隔二拉一”，而在这个“虚线区域”内是每个竖向分布筋都设置拉筋。

4. 暗柱钢筋计算公式

剪力墙结构中的端柱执行框架柱的钢筋构造，所以端柱的钢筋计算同框架柱，这里只讨

论暗柱的钢筋计算。暗柱的钢筋包括纵筋和箍筋，有时可能有拉筋，其计算公式见表 3－5。

表 3－5　　**暗柱钢筋计算公式表**

<table>
<tr><th>钢筋</th><th colspan="2">计算内容</th><th>计　算　公　式</th><th>备注</th></tr>
<tr><td rowspan="3">纵筋</td><td colspan="2">基础层</td><td>$L$＝弯折长度＋基内竖向锚固长度＋上层搭接长度＝弯折长度＋($h_j$－基础保护层厚度－基础底部包括 $x$ 方向和 $y$ 方向的钢筋直径)＋上层搭接长度</td><td rowspan="3">11G 101—3 第 59 页，11G 101—1 第 73 页，计算搭接长度时 $d$ 取相连接钢筋较小直径</td></tr>
<tr><td colspan="2">其他层</td><td>$L$＝层高＋上层搭接长度</td></tr>
<tr><td colspan="2">顶层</td><td>$L$＝层高－屋面板或楼板保护层厚度－楼面伸出钢筋长＋12$d$ [或锚入 BKL 内 $l_{aE}$ ($l_a$)]</td></tr>
<tr><td rowspan="4">箍筋</td><td colspan="2">长度</td><td>计算同普通柱箍筋长度计算</td><td rowspan="4">采用绑扎搭接时，应在搭接长度范围内设箍筋直径不小于 $d/4$（$d$ 为搭接钢筋最大直径），间距不大于 5$d$（$d$ 为搭接钢筋最小直径）及 100mm 的加密箍筋</td></tr>
<tr><td rowspan="3">根数</td><td>基础层</td><td>$n$＝max{2,[($h_j$－100－基础保护层厚度－基础底部包括 $x$ 方向和 $y$ 方向的钢筋直径)/500＋1]}</td></tr>
<tr><td rowspan="2">各层</td><td>机械连接焊接时：$n$＝(层高－50)/间距＋1</td></tr>
<tr><td>绑扎搭接时：$n$＝绑扎区域加密箍筋数＋非加密箍筋数<br>绑扎区域加密箍筋数＝2.3$l_{lE}$/min(5$d$,100)＋1<br>非加密箍筋数＝(层高－2.3$l_{lE}$－50)/间距</td></tr>
<tr><td rowspan="2">拉筋</td><td colspan="2">长度</td><td>同表 3－4 中拉筋长度计算公式</td><td rowspan="2"></td></tr>
<tr><td colspan="2">根数</td><td>同箍筋</td></tr>
</table>

### (三) 剪力墙梁的钢筋识读

剪力墙中墙梁包括暗梁、边框梁和连梁。

1. 剪力墙暗梁构造

剪力墙暗梁的钢筋种类包括纵向钢筋、箍筋、拉筋和暗梁侧面的水平分布筋。

(1) 暗梁的布置。

暗梁是剪力墙的一部分，所以，暗梁纵筋不存在锚固的问题，只有收边的问题。暗梁的概念不能与剪力墙洞口补强暗梁混为一谈。剪力墙洞口补强暗梁的纵筋仅布置在洞口两侧 $l_{aE}$ 处，而暗梁的纵筋贯通整个墙肢。剪力墙洞口补强暗梁仅在洞口范围内布置箍筋，从洞口侧壁 50mm 处开始布置第一个箍筋，而暗梁的箍筋在整个墙肢范围内都要设置。

(2) 暗梁的纵筋。

由于暗梁纵筋是布置在剪力墙身上的水平钢筋，因此执行剪力墙身水平钢筋构造。从暗梁的基本概念可以知道，暗梁的长度是整个墙肢，所以暗梁纵筋应贯通整个墙肢。暗梁纵筋在墙肢端部的收边构造是弯 10$d$ 直钩。

剪力墙暗梁纵筋在暗柱中，暗梁纵筋伸到暗柱端部纵筋的内侧，然后弯 10$d$ 直钩，如图 3－58 (a) 所示。剪力墙暗梁纵筋在翼墙柱中，墙端部的暗梁纵筋伸至翼墙对边，顶着暗柱外侧纵筋的内侧后弯钩 15$d$，如图 3－58 (b) 所示。

暗梁纵筋在端柱中：①当端柱凸出墙面之外时，暗梁纵筋构造如图 3－58 (c) 所示，当端柱凸出墙面之外时，端柱的箍筋处于“特外层次”，即处在水平分布筋之外，此时箍筋角部的端柱纵筋也处在水平分布筋之外，但是，暗梁的纵筋处在水平分布筋和暗梁箍筋之内，所以，暗梁纵筋伸至端柱纵筋内侧后弯 15$d$ 的直钩，当伸至对边长度不小于

$l_{aE}(l_a)$ 时可不设弯钩；②当端柱外侧面与墙身平齐时，暗梁纵筋构造如图 3－58（d）所示。剪力墙外侧水平分布筋从端柱外侧绕过端柱，此时的水平分布筋与端柱箍筋处在第一层次，竖向分布筋、暗梁箍筋和柱外侧纵筋处在第二层次，而暗梁纵筋是处在第三层次。所以，暗梁的纵筋也是在端柱纵筋之内伸入端柱。暗梁外侧纵筋绕过端柱，内侧纵筋伸至端柱对边之后弯 15$d$ 的直钩，伸至对边长度不小于 $l_{aE}(l_a)$ 时可不设弯钩。

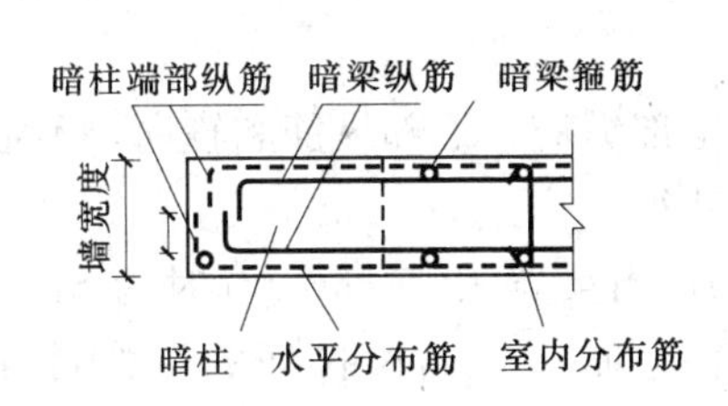


(a) 暗梁纵筋在暗柱中的构造

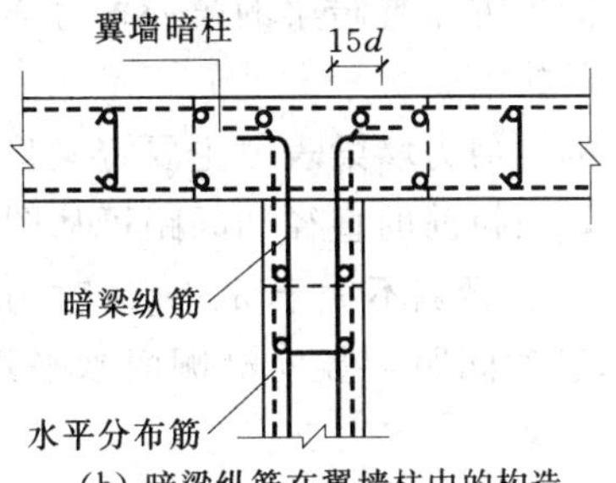


(b) 暗梁纵筋在翼墙柱中的构造

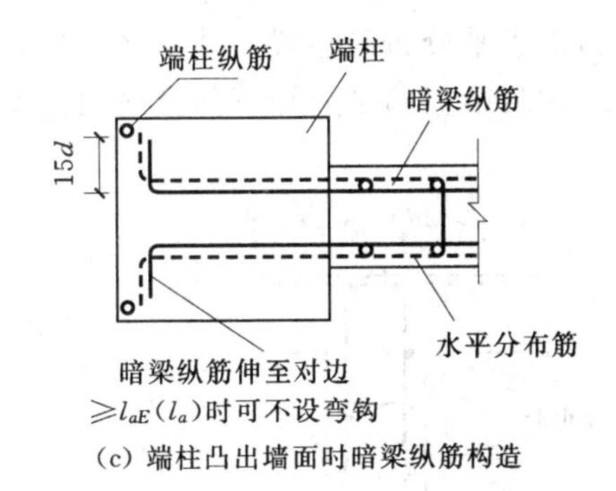


(c) 端柱凸出墙面时暗梁纵筋构造

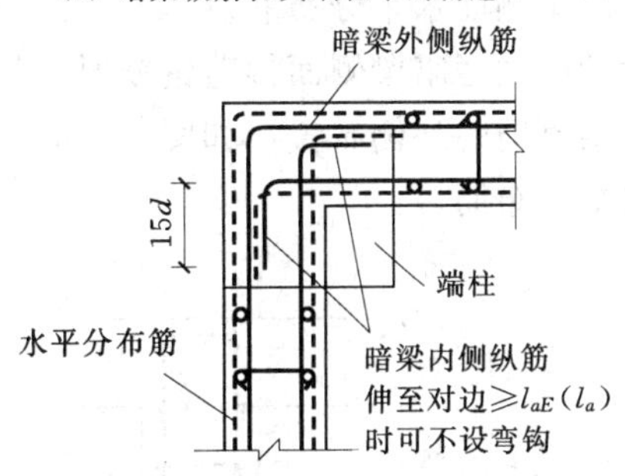


(d) 端柱外侧与墙平齐时暗梁纵筋构造

图 3－58 暗梁构造

（3）暗梁的箍筋。

暗梁的箍筋沿墙肢方向全长布置，而且是均匀布置，不存在箍筋加密区和非加密区。

暗梁箍筋中线宽暗梁箍筋的尺寸和位置，不仅与工程预算有关，而且与工程施工有关。暗梁箍筋的宽度计算不能与框架梁箍筋宽度计算那样用梁宽度减两倍保护层厚度，其主要区别在于框架梁的保护层是针对梁箍筋的，而暗梁的保护层（和墙身一样）是针对水平分布筋的，如图 3－59 所示。

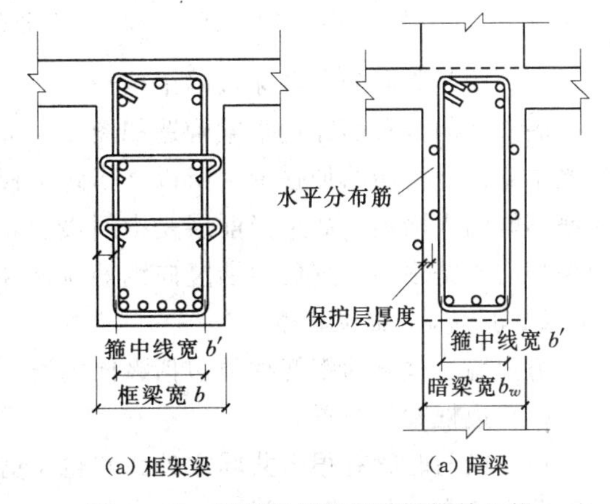


(a) 框架梁　(a) 暗梁

图 3－59 框架梁箍筋和暗梁箍筋比较

1）暗梁箍筋高度。关于暗梁箍筋的高度计算，是一个颇有争议的问题。由于暗梁的上方和下方都是混凝土墙身，所以不存在面临一个保护层的问题。因此，在暗梁箍筋高度计算中，是采用暗梁标注高度尺寸直接作为暗梁箍筋的高度，还是需要把暗梁的标注高度减去保护层厚度？根据一般的习惯往往采用下面的计算公式：

箍筋高度＝暗梁标注高度－2×保护层厚度

2）暗梁箍筋根数。暗梁箍筋的分布规律，不但影响箍筋根数的计算，而且直接影响钢筋的绑扎。前面说过，暗梁在墙肢的全长布置箍筋，但这只是一个宏观的说法，在微观上，暗梁箍筋将如何分布呢？从施工方便、计算钢筋方便考虑，可取距暗柱边缘起为暗梁箍筋间距1/2的地方布置暗梁的第一根箍筋。

（4）暗梁的拉筋。

施工图中的“剪力墙梁表”主要定义暗梁的上部纵筋、下部纵筋和箍筋，不定义拉筋的规格和间距，而拉筋的直径和间距可从图集中获得。

拉筋直径：当梁宽不大于350mm时为6mm，当梁宽大于350mm时为8mm，拉筋间距为2倍箍筋的间距，竖向沿侧面水平筋“隔一拉一”。暗梁拉筋的计算同剪力墙身拉筋。

（5）暗梁侧面水平分布筋。

当设计未注写暗梁侧面构造钢筋时，按剪力墙水平分布筋布置。墙身水平分布筋按其间距在暗梁箍筋的外侧布置，如图3-60所示。在暗梁上部纵筋和下部纵筋的位置上不需要布置水平分布筋。

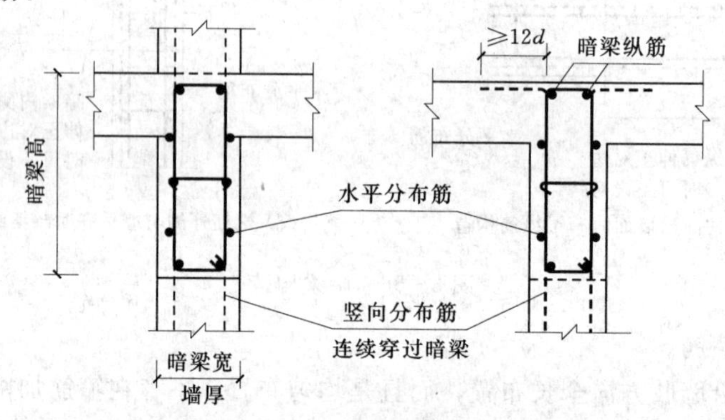


图3-60　竖向分布筋穿过暗梁构造

（6）墙身竖向分布筋穿过暗梁构造。

墙身竖向分布筋穿过暗梁构造如图3-60所示。剪力墙的暗梁不是剪力墙身的支座，暗梁本身是剪力墙的加强带。所以，当每个楼层的剪力墙顶部设置有暗梁时，剪力墙竖向钢筋不能锚入暗梁；如果当前层是中间楼层，则剪力墙竖向钢筋穿越暗梁直伸入上一层；如果当前层是顶层，则剪力墙竖向钢筋应该穿过暗梁锚入现浇板内。

2. 剪力墙边框梁构造

剪力墙边框梁的钢筋种类包括纵向钢筋、箍筋、拉筋和边框梁侧面的水平分布筋。

（1）边框梁的布置。

边框梁与暗梁有很多共同之处，它也是剪力墙的一部分，边框梁纵筋不存在“锚固”的问题，只有“收边”的问题。

（2）边框梁的纵筋。

虽说“框架梁延伸入剪力墙内，就成为剪力墙中的边框梁”，但是边框梁的钢筋设置

还是与框架梁大不相同。框架梁的上部纵筋分为上部通长筋、非贯通纵筋和架立筋等，但边框梁的上部纵筋和下部纵筋都是贯通纵筋；框架梁的箍筋分为箍筋加密区和非加密区，但边框梁的箍筋沿墙肢方向全长均匀布置。

边框梁一般都与端柱发生联系，边框梁纵筋在端柱纵筋之内伸入端柱。

边框梁纵筋伸入端柱的长度，不同于框架梁纵筋在框架柱的锚固构造，因为端柱不是边框梁的支座，它们都是剪力墙的组成部分。边框梁纵筋在端柱的锚固构造如图 3－61 所示，其要点为：边框梁纵筋伸至端柱对边后弯折 15$d$，当伸至对边长度不小于 $l_{aE}$（$l_a$）且不小于 600mm 时可不设弯钩。

（3）边框梁的箍筋。

边框梁的纵筋沿墙肢方向贯通布置，所以边框梁的箍筋也是沿墙肢方向全长布置，而且是均匀布置，不存在箍筋加密区与非加密区。边框梁的第一个箍筋从端柱外侧 50mm 处开始布置，如图 3－61 所示。

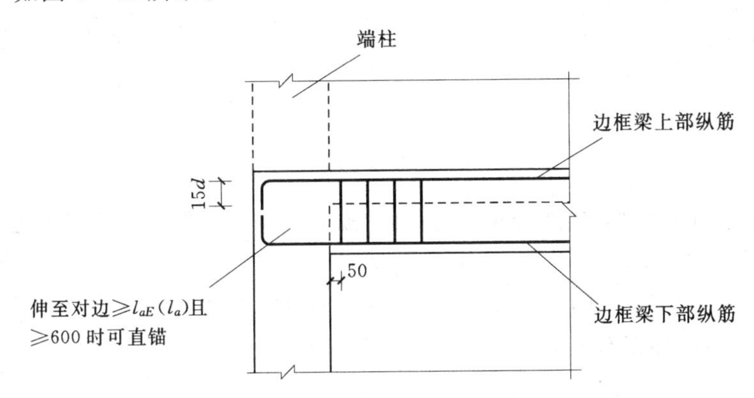


图 3－61 边框梁纵筋端部和箍筋构造（单位：mm）

（4）边框梁的拉筋（同暗梁拉筋）。

（5）边框梁侧面水平分布筋。

边框梁侧面水平分布筋（墙身水平分布筋）按其间距在边框梁箍筋的内侧通过，如设计未注写，侧面构造钢筋同剪力墙水平分布筋。边框梁侧面纵筋的拉筋要同时钩住边框梁的箍筋和水平分布筋。在边框梁上部纵筋和下部纵筋的位置上不需要布置水平分布筋。

3. 剪力墙连梁构造

连梁 LL 的配筋在剪力墙梁表中进行定义，包括连梁的编号、梁高、上部纵筋、下部纵筋、箍筋、侧面纵筋和相对标高等。剪力墙连梁的钢筋种类包括纵向钢筋、箍筋、拉筋、墙身水平钢筋，剪力墙连梁构造如图 3－62 所示。

梁以暗柱或端柱为支座，连梁主筋锚固起点从暗柱或端柱的边缘算起。连梁主筋锚入暗柱或端柱的锚固方式和锚固长度介绍如下：

（1）连梁纵筋直锚的条件和直锚长度。

当端部洞口连梁的纵向钢筋在端支座（暗柱或端柱）的直锚长度不小于 $l_{aE}$（$l_a$）且不小于 600mm 时可不设弯钩，而直锚。在连梁端部当暗柱或端柱的长度小于钢筋的锚

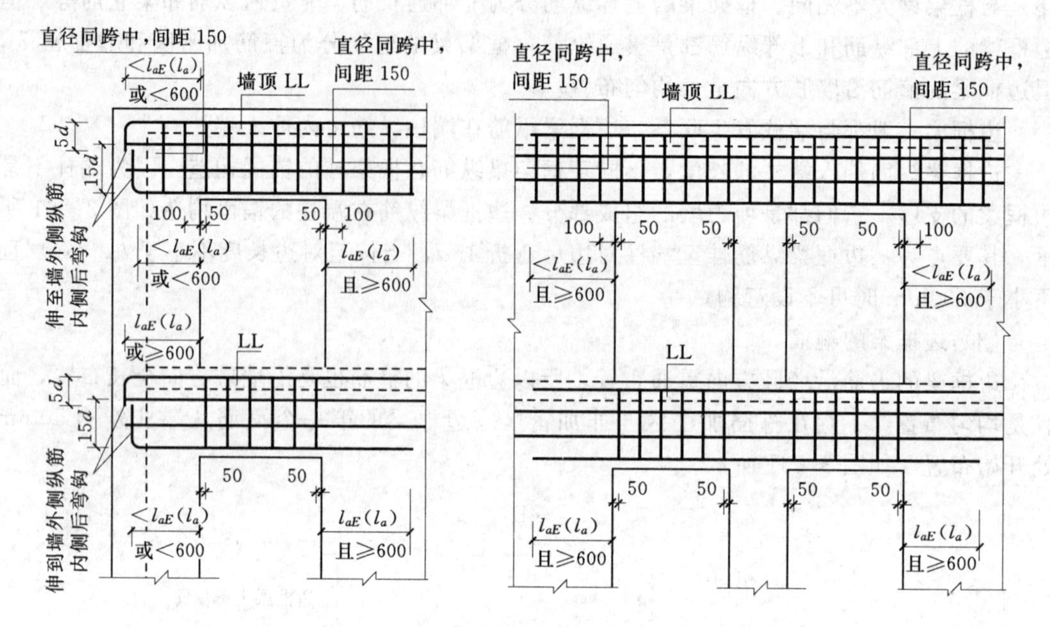


图3-62　剪力墙连梁构造（单位：mm）

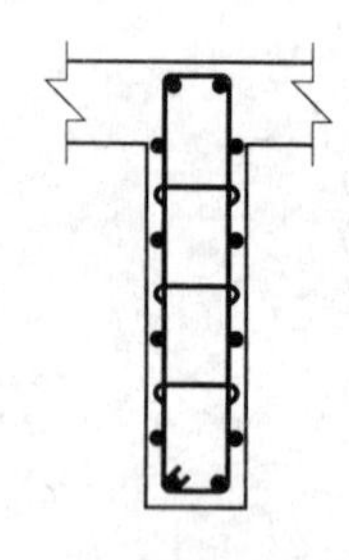

图3-63　连梁示意图

固长度时需要弯锚，连梁主筋伸至暗柱或端柱外侧纵筋的内侧后弯钩15$d$。

连梁LL遇到暗梁AL时，连梁LL的纵筋与暗梁AL的纵筋互锚（不是搭接），即互相在对方体内锚固一个$l_{aE}$（锚固长度从连梁LL与暗梁AL的分界线算起）。

（2）剪力墙水平分布筋与连梁的关系。

连梁其实是一种特殊的墙身，它是上下楼层窗洞口之间的那部分水平的窗间墙。所以，剪力墙身水平分布筋从暗梁的外侧通过连梁，如图3-63所示。

（3）连梁的箍筋。

连梁的箍筋构造如图3-63所示。

楼层连梁的箍筋仅在洞口范围内布置，第一个箍筋在距支座边缘50mm处设置。顶层连梁的箍筋在全梁范围内布置，洞口范围第一个箍筋在距支座边缘50mm处设置；支座范围内的第一个箍筋筋在距支座边缘100mm处设置，在“连梁表”中定义的箍筋直径和间距指的是跨中的间距，而支座范围内箍筋间距就是150mm。

（4）连梁的拉筋（同暗梁拉筋）。

4. 剪力墙连梁和暗梁封闭箍筋长度计算公式

连梁和暗梁与普通梁不同，普通梁的保护层是针对箍筋而言的，而连梁、暗梁的保护层是针对位于连梁、暗梁侧面的水平分布筋而言的。连梁、暗梁从外向内的顺序为：保护层→水平分布筋→箍筋→墙梁纵筋。所以，连梁、暗梁的箍筋长度计算不同与普通梁的箍筋长度计算，连梁、暗梁封闭箍筋的长度计算公式见表3-6。

表 3-6　　墙梁箍筋计算公式

| 钢筋 | 是否考虑抗震 | 计算公式 |
|---|---|---|
| 封闭箍筋 | 抗震 | $d$=8，10，12 时<br>$L=2(b+h)-8c+19.8d-4d_{水}$ |
| | | $L=2(b+h)-8c+150-4d_{水}$ |
| | 非抗震 | $L=2(b+h)-8c+9.8d-4d_{水}$ |

注　1. 表中箍筋计算公式不适用于边框梁，边框梁计算公式参照普通梁公式。
2. $b$—墙梁宽；$h$—墙梁高；$c$—墙保护层厚度；$d$—箍筋直径；$d_{水}$—水平分布筋直径。

### （四）剪力墙洞口补强钢筋识读

剪力墙洞口钢筋种类包括补强钢筋或补强暗梁纵向钢筋、箍筋和拉筋。图 3-64 为剪力墙洞口钢筋绑扎照片。

图 3-64　剪力墙洞口钢筋绑扎

洞口每边补强筋，分为以下几种不同情况：

（1）当矩形洞口的洞宽、洞高均不大于 800 时，此项注写为洞口每边补强钢筋的具体数值（如果按标准构造详图设置补强钢筋时可不注，如图 3-65 所示）。当洞宽、洞高方向补强钢筋不一致时，分别注写洞宽方向、洞高方向补强钢筋，以“/”分隔。

**【例 3-1】** JD3 400×300　+3.100，表示 3 号矩形洞口，洞口宽 400mm，洞口高 300mm，洞口中心距本结构层楼面 3100mm，洞口每边补强钢筋按（图 3-65）构造配置。

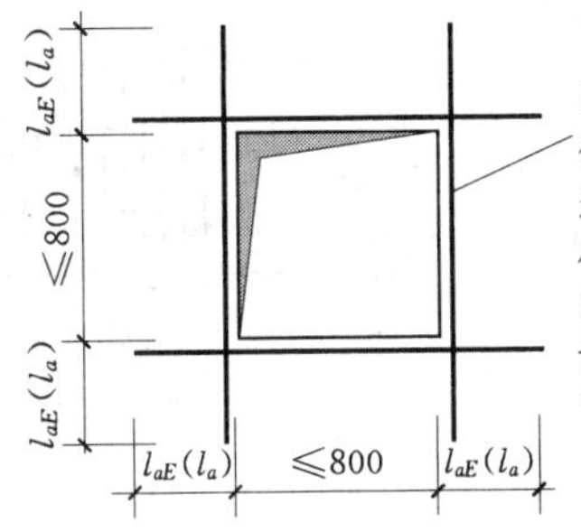


当设计注写补强纵筋时，按注写值补强；当设计未注写时，按每边配置两根直径不小于 12 且不小于同向被切断纵向钢筋总面积的50%补强。补强钢筋种类与被切断钢筋相同

图 3-65　矩形洞口的洞宽和洞高均不大于 800mm 时补强钢筋构造（单位：mm）
（括号内标注用于非抗震时）

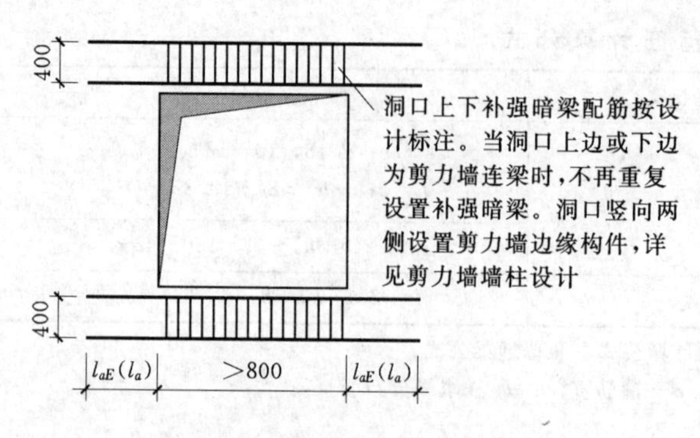


图 3-66　矩形洞口的洞宽和洞高均大于 800mm 时补强钢筋构造（单位：mm）
（括号内标注用于非抗震时）

【例 3-2】　JD4　800×300　+3.100　3⌀18/3⌀14，表示 4 号矩形洞口，洞口宽 800mm，洞口高 300mm，洞口中心距本结构层楼面 3100mm，洞宽方向补强钢筋为 3⌀18，洞高方向补强钢筋为 3⌀14。

（2）当矩形或圆形洞口的洞宽或直径大于 800mm 时，在洞口的上、下需设置补强暗梁，此项注写为洞口上、下每边暗梁的纵筋与箍筋的具体数值（在标准构造详图中，补强暗梁的梁高一律定为 400mm，施工时按标准构造详图取值，如图 3-66、图 3-67 所示），圆形洞口时尚需注明环向加强钢筋的具体数值。

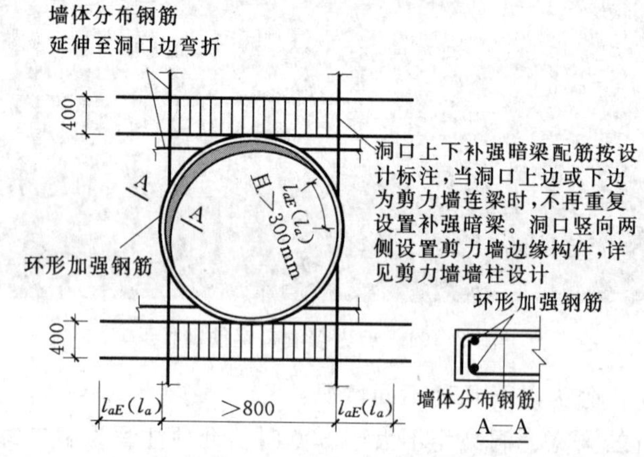


图 3-67　圆形洞口直径大于 800mm 时补强钢筋构造（单位：mm）
（括号内标注用于非抗震时）

【例 3-3】　JD5 1800×2100+1.800 6⌀20 ⌀8@150，表示 5 号矩形洞口，洞宽 1800mm，洞高 2100mm，洞口中心距本结构层楼面 1800mm，洞口上下设补强暗梁，每边暗梁纵筋为 6⌀20，箍筋为⌀8@150。

【例 3-4】　YD5 1000　+1.800 6⌀20 ⌀8@150 2⌀16，表示 5 号圆形洞口，直径为 1000mm，洞口中心距本结构层楼面 1800mm，洞口上下设补强暗梁，每边暗梁纵筋为 6⌀20，箍筋为⌀8@150，环向加强钢筋为 2⌀16。

（3）当圆形洞口设置在连梁中部 1/3 范

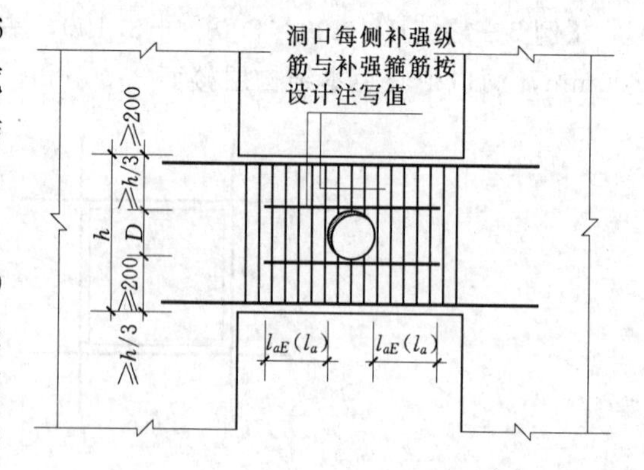


图 3-68　连梁中部圆形洞口补强钢筋构造（单位：mm）
（圆形洞口预埋钢管套，括号内标注用于非抗震时）

围（且圆洞直径不应大于 1/3 梁高）时，需注写在圆洞上下水平设置的每边补强纵筋与箍筋，如图 3-68 所示。

（4）当圆形洞口设置在墙身或暗梁、边框梁位置，且洞口直径不大于 300mm 时，此项注写洞口上下左右每边布置的补强纵筋的数值，如图 3-69 所示。

（5）当圆形洞口直径大于 300mm，但不大于 800mm 时，其加强钢筋在标准构造详图中系按照圆外切正六边形的边长方向布置，如图 3-70 所示，设计仅需注写六边形中一边补强钢筋的具体数值。

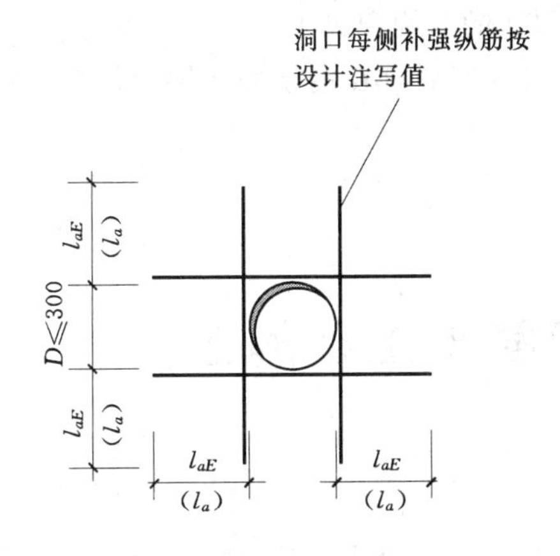


图 3-69　剪力墙圆形洞口直径不大于 300mm 时补强钢筋构造（单位：mm）
（括号内标注用于非抗震时）

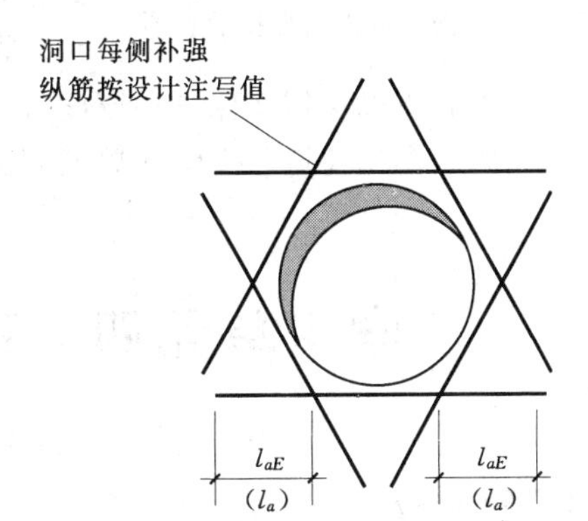


图 3-70　剪力墙圆形洞口直径大于 300mm 且不大于 800mm 时补强钢筋构造
（括号内标注用于非抗震时）

# 任务二　剪力墙钢筋施工

**【实训项目】**

（1）到施工现场参观剪力墙钢筋绑扎。

（2）到建筑工程实训基地进行剪力墙钢筋绑扎实训。

剪力墙钢筋现场绑扎工艺流程如下：弹墙体线→剔凿墙体混凝土浮浆→修理预留搭接筋→绑纵向筋→绑横向筋→绑拉接筋或支撑筋。

根据墙边线调整墙插筋的位置使其满足绑扎要求。每隔 2～3m 绑扎一根竖向钢筋，在高度 1.5m 左右的位置绑扎一根水平钢筋，然后把其余竖向钢筋与插筋连接，将竖向钢筋的上端与脚手架作临时固定并校正垂直。

在竖向钢筋上画出水平钢筋的间距，从下往上绑扎水平钢筋。墙的钢筋网，除靠近外围两行钢筋的相交点全部扎牢外，中间部分交叉点可间隔交错扎牢，但应保证受力钢筋不产生位置偏移；双向受力的钢筋，必须全部扎牢。绑扎应采用八字扣，如图 3-71 所示，绑扎丝的多余部分应弯入墙内（特别是有防水要求的钢筋混凝土墙、板等结构，更应注意这一点）。如剪力墙中有暗梁、暗柱时，应先绑暗梁、暗柱再绑周围

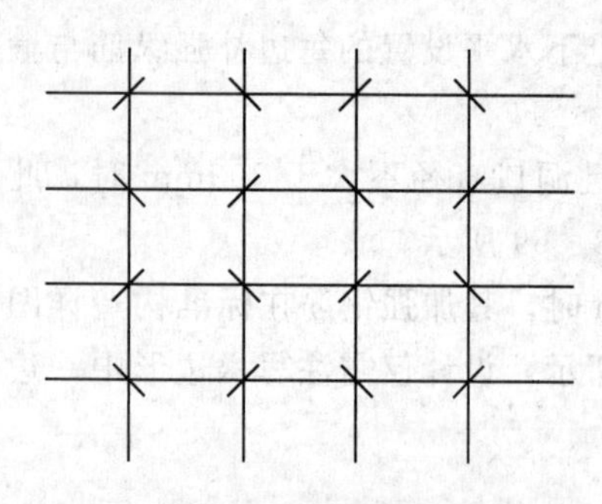
图 3-71　剪力墙钢筋绑扎示意图

横筋。

应根据设计要求确定水平钢筋是在竖向钢筋的内侧还是外侧，当设计无要求时，按竖向钢筋在里、水平钢筋在外布置。

墙筋的拉结筋应勾在竖向钢筋和水平钢筋的交叉点上，并绑扎牢固。为方便绑扎，拉结筋一般做成一端135°弯钩、另一端90°弯钩的形状，所以在绑扎完后还要用钢筋扳子把90°的弯钩弯成135°。

剪力墙钢筋绑扎完后，在钢筋外侧绑上保护层垫块或塑料支架，以确保钢筋保护层厚度。

其余内容参见情境二中学习单元四的内容。

# 学习单元四　高强混凝土工程施工

**【项目描述】**

通过识读、编写高层混凝土工程施工方案，了解高强混凝土、高性能混凝土、清水混凝土及泵送混凝土的概念，熟悉高强混凝土、高性能混凝土原材料的选用，掌握高强混凝土、高性能混凝土、清水混凝土及高层混凝土的泵送与浇筑的施工要点。

**【任务描述】**

编写某高层混凝土工程施工方案。

**【能力目标】**

(1) 能够描述高强混凝土、高性能混凝土、清水混凝土的施工要点。

(2) 能够编写高层混凝土的泵送与浇筑的施工方案。

**【知识目标】**

(1) 了解高强混凝土、高性能混凝土、清水混凝土及泵送混凝土的概念。

(2) 熟悉高强混凝土、高性能混凝土原材料的选用。

(3) 掌握高强混凝土、高性能混凝土、清水混凝土及高层混凝土的泵送与浇筑的施工要点。

## 任务一　高强混凝土施工

**【引例 3-2】** 近年来，在高层建筑结构工程中，高强混凝土得到了广泛的应用。已有文献报道，国外在实验室高温、高压的条件下，水泥石的强度达到662MPa（抗压）及64.7MPa（抗拉）。在实际工程中，美国西雅图双联广场泵送混凝土56*d*抗压强度达133.5MPa；我国也已有配置出C100的混凝土且用于实际工程的报道。

思考：什么是高强混凝土？为什么它会在高层建筑结构工程中得到广泛的应用？在施

工时高强度混凝土和普通混凝土有什么不同?

(JGJ/T 281—2012)《高强混凝土应用技术规程》中将强度等级不低于C60的混凝土称为高强混凝土。它是用水泥、砂、石原材料外加减水剂或同时外加粉煤灰、矿粉、矿渣、硅粉等混合料,经常规工艺生产而获得高强的混凝土。

## 一、高强混凝土的特点

(1) 抗压强度高。由于高强混凝土抗压强度高,一般为普通强度混凝土的4～6倍,可在相同荷载作用下减小构件截面,从而降低结构自重,增加使用面积或有效空间。例如,深圳贤成大厦,该建筑原设计用C40级混凝土,改用C60级混凝土后,其底层面积可增大1060$m^2$。

(2) 耐久性好。由于高强混凝土的密实性高,因此它的抗渗、抗冻性能均优于普通混凝土。国外高强混凝土除高层和大跨度工程外,还大量用于海洋和港口工程,它们耐海水侵蚀和海浪冲刷的能力大大优于普通混凝土,可以提高工程使用寿命。

(3) 变形小。由于具有变形小的特性,可提高构件的刚度,对于预应力混凝土构件,可以施加更大的预应力,早施加预应力,可因徐变小而减少预应力损失。

(4) 简化施工工艺。用高效减水剂配制的高强混凝土,一般具有坍落度大和早强的特点,不但便于浇筑,而且能加快模板周转。在工程中同时使用不同强度的混凝土,还可尽量统一构件尺寸,为统一施工模板提供了可能。

(5) 水泥用量大、收缩率高。生产高强混凝土应使用与之相匹配的水泥强度等级,鉴于目前高标号水泥的生产情况,大多C50、C60高强混凝土用42.5级水泥制备,因此水泥用量偏大,一般为400～600kg/$m^3$,因而混凝土收缩率大,增加了开裂的可能性,并且高强混凝土的延性降低,要考虑适当的构造配筋。

(6) 要注意过快的坍落度损失。在高强混凝土中掺加高效减水剂,能减少水灰比、加大流动性,达到增强的目的。但同时带来坍落度损失过快,30min即可损失50%甚至更高,难以泵送。

(7) 对施工管理要求较高。由于高强混凝土对各种原材料的要求比较严格,其质量易受生产、运输、浇筑和养护过程中环境因素的影响,因此对施工的每一环节都要仔细规划和检查,加强施工质量管理。

## 二、高强混凝土原材料的选用

### 1. 水泥

宜选用质量稳定的硅酸盐水泥或普通硅酸盐水泥,不得采用结块的水泥,也不宜采用出厂超过3个月的水泥。配制C80及以上强度等级的混凝土时,水泥28d胶砂强度不宜低于50MPa。生产高强混凝土时,水泥温度不宜高于60℃。

### 2. 矿物掺合料

用于高强混凝土的矿物掺合料可包括粉煤灰、粒化高炉矿渣粉、硅灰、钢渣粉和磷渣粉,粉煤灰宜采用I级或E级的F类。配制C80及以上强度等级的高强混凝土掺用粒化高炉矿渣粉时,粒化高炉矿渣粉不宜低于S95级。当配制C80及以上强度等级的高强混凝土掺用硅灰时,硅灰的$SiO_2$含量宜大于90%,比表面积不宜小于$15\times10^3 m^2/kg$。

3. 细骨料

配制高强混凝土宜采用细度模数为2.6～3.0的Ⅱ区中砂，砂的含泥量和泥块含量应分别不大于2.0%和0.5%。砂宜为非碱活性，不宜采用再生细骨料。

4. 粗骨料

粗骨料应采用连续级配，最大公称粒径不宜大于25mm。粗骨料的含泥量不应大于0.5%，泥块含量不应大于0.2%。粗骨料的针片状颗粒含量不宜大于5%，且不应大于8%。岩石抗压强度应比混凝土强度等级标准值高30%。粗骨料宜为非碱活性，不宜采用再生粗骨料。

5. 外加剂

配制高强混凝土宜采用高性能减水剂，配制C80及以上等级混凝土时，高性能减水剂的减水率不宜小于28%。外加剂应与水泥和矿物掺合料有良好的适应性，高强混凝土不应采用受潮结块的粉状外加剂。

6. 水

高强混凝土拌和用水和养护用水应符合JGJ 63—2006《混凝土用水标准》的规定。混凝土搅拌与运输设备洗刷水不宜用于高强混凝土，未经淡化处理的海水不得用于高强混凝土。

## 三、高强混凝土的配合比设计

高强混凝土的配制与普通混凝土相同，应根据设计要求的强度等级、施工要求的和易性，并应符合合理使用材料和经济的原则。

高强混凝土配合比设计应符合JGJ 55—2011《普通混凝土配合比设计规程》的规定，并应满足设计和施工要求。

高强混凝土配合比应经试验确定，在缺乏试验依据的情况下宜符合下列规定。

(1) 水胶比、胶凝材料用量和砂率可按表3-7选取，并应经试配确定。

(2) 外加剂和矿物掺合料的品种、掺量应通过试配确定；矿物掺合料掺量宜为25%～40%，硅灰掺量不宜大于10%。

(3) 大体积高强混凝土配合比试配和调整时，宜控制混凝土绝热温升不大于50℃。

**表3-7　高强混凝土水胶比、胶凝材料用量和砂率**

| 强度等级 | 水胶比 | 胶凝材料用量/(kg/m³) | 砂率/% |
|---|---|---|---|
| ≥C60，<C80 | 0.28～0.34 | 480～560 | 35～42 |
| ≥C80，<C100 | 0.26～0.28 | 520～580 | |
| C100 | 0.24～0.26 | 550～600 | |

(4) 高强混凝土设计配合比应在生产和施工前进行适应性调整，应以调整后的配合比作为施工配合比。生产过程中，应及时测定粗、细骨料的含水率，并应根据其变化情况及时调整称量。

## 四、高强混凝土的施工

高强混凝土的施工要求严于常规的普通混凝土，在符合GB 50666—2011《混凝土结构工程施工规范》和GB 50164—2011《混凝土质量控制标准》的基础上，还应符合JGJ/

T 281—2012《高强混凝土应用技术规程》的规定。

高强混凝土施工技术方案可分为两个方面：一方面是搅拌站的生产技术方案（涉及原材料、混凝土制备和运输等），即进行生产质量控制；另一方面是工程现场的施工技术方案（涉及浇筑、成型、养护及其相关的工艺和技术等），即进行现场施工质量控制。当然，这两个方面可以合为一体。

1. 原材料控制

按前述对各种组成材料的性能要求选用好材料并按配合比设计要求准确计量，其称量允许偏差不应超过以下数值：水泥±2%，掺合材料±1%，粗细骨料±3%，水及外加剂±1%。

2. 混凝土的搅拌

拌制高强混凝土应采用强制式搅拌机，搅拌时间可较普通混凝土适当延长，搅拌时投料顺序按常规做法。高效减水剂的投放时间应采取后掺法，宜在其他材料充分拌和后，即混凝土搅拌1～2min后掺入。

搅拌时应严格、准确控制用水量，并应仔细测定砂、石中的含水量，从用水量中扣除。

3. 混凝土的运输

高强混凝土坍落度的经时损失较普通混凝土大，因此，施工中应尽量缩短运输时间，以保证混凝土拌和物有较好的工作度。混凝土拌和物中的空气含量，在长时间的搅拌和运输过程中有可能增加，必要时应进行测试。对于水灰比大于0.35的高强混凝土，空气含量每增加1%，抗压强度损失约5%；对水灰比低的高强混凝土损失则更大。因此，在运输过程中要尽量避免含气量的增加。

4. 混凝土的浇筑与振捣

无论普通混凝土还是高强混凝土均要求在混凝土初凝前浇筑完毕，否则会形成施工缝或施工冷缝，影响结构的整体性。高强混凝土因坍落度经时损失较快，因此，要严密制定混凝土的浇筑方案，准确掌握混凝土的初凝、终凝时间，随时根据现场情况，尤其是在高温期（温度超过28℃）测定混凝土的坍落度，以便调整浇筑方案，使混凝土在良好的流动状态浇筑振捣完毕。

高强混凝土的振捣宜采用高频振动器，振捣必须充分。对于使用高效减水剂，具有较大坍落度的混凝土，也应充分振捣。

注意：高强度混凝土中强度对用水量的变化极其敏感，因此，在运输和浇筑成型过程中往混凝土拌和物中加水会明显影响混凝土强度，同时也会对高强混凝土的耐久性能和其他力学性能产生影响，对工程质量具有很大危害。所以在高强混凝土拌和物的运输和浇筑过程中，严禁往拌和物中加水。

5. 混凝土养护

高强混凝土水灰比小，含水量少，浇筑后的养护好坏对混凝土强度的影响比普通混凝土大，同时加强养护也是避免产生温度裂缝的重要措施。

高强混凝土浇筑完毕后，必经立即覆盖养护或立即喷洒或涂刷养护剂，以保持混凝土表面湿润，养护日期应不少于7d。为保证混凝土质量，高强混凝土的入模温度应根据环境状况和构件所受的内、外约束程度加以限制。养护期间混凝土的内部最高温度不宜高于75℃，并应采取措施使混凝土内部与表面、表面与大气的温度差小于25℃。

6. 混凝土的质量检查

在高强混凝土配制与施工前，应规定质量控制和质量保证实施细则，并明确专人监督执行。混凝土生产单位必须对混凝土的原材料条件及所配制的混凝土性能提出报告，待各方认可后方可施工。高强混凝土的质量检查验收按混凝土结构工程施工质量验收标准，但宜结合高强混凝土的特点，经各方事先商定，对其中强度验收方法做出适当的修正。对大尺寸的高强混凝土结构构件，应监测施工过程中混凝土的温度变化，并采取措施防止开裂及水化热造成的其他有害影响。对于重要工程，应同时抽取多组标准立方体试件，分别进行标准养护、密封下的同温养护（养护温度随结构构件内部实测温度变化）和密封下的标准温度养护，以对实际结构中的混凝土强度做出正确评估。

## 任务二　高性能混凝土施工

高性能混凝土是指采用常规材料和工艺生产，具有混凝土结构所要求的各项力学性能，且具有高耐久性、高工作性和高体积稳定性的混凝土。这种混凝土的拌和物具有大流动性和可泵性，不离析，而且保塑时间可根据工程需要来调整，便于浇捣密实。它是一种以耐久性和可持续发展为基本要求并适合工业化生产与施工的混凝土，是一种环保型、集约型的绿色混凝土。

### 一、高性能混凝土原材料的选用

1. 水泥

宜选用与外加剂相容性好，强度等级大于42.5级的硅酸盐水泥、普通硅酸盐水泥或特种水泥［调粒水泥、球状水泥为保证混凝土体积稳定，宜选用$C_3S$含量高、而$C_3A$含量低（小于8%）的水泥］。一般不宜选用$C_3A$含量高、细度小的早强型水泥。在含碱活性骨料应用较集中的环境下，应限制水泥的总碱含量不超过0.6%。

2. 矿物掺合料

在高性能混凝土中加入较大量的磨细矿物掺合料，可以起到降低温升、改善工作性、增进后期强度、改善混凝土内部结构、提高耐久性、节约资源等作用。常用的矿物掺合料有粉煤灰、粒化高炉矿渣微粉、沸石粉、硅粉等。矿物掺合料不仅有利于提高水化作用和强度、密实性和工作性，降低空隙率，改善孔径结构，而且对抵抗侵蚀和延缓性能退化等均有较大的作用。

高性能混凝土中，矿物微细粉等量取代水泥的最大用量宜符合下列要求：①硅粉不大于10%，粉煤灰不大于30%，磨细矿渣粉不大于40%，天然沸石粉不大于10%，偏高岭土粉不大于15%，复合微细粉不大于40%；②粉煤灰超量取代水泥时超量值不宜大于25%。

3. 细骨料

混凝土中骨料体积约占混凝土总体积的65%～85%。粗骨料的岩石种类、粒径、粒形、级配以及软弱颗粒和石粉含量将会影响拌和物的和易性及硬化后的强度，而细骨料的粗细和级配对混凝土流变性能的影响更为显著。

高性能混凝土采用的细骨料应选择质地坚硬、级配良好的中、粗河砂或人工砂，细度模量为2.6～3.2，通过公称粒径为315μm筛孔的砂不应少于15%，含泥量不大于1.0%，泥块含量不大于0.5%。当采用人工砂时，更应注意控制砂子的级配和含粉量。

4. 粗骨料

粗骨料宜选用质地坚硬、级配良好的石灰岩、花岗岩、辉绿岩、玄武岩等碎石或碎卵石，母岩的立方体抗压强度应比所配制的混凝土强度至少高20%；粗骨料中针片状颗粒含量应小于10%，且不得混入风化颗粒；含泥量不大于0.5%；泥块含量不大于0.2%；粗骨料的最大粒径不宜大于25mm，宜采用15～25mm和5～15mm两级粗骨料配合。在一般情况下，不宜采用碱活性骨料。

配制C60以上强度等级高性能混凝土的粗骨料，应选用级配良好的碎石或碎卵石。岩石的抗压强度与混凝土的抗压强度之比不宜低于1.5，或其压碎值$Q_a$宜小于10%。

5. 外加剂

外加剂要有较好的分散减水效果，能减少用水量，改善混凝土的工作性，从而提高混凝土的强度和耐久性。高效减水剂是配制高性能混凝土必不可少的，高性能混凝土中宜选用减水率高（减水率不宜低于20%）、与水泥相容性好、含碱量低、坍落度经时损失小的品种，如聚羟基羧酸系、接枝共聚物等。

6. 水

高性能混凝土的单方用水量不宜大于175kg/m$^3$。

## 二、高性能混凝土的施工

高性能混凝土的形成不仅取决于原材料、配合比以及硬化后的物理力学性能，也与混凝土的制备与施工有决定性关系。高性能混凝土的施工与普通混凝土相类似，但又有其不同的特点，如混凝土拌和物的水灰比小、结构黏度大、坍落度损失快、早期自收缩大等。高性能混凝土施工中要注意使其具有高流动性，坍落度不小于20cm且1.0～1.5h内基本上无坍落度损失；要注意早期养护，防止在塑性阶段就发生自收缩开裂。高性能混凝土的湿养护时间要比普通混凝土长。

高性能混凝土的浇注应采用泵送施工，高频振捣器振动成型。混凝土浇筑时应加强施工组织和调度，混凝土的供应必须确保在规定的施工区段内连续浇注的需求量。混凝土的自由倾落高度不宜超过2m；在不出现分层离析的情况下，最大落料高度应控制在4m以内。泵送混凝土前应根据现场情况合理布管。在夏季高温时应采用湿草帘或湿麻袋覆盖降温，冬季施工时应采用保温材料覆盖。混凝土搅拌后120min内应泵送完毕，如因运送时间不能满足要求或气候炎热，应采取经试验验证的技术措施，防止因坍落度损失影响泵送。浇注高性能混凝土应振捣密实，宜采用高频振捣器垂直点振。当混凝土较黏稠时，应加密振点分布。应特别注意二次振捣和二次振捣的时机，确保有效地消除塑性阶段产生的沉缩和表面收缩裂缝。

高性能混凝土必须加强保湿养护，特别是底板、楼面板等大面积混凝土浇筑后，应立即用塑料薄膜严密覆盖。二次振捣和压抹表面时可卷起覆盖物操作，然后及时覆盖，混凝土终凝后可用水养护。采用水养护时，水的温度应与混凝土的温度相适应，避免因温差过大而混凝土出现裂缝。保湿养护期不应少于14d。当高性能混凝土中胶凝材料用量较大时，应采取覆盖保温养护措施。保温养护期间应控制混凝土内部温度不超过75℃，可通过控制入模温度控制混凝土结构内部最高温度。应采取措施确保混凝土内外温差不超过25℃，可通过保湿蓄热养护控制结构内外温差。还应防止混凝土表面温度因环境影响（如暴晒、气温骤降等）而发生剧烈变化。

## 任务三　清水混凝土施工

**【引例3-3】** 许多世界级建筑大师如贝聿铭、安藤忠雄等在他们的设计中大量采用清水混凝土，如图3-72所示。日本国家大剧院、普立兹意识基金会、巴黎史前博物馆、莱因世界文化博物馆、伦敦泰德现代美术馆、斯德哥尔摩现代美术馆与建筑博物馆、意大利米兰歌剧院等世界各地的艺术类公共建筑，均采用了清水混凝土。

图3-72　安藤忠雄清水混凝土作品——光之教堂

**【引例3-4】** 在我国，随着绿色建筑的客观需求，人们环保意识的不断提高，返璞归真的自然思想的深入人心，我国清水混凝土工程的需求已不再局限于道路桥梁、厂房和机场，在工业与民用建筑中也得到了一定的应用。近些年来，少量高档建筑工程如海南三亚机场、首都机场、上海浦东国际机场航站楼、东方明珠的大型斜筒体等都采用了清水混凝土。

思考：清水混凝土的发展有何意义？清水混凝土的施工同普通混凝土施工有何不同？

### 一、清水混凝土概述

1. 概念及分类

清水混凝土是直接利用混凝土成型后的自然质感作为饰面效果的混凝土。清水混凝土可分为普通清水混凝土、饰面清水混凝土和装饰清水混凝土。

表面颜色无明显色差，对饰面效果无特殊要求的清水混凝土称为普通清水混凝土。表面颜色基本一致，由有规律排列的对拉螺栓孔眼、明缝、蝉缝、假眼等组合形成的、以自然质感为饰面效果的清水混凝土称为饰面清水混凝土。表面形成装饰图案、镶嵌装饰片或彩色的清水混凝土称为装饰清水混凝土。

2. 优点

清水混凝土同普通混凝土相比，具有如下优势：

（1）清水混凝土不需要装饰，舍去了涂料、饰面等化工产品，是名副其实的绿色混凝土。

（2）清水混凝土结构一次成型，不剔凿修补、不抹灰，减少了大量建筑垃圾，有利于保护环境。

（3）消除了诸多质量通病，清水装饰混凝土避免了抹灰开裂、空鼓甚至脱落的质量隐

患，减轻了结构施工的漏浆、楼板裂缝等质量通病。

（4）促使工程建设的质量管理进一步提升。清水混凝土的施工，不可能有剔凿修补的空间，每一道工序都至关重要，迫使施工单位加强施工过程的控制，使结构施工的质量管理工作得到全面提升。

（5）降低工程总造价，清水混凝土的施工需要投入大量的人力、物力，势必会延长工期，但因其最终不用抹灰、吊顶、装饰面层，从而减少了维保费用，最终降低了工程总造价。

## 二、清水混凝土的施工

### 1. 与普通混凝土施工的不同点

清水混凝土与普通混凝土工程相比，从施工角度看主要有以下不同。

（1）清水混凝土结构精度要求大幅度提高。

（2）模板接缝、对拉螺栓和施工缝预留设有规律性，墙面无错台。

（3）清水混凝土表面无蜂窝、麻面、裂纹和露筋现象，表面粗糙度达到手感光滑。

（4）模板接缝与施工缝处无挂浆、漏浆。

（5）尺寸准确，无缺棱掉角、不粘模。

（6）表面无明显气泡，无砂带和黑斑，每平方米不应出现多于 8 个直径大于 2mm 的气泡。

（7）穿墙孔排列整齐、美观，锥体及穿墙洞的边角无缺棱掉角。

（8）表面平整、清洁、色泽一致。

### 2. 清水混凝土施工的一般规定

清水混凝土施工应进行全过程质量控制，对于饰面效果要求相同的清水混凝土，材料和施工工艺应保持一致。有防水和人防等要求的清水混凝土构件，必须采取防裂、防渗、防污染及密闭等措施，其措施不得影响混凝土饰面效果。处于潮湿环境和干湿交替环境的混凝土，应选用非碱活性骨料。清水混凝土关键工序应编制专项施工方案。饰面清水混凝土和装饰清水混凝土施工前，宜做样板。

### 3. 清水混凝土材料准备

模板面板可采用胶合板、钢板、塑料板、铝板、玻璃钢等材料，应满足强度、刚度和周转使用要求，且加工性能好。模板骨架材料应顺直、规格一致，应有足够的强度、刚度，且满足受力要求。对拉螺栓套管及堵头应根据对拉螺栓的直径进行确定，可选用塑料、橡胶、尼龙等材料。

钢筋连接方式不应影响保护层厚度，钢筋绑扎材料宜选用 20～22 号无锈绑扎钢丝，钢筋垫块应有足够的强度、刚度，颜色应与清水混凝土的颜色接近。

饰面清水混凝土原材料除应符合 GB 50204—2002《混凝土结构工程施工质量验收规范》等的规定外，尚应符合下列规定：

（1）应有足够的存储量，原材料的颜色和技术参数宜一致。

（2）宜选用强度等级不低于 42.5 级的硅酸盐水泥、普通硅酸盐水泥。同一工程的水泥宜为同一厂家、同一品种、同一强度等级。

（3）粗骨料应采用连续粒级，颜色应均匀，表面应洁净，并应符合表 3 - 8 的规定。

表 3－8　　粗骨料质量要求

| 混凝土强度等级 | ≥C50 | <C50 |
|---|---|---|
| 含泥量（按质量计）/% | ≤0.5 | ≤1.0 |
| 泥块含量（按质量计）/% | ≤0.2 | ≤0.5 |
| 针、片状颗粒含量（按质量计）/% | ≤8 | ≤15 |

（4）骨料宜采用中砂，并应符合表 3－9 的规定。

表 3－9　　细骨料质量要求

| 混凝土强度等级 | ≥C50 | <C50 |
|---|---|---|
| 含泥量（按质量计）/% | ≤2.0 | ≤3.0 |
| 泥块含量（按质量计）/% | ≤0.5 | ≤1.0 |

（5）同一工程所用的掺合料应来自同一厂家、同一规格型号。宜选用Ⅰ级粉煤灰。

4. 清水混凝土施工

（1）模板工程。

模板下料尺寸应准确，切口应平整，组拼前应调平、调直。模板龙骨不宜接头。当确需接头时，有接头的主龙骨数量不应超过主龙骨总数量的 50%。模板加工后宜预拼，应对模板平整度、外形尺寸、相邻板面高低差以及对拉螺栓组合情况等进行校核，校核后应对模板进行编号。

模板安装前应进行下列工作：①检查面板清洁度；②清点模板和配件的型号、数量；③核对明缝、蝉缝、装饰图案的位置；④检查模板内侧附件连接情况，附件连接应牢固；⑤复核基层上内外模板控制线和标高涂刷脱模剂，且脱模剂应均匀。应根据模板编号进行安装，模板之间应连接紧密，模板拼接缝处应有防漏浆措施。对拉螺栓安装应位置准确、受力均匀。应对模板面板、边角和已成型清水混凝土表面进行保护。

清水混凝土模板的拆除，除应符合 GB 50204—2010《混凝土结构工程施工质量验收规范》和 JGJ 74—2003《建筑工程大模板技术规程》的规定外，尚应符合下列规定：①应适当延长拆模时间；②应制定清水混凝土墙体、柱等的保护措施；③模板拆除后应及时清理、修复。

（2）钢筋工程。

钢筋应清洁，无明显锈蚀和污染。钢筋保护层垫块宜呈梅花形布置。饰面清水混凝土定位钢筋的端头应涂刷防锈漆，并宜套上与混凝土颜色接近的塑料套。每个钢筋交叉点均应绑扎，绑扎钢丝不得少于两圈，扎扣及尾端应朝向构件截面的内侧。饰面清水混凝土对拉螺栓与钢筋发生冲突时，宜遵循钢筋避让对拉螺栓的原则。钢筋绑扎后应有防水冲淋等措施。

（3）混凝土工程。

应根据结构特点进行构件分区，同一构件分区应采用同批混凝土，并应连续浇筑。同层或同区内混凝土构件所用材料牌号、品种、规格应一致，并应保证结构外观、色泽符合要求。竖向构件浇筑时应严格控制分层浇筑的间歇时间，避免出现混凝土层间接缝痕迹。

清水混凝土浇筑前，应清理模板内的杂物，保持模板内清洁、无积水，同时应完成钢筋、管线的预留预埋，施工缝的隐蔽工程验收工作。

竖向构件浇筑时，混凝土浇筑先在根部浇筑 30～50mm 厚与混凝土同配比的水泥砂浆后，随铺砂浆随浇混凝土。应严格控制分层浇筑的间隔时间，分层厚度不宜超过 500mm。门窗洞口宜从两侧同时浇筑清水混凝土。

清水混凝土振点应从中间向边缘分布，且布棒均匀，层层搭扣，遍布浇筑的各个部位，并应随浇筑连续进行，严禁漏振、过振、欠振；振捣棒插入下层混凝土表面的深度大于 50mm。振捣过程中成避免敲振模板、钢筋，每一振点的振动时间，应以混凝土表面不再下沉、无气泡逸出为止，一般为 20～30s，避免过振发生离析。

后续清水混凝土浇筑前，应先剔除施工缝处松动石子或浮浆层，剔除后应清理干净。

清水混凝土拆模后应立即养护，对同一视觉范围内的清水混凝土应采用相同的养护措施。清水混凝土养护时，不得采用对混凝土表面有污染的养护材料和养护剂。

普通清水混凝土表面宜涂刷透明保护涂料，饰面清水混凝土表面应涂刷透明保护涂料。

# 任务四　混凝土的泵送与浇筑

**【引例 3－5】** 近年来，随着科学技术的不断进步，大功率、高效率的新型混凝土泵的不断出现，泵送混凝土施工技术在国内外都得到了日益广泛的应用。我国在 20 世纪 80 年代以后，由于大规模工程建设的需要，高层建筑的蓬勃兴起以及国内外新型混凝土泵的研制和应用，泵送混凝土量日渐扩大，一次泵送高度不断增大，如南京金陵饭店一次泵送混凝土垂直高度为 112m；上海静安区希尔顿饭店为 140m；北京京城大厦为 183.5m；广州国际大厦为 200m；中央电视台新址大楼为 230m，广州中天广场为 321.9m；深圳地王商业大厦为 325m；而 420.5m 高的上海金茂大厦，一次泵送高度达到 382m。图 3－73 为泵送混凝土的施工现场。

图 3－73　泵送混凝土施工现场

思考：你知道什么是泵送混凝土吗？泵送混凝土施工技术有哪些要点呢？

## 一、泵送混凝土概述

### 1. 泵送混凝土的概念及特点

高层建筑混凝土施工的特点是混凝土浇筑量大，垂直运输高度高水平运距长，浇筑强度高，浇筑时间长，因此如何正确选用混凝土的运输工具和浇筑方法尤其重要，它往往能决定施工质量的保证、工期的长短和劳动量消耗的大小。混凝土的泵送施工已经成为高层建筑和大体积混凝土施工过程中的重要方法，泵送施工不仅可以改善混凝土施工性能、提高混凝土质量，而且可以改善劳动条件、降低工程成本。随着商品混凝土应用的普及，各种性能要求不同的混凝土均可泵送，如高性能混凝土、补偿收缩混凝土等。

泵送混凝土是在混凝土泵的压力推动下沿输送管道进行运输并在管道出口处直接浇筑的混凝土。

混凝土泵能一次连续地完成水平运输和垂直运输，效率高、劳动力省、费用低，尤其对于一些工地狭窄和有障碍物的施工现场，用其他运输工具难以直接靠近施工工程，混凝土泵则能有效地发挥作用。混凝土泵运输距离长，单位时间内的输送量大，三四百米高的高层建筑可一泵到顶，上万立方米的大型基础也能在短时间内浇筑完毕，非其他运输工具所能比拟，优越性非常显著，因而在建筑行业已推广应用多年，尤其是预拌混凝土生产与泵送施工相结合，彻底改变了施工现场混凝土工程的面貌。

2. 混凝土输送泵的类型

常用的混凝土输送泵有汽车泵（图 3－74）、拖泵（固定泵）（图 3－75）、车载泵（图 3－76）三种类型。

图 3－74　汽车泵

图 3－75　拖泵（固定泵）

图 3－76　车载泵

按驱动方式，混凝土泵分为两大类，即活塞（也称柱塞式）泵和挤压式泵。目前我国主要应用活塞式混凝土泵，它结构紧凑、传动平稳，又易于安装在汽车底盘上组成混凝土泵车。

根据其能否移动和移动的方式，分为固定式拖式和汽车式。汽车式泵移动方便，灵活机动，到新的工作地点不需进行准备作业即可进行浇筑，因而是目前大力发展的机种。汽车式泵又分为带布料杆和不带布料杆的两种，大多数是带布料杆的。

挤压式泵按其构造形式，又分为转子式双滚轮型、直管式三滚轮型和带式双槽型三种。目前尚在应用的为第一种。挤压式泵一般均为液压驱动。将液压活塞式混凝土泵固定安装在汽车底盘上，使用时开至需要施工的地点，进行混凝土泵送作业，称为混凝土汽车泵或移动泵车。这种泵车使用方便，适用范围广，它既可以利用在工地配置装接的管道输送到较远、较高的混凝土浇筑部位，也可以发挥随车附带的布料杆作用，把混凝土直接输送到需要浇筑的地点。混凝土泵车的输送能力一般为 $80m^3/h$。

拖泵使用时，需用汽车将它拖带至施工地点，然后进行混凝土输送。这种形式的混凝土泵主要由混凝土推送机构、分配闸机构、料斗搅拌装置、操作系统、清洗系统等组成。它具有输送能力大、输送高度高等特点，一般最大水平输送距离超过 1000m，最大垂直输

送高度超过400m，输送能力为85m³/h左右，适用于高层及超高层建筑的混凝土输送。

## 二、混凝土泵送设备及管道的选择与布置

1. 混凝土泵的选型和布置

混凝土泵的选型，应根据混凝土工程特点、要求的最大输送距离、最大输出量及混凝土浇筑计划确定。

混凝土输送管的水平换算长度，可按表3-10换算。

**表3-10　混凝土输送管的水平换算长度表**

| 类别 | 单位 | 规格 | 水平换算长度/m |
|---|---|---|---|
| 向上垂直管 | 每米 | 100mm | 3 |
| | | 125mm | 4 |
| | | 150mm | 5 |
| 锥形管 | 每根 | 175→150mm | 4 |
| | | 150→125mm | 8 |
| | | 125→100mm | 16 |
| 弯管 | 每根 | $R$=0.5m | 12 |
| | | 90° | 9 |
| | | $r$=1.0m | |
| 软管 | 每5～8m长的1根 | | |

注 1. $R$为曲率半径。
2. 弯管的弯曲角度小于90°时，需将表列数值乘以该角度与90°角的比值。
3. 向下垂直管，其水平换算长度等于其自身长度。
4. 斜向配管时，根据其水平及垂直投影长度，分别按水平、垂直配管计算。

混凝土泵设置处应场地平整坚实，道路畅通，供料方便，距离浇筑地点近，便于配管，接近排水设施和供水、供电方便。在混凝土泵的作业范围内，不得有高压线等障碍物。当高层建筑采用接力泵泵送混凝土时，接力泵的设置位置应使上、下泵的输送能力匹配。设置接力泵的楼面应验算其结构所能承受的荷载，必要时应采取加固措施。

2. 配管设计

混凝土输送管应根据工程和施工场地特点、混凝土浇筑方案进行配管。宜缩短管线长度，少用弯管和软管。输送管的铺设应保证安全施工，便于清洗管道、排除故障和装拆维修。

在同一条管线中，应采用相同管径的混凝土输送管；同时采用新、旧管段时，应将新管布置在泵送压力较大处；管线宜布置得横平竖直。应绘制布管简图，列出各种管件、管连接环、弯管等的规格和数量，提出备件清单。

混凝土输送管应根据粗骨料最大粒径、混凝土泵型号、混凝土输出量和输送距离以及输送难易程度等进行选择。输送管应具有与泵送条件相适应的强度。应使用无龟裂、无凹凸损伤和无弯折的管段。输送管的接头应严密，有足够强度，并能快速装拆。

垂直向上配管时，地面水平管长度不宜小于垂直管长度的1/4，且不宜小于15m，或遵守产品说明书中的规定。在混凝土泵机V形管出料口3～6m处的输送管根部应设置截

止阀，以防混凝土拌和物反流。

泵送施工地下结构物时，地上水平管轴线应与V形管出料口轴线垂直。

倾斜向下配管时，应在斜管上端设排气阀；当高差大于20m时，应在斜管下端设5倍高差长度的水平管；如条件限制，可增加弯管或环形管，满足5倍高差长度要求。

混凝土输送管的固定，不得直接支承在钢筋、模板及预埋件上，并应符合下列规定：水平管宜每隔一定距离用支架、台垫、吊具等固定，以便于排除堵管、装拆和清洗管道；垂直管宜用预埋件固定在墙和柱或楼板顶留孔处，在墙及柱上每节管不得少于1个固定点；在每层楼板预留孔处均应固定；垂直管下端的弯管，不应作为上部管道的支撑点，宜设钢支撑承受垂直管重量；当垂直管固定在脚手架上时，根据需要可对脚手架进行加固；管道接头卡箍处不得漏浆。

炎热季节施工，宜用湿罩布、湿草袋等遮盖混凝土输送管，避免阳光照射。严寒季节施工，宜用保温材料包裹混凝土输送管，防止管内混凝土受冻，并保证混凝土的入模温度。

当水平输送距离超过200m，垂直输送距离超过40m，输送管垂直向下或斜管前面布置水平管，混凝土拌和物单位水泥用量低于300kg/m³时，必须合理选择配管方法和泵送工艺，宜用直径大的混凝土输送管和长的锥形管，少用弯管和软管。

当输送高度超过混凝土泵的最大输送距离时，可用接力泵（后继泵）进行泵送。

3. 配置布料设备的要求

应根据工程结构特点、施工工艺、布料要求和配管情况等，选择布料设备。应根据结构平面尺寸、配管情况和布料杆长度，布置布料设备，且其应能覆盖整个结构平面，并能均匀、迅速地进行布料，布料设备应安设牢固和稳定。

## 三、混凝土泵送施工技术

1. 混凝土泵送一般规定

应先进行泵水检查，并湿润输送泵的料斗、活塞等直接与混凝土接触的部位；泵水检查后，应清除输送泵内积水；输送混凝土前，应先输送水泥砂浆对输送泵和输送管进行润滑，然后开始输送混凝土；输送混凝土速度应先慢后快、逐步加速，应在系统运转顺利后再按正常速度输送；输送混凝土过程中，应设置输送泵集料斗网罩，并应保证集料斗有足够的混凝土余量。

当采用输送管输送混凝土时，应由远而近浇筑。同一区域的混凝土，应按先竖向结构后水平结构的顺序，分层连续浇筑。当不允许留施工缝时，区域之间、上下层之间的混凝土浇筑间歇时间，不得超过混凝土初凝时间。当下层混凝土初凝后，浇筑上层混凝土时，应先按留施工缝的规定处理。

在浇筑竖向结构混凝土时，布料设备的出口离模板内侧面不应小于50mm，且不得向模板内侧面直冲布料，也不得直冲钢筋骨架。浇筑水平结构混凝土时，不得在同一处连续布料，应在2～3m范围内水平移动布料，且宜垂直于模板布料。

混凝土浇筑分层厚度，宜为300～500mm。当水平结构的混凝土浇筑厚度超过500mm时，可按1：6～1：10坡度分层浇筑，且上层混凝土应超前覆盖下层混凝土500mm以上。

振捣泵送混凝土时，振动棒移动间距宜为400mm左右，振捣时间宜为15～30s，且隔20～30min后，进行第二次复振。

2. 超高泵送混凝土的施工工艺

在混凝土泵启动后，按照水→水泥砂浆的顺序泵送，以湿润混凝土泵的料斗、混凝土缸及输送管内壁等直接与混凝土拌和物接触的部位。其中，润滑用水、水泥砂浆的数量根据每次具体泵送高度进行适当调整，控制好泵送节奏。

泵水的时候，要仔细检查泵管接缝处，防止漏水过猛，较大的漏水在正式泵送时会造成漏浆而引起堵管。一般的商品混凝土在正式泵送混凝土前，都只是泵送水和砂浆作为润管之用，根据施工超高层的经验，可以在泵送砂浆前加泵纯水泥浆。纯水泥浆在投入泵车进料口前，先添加少量的水搅拌均匀。在泵管顶部出口处设置组装式集水箱来收集泵管在润管时产生的污水和水泥砂浆等废料。

开始泵送时，要注意观察泵的压力和各部分工作的情况。开始时混凝土泵应处于慢速、匀速并随时可反泵的状态，待各方面情况正常后再转入正常泵送。正常泵送时，应尽量不停顿地连续进行，遇到运转不正常的情况时，可放慢泵送速度。当混凝土供应不及时时，宁可降低泵送速度，也要保持连续泵送，但慢速泵送的时间不能超过混凝土浇筑允许的延续时间。不得已停泵时，料斗中应保留足够的混凝土，作为间隔推动管路内混凝土之用。在临近泵送结束时，可按混凝土→水泥砂浆→水的顺序泵送收尾。

3. 超高结构混凝土泵送施工过程控制

施工前应编制混凝土泵送施工方案，计算现场施工润滑用水、水泥浆、水泥砂浆的数量及混凝土实际浇筑量，并制定泵送混凝土浇筑计划，内容包括混凝土浇筑时间、各时间段浇筑量及各施工环节的协调搭接等。

在泵送过程中，要定时检查活塞的冲程，不使其超过允许的最大冲程。为了减缓机械设备的磨损程度，宜采用较长的冲程进行运转。

在泵送过程中，还应注意料斗的混凝土量，应保持混凝土面不低于上口20cm，否则易吸入空气形成阻塞。遇到该情况时，宜进行反泵将混凝土反吸到料斗内，除气后再进行正常泵送。

在混凝土泵送中，若需接长输送管时，应预先用水、水泥浆、水泥砂浆进行湿润和内壁润滑处理等工作。

泵送结束前要估计残留在输送管路中的混凝土量，该部分混凝土经清洁处理后仍能使用。对泵送过程中废弃的和多余的混凝土拌和物，应按预先设定场地用于处理和安置。

当泵送混凝土中掺有缓凝剂时，需控制缓凝时间不宜太短，否则不仅会降低混凝土工作性能，而且浇筑时模板侧压力大，造成拆模困难而影响施工进度。

## 四、混凝土泵送的质量控制

混凝土运送至浇筑地点，如混凝土拌和物出现离析或分层现象，应对混凝土拌和物进行二次搅拌。

混凝土运至浇筑地点时，应检测其稠度，所测稠度值应符合设计和施工要求，其允许偏差值应符合有关标准的规定。

混凝土拌和物运至浇筑地点时的入模温度，最高不宜超过35℃，最低不宜低于5℃。

其余内容参见学习情境二学习单元五的内容。

## 【习题】

1. 简述附着升降式脚手架的分类及工作原理。
2. 简述附着升降式脚手架的构件组成。
3. 简述附着升降式脚手架的安装与拆除的注意事项。
4. 简述附着升降式脚手架使用的注意事项。
5. 附着升降式脚手架应注意哪些安全问题?
6. 大模板的构造型式及类型有哪些?
7. 简述大模板的设计及思路。
8. 简述大模板的施工要点及注意事项。
9. 剪力墙的主要作用是什么?
10. 剪力墙边缘构件是指什么?
11. 三种剪力墙梁是指哪三种梁?
12. 简述剪力墙中各种钢筋的层次关系。
13. 简述剪力墙钢筋施工工艺流程及要点。
14. 什么是高强混凝土?高强混凝土对原材料的选用有什么要求?
15. 简述高强混凝土的施工要点。
16. 什么是高性能混凝土?高性能混凝土对原材料的选用有什么要求?
17. 简述高性能混凝土的施工要点。
18. 什么是清水混凝土?简述清水混凝土的施工要点。
19. 混凝土泵送一般规定有哪些?
20. 简述混凝土泵送的质量控制要点。

# 学习情境四　预应力混凝土构件施工

**【情境描述】** 通过对预应力混凝土构件施工的学习，熟悉先张法、后张法预应力混凝土施工工艺，了解预应力混凝土在工程中的应用。

**【任务描述】** 针对不同预应力构件，能选择合适的施工方法编制施工方案。

**【能力目标】** 学会预应力混凝土构件施工方案的编制。

**【知识目标】**

(1) 了解预应力。

(2) 掌握先张法预应力混凝土施工的基本知识。

(3) 掌握后张法预应力混凝土施工的基本知识。

(4) 了解无黏结预应力混凝土施工。

**【知识链接】** 预应力是预加应力的简称，人们对预加应力原理的应用由来已久，在日常生活中稍加注意是不难找到一些熟悉例子。如用竹箍的木桶、木锯、搬运书籍等。如图 4-1 所示为预应力原理在木桶上的应用。

预应力混凝土是在构件承受外荷载前，预先在构件的受拉区对混凝土施加预压应力。使用阶段的构件在外荷载作用下产生拉应力时，先要抵消预压应力，这就推迟了混凝土裂缝的出现并限制了裂缝的开展，从而提高构件的抗裂度和刚度。

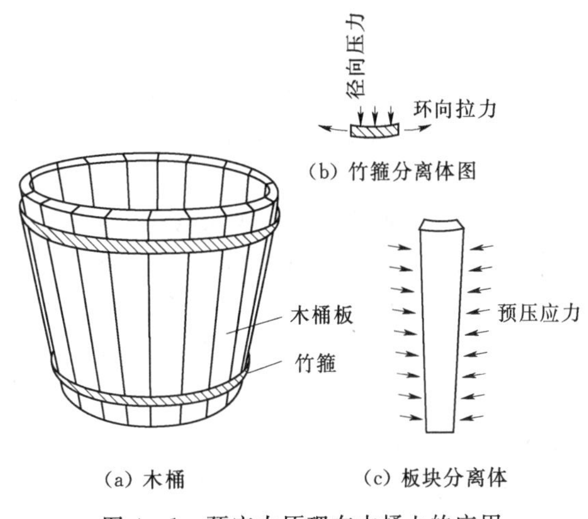

图 4-1　预应力原理在木桶上的应用

预应力混凝土按预应力的大小可分为全预应力混凝土和部分预应力混凝土。按施加应力方式可分为先张法预应力混凝土、后张法预应力混凝土和自应力混凝土。按预应力筋的黏结状态可分为有黏结预应力混凝土和无黏结预应力混凝土。按施工方法又可分为预制预应力混凝土、现浇预应力混凝土和叠合预应力混凝土等。

预应力混凝土与普通钢筋混凝土相比较，可以更有效地利用高强钢材，提高使用荷载下结构的抗裂度和刚度，减小结构构件的截面尺寸，自重轻、质量好、材料省、耐久性好。预应力混凝土除广泛用于生产屋架、吊车梁、空心板等大中小型预应力混凝土构件外，现已把预应力技术成功地运用在多高层建筑、大型桥梁、电视塔、大跨度薄壳、水工结构、海洋工程、核电站等工程结构中。本单元以目前常用的预应力施工工艺为主线，分别叙述先张法预应力、后张法预应力和无黏结预应力的知识。

# 学习单元一　先张法预应力混凝土施工

先张法是在混凝土构件浇筑前先张拉预应力筋，并用夹具将其临时锚固在台座或钢模上，再浇筑构件混凝土，待其达到一定强度后（约75%）放松并切断预应力筋，预应力筋产生弹性回缩，借助混凝土与预应力筋间的黏结，对混凝土产生预压应力。先张法施工工艺如图4-2所示。

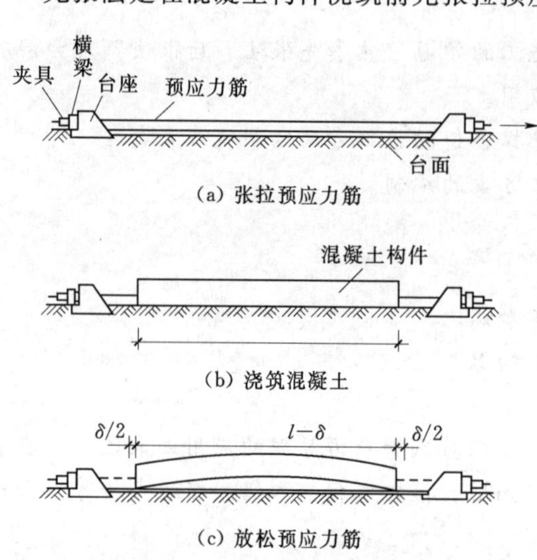

图4-2　先张法施工工艺示意图

先张法主要应用于房屋建筑中的空心板、多孔板、槽形板、双T板、V形折板、托梁、檩条、槽瓦、屋面梁等；道路桥梁工程中的轨枕、桥面空心板、简支梁等。在基础工程中应用的预应力方桩及管桩等。

先张法生产时，可采用台座法和机组流水法。采用台座法时，预应力筋的张拉、锚固，混凝土的浇筑、养护及预应力筋放松等均在台座上进行；预应力筋放松前，其拉力由台座承受。采用机组流水法时，构件连同钢模通过固定的机组，按流水方式完成（张拉、锚固、混凝土浇筑和养护）每一生产过程；预应力筋放松前，其拉力由钢模承受。

## 一、台座

台座是先张法施工中主要的设备之一，它必须由足够的强度、刚度和稳定性，以免因台座的变形、倾覆和滑移而引起预应力值的损失。

台座按构造形式不同可分为墩式台座和槽式台座两类。

### 1. 墩式台座

墩式台座由现浇钢筋混凝土浇筑的承力台墩、台面和横梁三部分组成，其长度宜为50～150m，如图4-3所示。目前常用的是台墩与台面共同受力的墩式台座。台座的宽度主要取决于构件的布筋宽度、张拉与浇筑混凝土是否方便，一般不大于2m。在台座的端部应留出张拉操作用地和通道，两侧要有构件运输

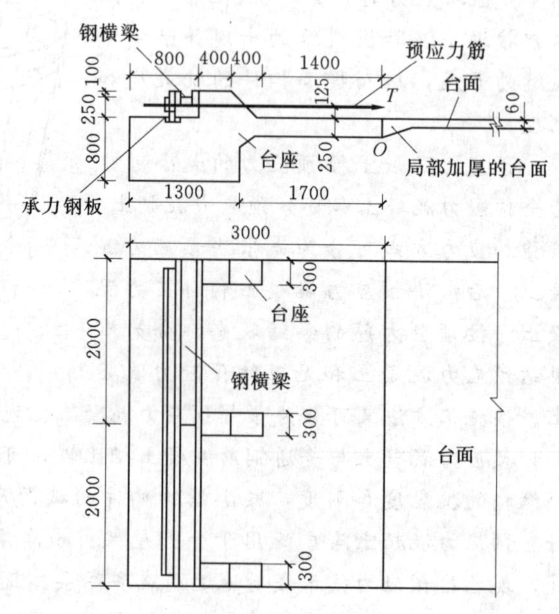

图4-3　墩式台座示意图（单位：mm）

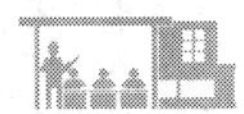

和堆放的场地。台座应具有足够的强度、刚度和稳定性，台座的设计应进行抗倾覆验算与抗滑移验算。

承力台墩一般埋置在地下，台面一般是在夯实的碎石垫层上浇筑一层厚度为60～100mm的混凝土而成。台面可采用预应力混凝土滑动台面，不留伸缩缝。预应力滑动台面是在原有的混凝土台面或新浇筑的混凝土基层上刷隔离剂，张拉预应力筋、浇筑混凝土面层，待混凝土达到放张强度后切断预应力筋，台面就发生滑动。

台座的两端设置有固定预应力筋的横梁，一般用型钢制作，设计时，除应要求横梁在张拉力的作用下达到一定的强度外，还特别需要注意变形，以减少预应力的损失。

2. 槽式台座

槽式台座由钢筋混凝土压杆、上下槽梁及台面组成，如图4-4所示。台座的长度一般不大于76m，宽度随构件外形及制作方式而定，一般不小于1m。为便于浇筑和蒸汽养护，槽式台座多低于地面。在施工现场还可利用已预制好的柱、桩等构件装配成简易槽式台座。槽式台座既可承受张拉力和倾覆力矩，加盖后又可作为蒸汽养护槽，适用于张拉吨位较大的吊车梁、屋架、箱梁等大型预应力混凝土构件。

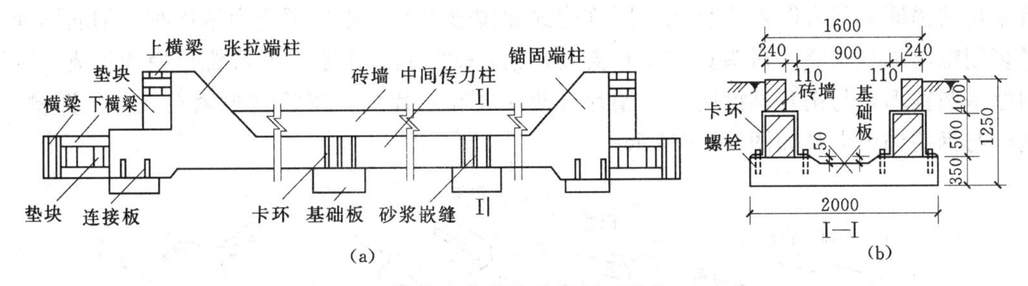


图4-4　槽式台座构造示意图（单位：mm）

3. 钢模台座

钢模台座主要运用在工厂流水线上。它是将制作构件的模板作为预应力钢筋锚固支座的一种台座。模板具有相当的刚度，可将预应力钢筋放在模板上进行张拉。

## 二、张拉机具及夹具

1. 张拉机具

预应力张拉设备主要有电动张拉设备和液压张拉设备两大类。电动张拉设备仅用于先张法，液压张拉设备可用于先张法与后张法。

先张法施工中，常用的电动张拉机械主要有电动螺杆张拉机、电动卷扬张拉机等，其构造图如图4-5所示。

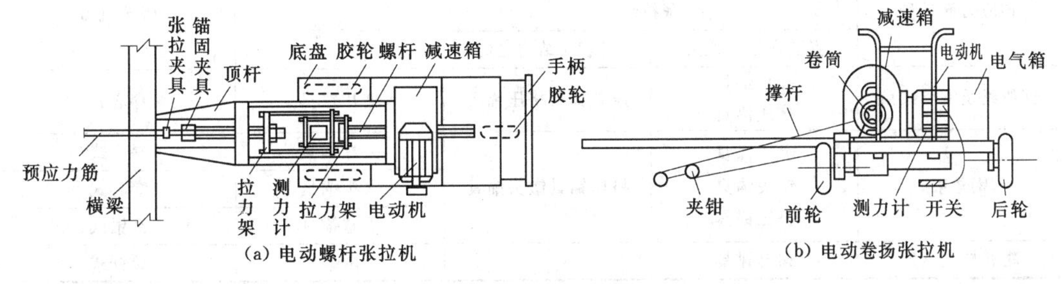


图4-5　常用电动张拉机械

液压张拉设备是由液压张拉千斤顶、电动油泵和张拉油管等组成，如图 4－6 所示。张拉设备应由经专业操作培训且合格的人员使用和维护，并按规定进行有效标定。

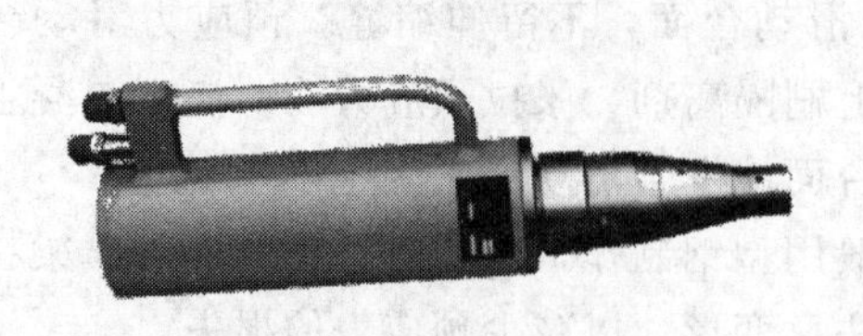
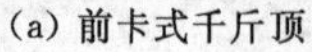
(a) 前卡式千斤顶

(b) 穿心式千斤顶

(c) 高压油泵

图 4－6　液压张拉设备

2. 夹具

先张法中夹具分两类：一类是将预应力筋锚固在台座或钢模上的锚固夹具；另一类是张拉时夹持预应力筋用的张拉夹具。锚固夹具与张拉夹具都是重复使用的工具。

先张法生产的构件中，常采用的预应力筋有钢丝和钢筋两种。张拉预应力钢丝时，一般采用的锚固夹具有圆锥齿板式、圆锥槽式和楔形三种；张拉预应力钢筋时，钢筋锚固夹具多用螺丝端杆锚具、镦头锚和销片夹具，销片式夹具由圆套筒和圆锥形销片组成，套筒内壁呈圆锥形，与销片锥度吻合，销片有两片式和三片式，钢筋就夹紧在销片的凹槽内，钢丝与钢筋锚固夹具如图 4－7 所示。

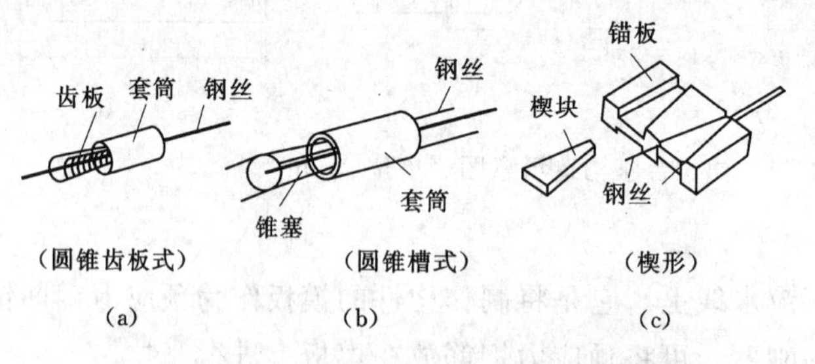


2
3
1
(d)

图 4－7　钢丝与钢筋锚固夹具

1—销片；2—套筒；3—预应力筋

3. 预应力钢筋、锚具、张拉机具的配套使用

预应力钢筋、锚具、张拉机具的配套使用见表 4－1。

**表 4－1　预应力钢筋、锚具、张拉机具的配套使用**

| 预应力筋品种 | 锚具形式 | | | 张拉机械 |
|---|---|---|---|---|
| | 张拉端 | | 固定端 | |
| | 安装在结构之外 | 安装在结构之内 | | |
| 钢绞线及钢绞线束 | 夹片锚具<br>挤压锚具 | 压花锚具挤压锚具 | 夹片锚具 | 穿心式 |
| 钢丝束 | 夹片锚具<br>镦头锚具<br>挤压锚具 | 挤压锚具镦头锚具 | 夹片锚具 | 穿心式 |
| | | | 镦头锚具 | 穿心式 |
| | | | 锥塞锚具 | 锥锚式 |
| 精轧螺纹钢筋 | 螺母锚具 | — | 螺母锚具 | 拉杆式 |

## 三、一般先张法施工工艺

一般先张法的施工工艺流程包括：预应力筋的加工、铺设，预应力筋张拉，预应力筋放张，质量检验等。其工艺流程如图4-8所示。

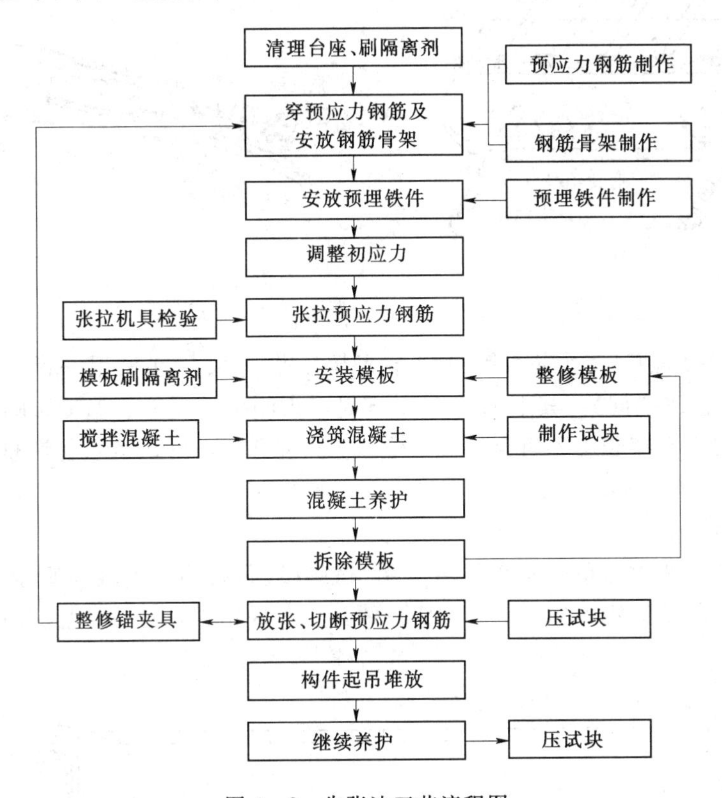


图4-8　先张法工艺流程图

预应力混凝土先张法工艺的特点是：预应力筋在浇筑混凝土前张拉，预应力的传递主要依靠预应力筋与混凝土之间的黏结力。

### （一）预应力筋的加工与铺设

预应力钢丝和钢绞线下料，应采用砂轮切割机，不得采用电弧切割。长线台座台面（或胎膜）在铺设预应力筋前应涂隔离剂，隔离剂不应沾污预应力筋，以免影响预应力筋与混凝土的黏结。如果预应力筋遭受污染，应使用适宜的溶剂加以清洗干净。在生产过程中应防止雨水冲刷台面上的隔离剂。

### （二）预应力筋的张拉

1. 预应力钢丝张拉

（1）单根张拉。台座法多进行单根张拉，由于张拉力较小，一般可采用10～20kN电动螺杆张拉机或电动卷扬机单根张拉，弹簧测力计测力，优质锥销式夹具锚固。

（2）整体张拉。台模法多进行整体张拉，可采用台座式千斤顶设置在台墩与钢横梁之间进行整体张拉，优质夹片式夹具锚固。要求钢丝的长度相等，事先调整初应力。

在预制厂生产预应力多孔板时，可在钢模上用镦头梳筋板夹具进行整体张拉。方法是：钢丝两端镦粗，一端卡在固定梳筋板上，另一端卡在张拉端的活动梳筋板上。用张拉钩钩住活动梳筋板，再通过连接套筒将张拉钩和拉杆式千斤顶连接，即可张拉。镦头梳筋板、张拉千斤顶与张拉钩如图 4-9 所示。

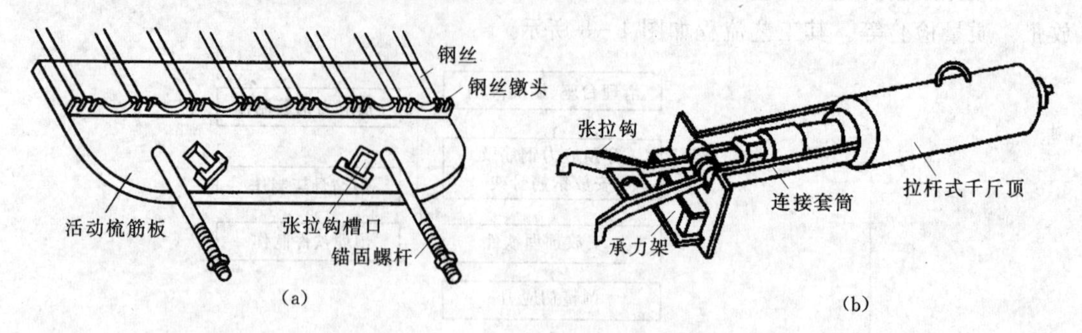


图 4-9　镦头梳筋板、张拉千斤顶与张拉钩

(3) 钢丝张拉程序。预应力钢丝由于张拉工作量大，宜采用一次张拉程序。0→(1.03～1.05) $\sigma_{con}$（锚固），其中 1.03～1.05 是考虑测力的误差、温度影响、台座横梁或定位板刚度不足、台座长度不符合设计取值、工人操作影响等因素进行调整。

2. 预应力钢绞线张拉

(1) 单根张拉。

在两横梁式台座上，单根钢绞线可采用与钢绞线张拉力配套的小型前卡式千斤顶张拉，单孔夹片工具锚固定。但为了节约钢绞线，也可采用工具式拉杆与套筒式连接器，如图 4-10 所示。

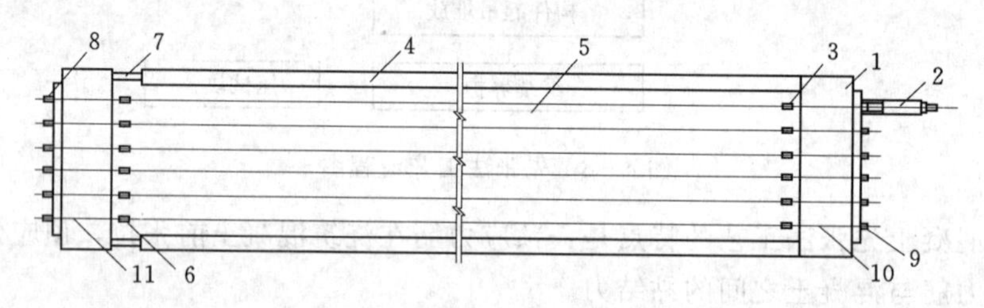


图 4-10　单根钢绞线张拉示意图

1—横梁；2—千斤顶；3、6—连接器；4—槽式承力器；5—预应力筋；7—放张装置；8—锚固端锚具；9—张拉端螺帽锚具；10、11—钢绞线连接拉杆

(2) 整体张拉。

在三横梁式台座上，可采用台座式千斤顶整体张拉预应力钢绞线，如图 4-11 所示。台座式千斤顶与活动横梁组装在一起，利用工具式螺杆与连接器将钢绞线挂在活动横梁上。张拉前，宜采用小型千斤顶在固定端逐根调整钢绞线初应力。张拉时，台座式千斤顶推动活动横梁带动钢绞线整体张拉。然后用夹片锚或螺母锚固在固定横梁上。为了节约钢绞线，其两端可再配置工具式螺杆与连接器。对预制构件较少的工程，可取消工具式螺杆，直接将钢绞线用夹片式锚具锚固在活动横梁上。

(3) 钢绞线张拉程序。

采用低松弛钢绞线时，可采取一次张拉程序。对单根张拉：0→$\sigma_{con}$（锚固）；对整体张拉：0→初应力调整→$\sigma_{con}$（锚固）。多根预应力筋同时张拉时，应预先调整初应力，使

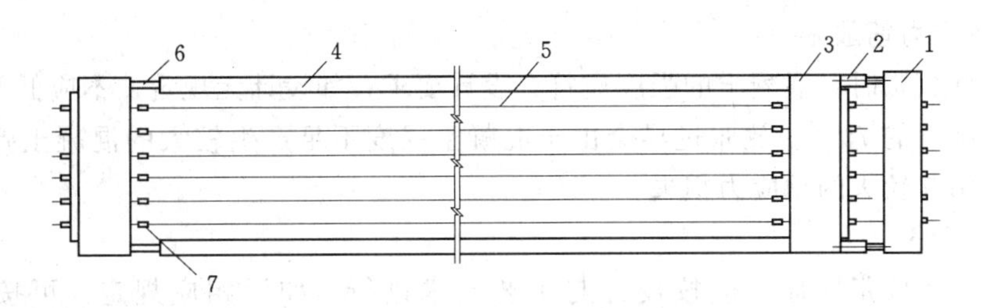


图 4-11　三横梁式成组张拉装置

1—活动横梁；2—千斤顶；3—固定横梁；4—槽式台座；

5—预应力筋；6—放张装置；7—连接器

其相互之间见的应力一致。

3. 预应力张拉值校核与注意事项

预应力筋的张拉力，一般采用张拉力控制，伸长值校核，张拉时预应力筋的理论伸长值与实际伸长值的允许偏差为±6%。

预应力筋张拉锚固后实际建立的预应力值与工程设计规定检验值的允许偏差为±5%。

预应力钢丝内力的检测，一般在张拉锚固后 1h 内进行。此时，锚固损失已完成，钢筋松弛损失也部分产生，一般采用伸长值校核。张拉时预应力的实际伸长值与设计计算理论伸长值的相对允许偏差为±6%。

预应力筋的张拉控制应力 $\sigma_{con}$ 应符合设计要求，但不宜超过表 4-2 中的控制应力限值。对于要求提高构件在施工阶段的抗裂性能而在使用阶段受压区设置的预应力筋，或当要求部分抵消由于应力松弛、摩擦、钢筋分批张拉以及预应力筋与张拉台座之间的温差等引起的应力损失时，可提高 $0.05f_{ptk}$ 或 $0.05f_{pyk}$。施工中预应力筋需要超张拉时，其最大张拉控制应力应符合表 4-2 的规定。

**表 4-2　　张拉控制应力允许值和最大张拉控制应力**

| 钢筋种类 | 张拉控制应力限值 | | 超张拉最大张拉控制应力 |
|---|---|---|---|
| | 先张法 | 后张法 | |
| 消除应力钢丝、钢绞线 | $0.75f_{ptk}$ | $0.75f_{ptk}$ | $0.80f_{ptk}$ |
| 冷轧带肋钢筋 | $0.70f_{ptk}$ | — | $0.75f_{ptk}$ |
| 精轧螺纹钢筋 | — | $0.85f_{pyk}$ | $0.95f_{pyk}$ |

注　$f_{ptk}$ 指根据极限抗拉强度确定的强度标准值；$f_{pyk}$ 指根据屈服强度确定的强度标准值。

张拉时，张拉机具与预应力筋应在一条直线上，同时在台面上每隔一定距离放一根圆钢筋头或相当于保护层厚度的其他垫块，以防预应力筋因自重下垂，破坏隔离剂，沾污预应力筋。张拉过程中应避免预应力筋断裂或滑脱；先张法预应力构件，在浇筑混凝土前发生断裂或滑脱的预应力筋必须予以更换。预应力筋张拉锚固后，对设计位置的偏差不得大于 5mm，且不得大于构件截面最短边长的 4%。张拉过程中，应按规范要求填写预应力张拉记录表，以便检查。

施工时应注意安全，台座两端应有防护设施。张拉时沿台座长度方向每隔 4～5m 放一个防护架，两端严禁站人，也不准进入台座。

（三）预应力筋放张

预应力筋放张时，混凝土的强度应符合设计要求；如设计无规定，不应低于设计的混凝土强度标准值的75%。放张过早会由于混凝土强度不足产生较大的混凝土弹性回缩或滑丝，从而引起较大的预应力损失。

1. 放张顺序

预应力筋的放张顺序，应按设计与工艺要求进行。如无相应规定，可按下列要求进行。

(1) 轴心受预压的构件（如压杆、桩等），所有预应力筋应同时放张。

(2) 偏心受预压的构件（如梁等），应先同时放张预应力较小区域的预应力筋，再同时放张预压力较大区域的预应力筋。

(3) 如不能满足以上两项要求时，应分阶段、对称、交错地放张，防止在放张过程中构件产生弯曲、裂纹和预应力筋断裂。

放张后预应力筋的切断顺序，宜由放张端开始，逐次切向另一端。

2. 放张方法

预应力筋的放张，应采取缓慢释放预应力的方法进行，防止对混凝土结构的冲击。常用的放张方法如下。

(1) 千斤顶放张。

用千斤顶拉动单根拉杆或螺杆，松开螺母。放张时由于混凝土与预应力筋已结成整体，松开螺母所需的间隙只能是最前端构件外露钢筋的伸长，因此，所施加的应力需要超过控制应力值。

采用两台台座式千斤顶整体缓慢放松，应力均匀，安全可靠。放张用台座式千斤顶可专用或张拉何用。为防止台座式千斤顶长期受力，可采用垫块顶紧，替换千斤顶承受压力。

(2) 机械切割或氧炔焰切割。

对先张法板类构件的钢丝或钢绞线，放张时可直接用机械切割或氧炔焰切割。放张工作宜从生产线中间处开始，以减少回弹量且有利于脱模；对每一块板，应从外向内对称放张，以免构件扭转而端部开裂。

3. 放张注意事项

(1) 为了检查构件放张时钢丝与混凝土的黏结是否可靠，切断钢丝时应测定钢丝往混凝土内的回缩数值。

(2) 放张前，应拆除侧模，使放张时构件能自由变形，否则将损坏模板或使构件开裂。对有横肋的构件（如大型屋面板），其端横肋内侧面与板面交接处做出一定的坡度或做成大圆弧，以便预应力筋放张时端横肋能沿着坡面滑动。必要时在胎膜与台面之间设置滚动支座。这样，在预应力筋放张时，构件与胎膜可随着钢筋的回缩一起自由移动。

(3) 用氧炔焰切割时，应采取隔热措施，防止烧伤构件端部混凝土。

（四）混凝土的浇筑与养护

预应力筋张拉完成后，应尽快进行钢筋绑扎、模板拼装和混凝土浇筑等工作。混凝土浇筑时，振动器不得碰撞预应力筋。混凝土未达到强度前，也不允许碰撞或踩动预应

力筋。

当构件在台座上进行湿热养护时，应防止温差引起的预应力损失。先张法在台座上生产混凝土构件，其最高允许的养护温度应根据设计规定的允许温差（张拉与养护时的温度之差）计算确定。当混凝土强度达到 7.5N/mm²（粗钢筋配筋）或 10N/mm²（钢丝、钢绞线配筋）以上时，则可不受设计规定的温差限制。

# 学习单元二　后张法预应力混凝土施工

后张法是先制作构件，在构件中预先留出相应的孔道，待构件混凝土强度达到设计规定的数值后，在孔道内穿入预应力筋，用张拉机具进行张拉，并利用锚具把张拉后的预应力筋锚固在构件的端部。预应力筋的张拉力，主要靠构件端部的锚具传给混凝土，使其产生压应力。张拉锚固后，立即在预留孔道内灌浆，使预应力筋不受锈蚀，并与构件形成整体。后张法预应力施工，不需要台座设备，灵活性大，广泛用于施工现场生产大型预制预应力混凝土构件和现场预应力混凝土结构。后张法预应力施工黏结方式可以分为有黏结预应力、无黏结预应力和缓黏结预应力三种形式。后张法预应力施工示意如图 4－12 所示。

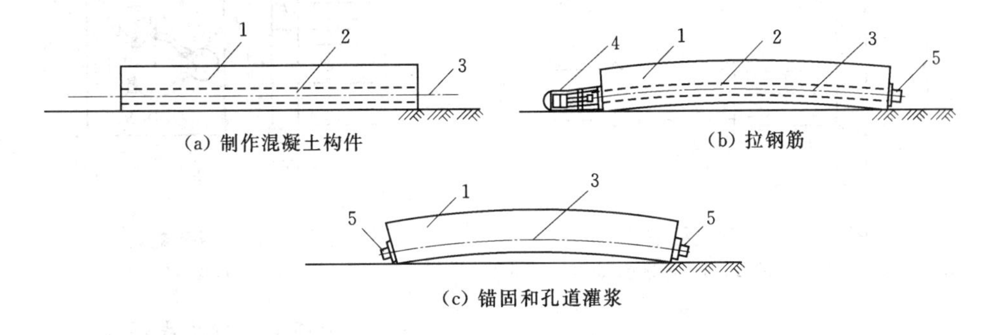


图 4－12　后张法预应力施工示意图

1—混凝土构件或结构；2—预留孔道；3—预应力筋；4—千斤顶；5—锚具

## 一、预应力筋及锚具

锚具是后张法预应力混凝土构件中或结构中为保持预应力筋的拉力并将其传递到混凝土上所用的永久性锚固装置（夹具是先张法预应力混凝土构件施工时为保持预应力筋拉力并将其固定在张拉台座上的临时锚固装置）。后张法张拉用的夹具又称工具锚，是将千斤顶的张拉力传递到预应力筋上的装置。连接器是在预应力施工中将预应力从一根预应力筋传递到另一根预应力筋上的装置。在后张法施工中，预应力筋锚固体系包括锚具、锚垫板、螺旋筋等。

目前，我国后张法预应力施工中采用的预应力钢材主要有钢绞线、钢丝和精轧螺纹钢等。

### （一）预应力钢材

预应力混凝土中，常用的预应力钢材主要有单根粗钢筋、高强钢丝束和钢绞线。目前，工程中常用钢绞线。

高强钢丝是有高碳镇静钢轧制盘圆后经冷拔而成，又称为碳素钢丝。碳素钢丝直径一般为 3～5mm，建筑施工中多采用 $\phi4$ 和 $\phi5$，直径细，强度高。

钢绞线是由多根平行高强钢丝以一根直径稍粗的钢丝为轴心，沿同一方向扭转，并经低温回火处理而成。其规格有 2 股、3 股、7 股、19 股等，最常用的是 7 股钢绞线。

预应力钢材在运输、储存期间必须有包装，以便防止水分侵入和污染。吊运时应防止受到损伤。

预应力钢丝、钢绞线进厂时应按批号及直径分批检验，检查内容包括：查对标牌、外观检查。钢材的抗拉强度、屈服负荷或者屈服强度、伸长率、钢丝弯曲次数及直径的检验方法按 GB 5223、GB 5224、GB 2103、GB 228 有关规定执行。

## （二）锚具

### 1. 单根粗钢筋锚具

单根粗钢筋的预应力筋，如果采用一端张拉，则在张拉端有螺丝端杆锚具，如图 4-13所示。固定端用帮条锚具或镦头锚具，帮条锚具如图 4-14 所示。如果采用两端张拉，则两端均采用螺丝端杆锚具，镦头锚具由镦头和垫板组成。

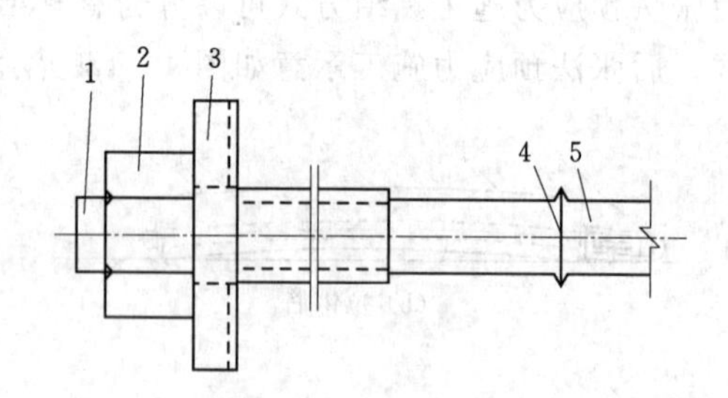


图 4-13　螺丝端杆锚具

1—端杆；2—螺母；3—垫板；4—焊接接头；5—钢筋

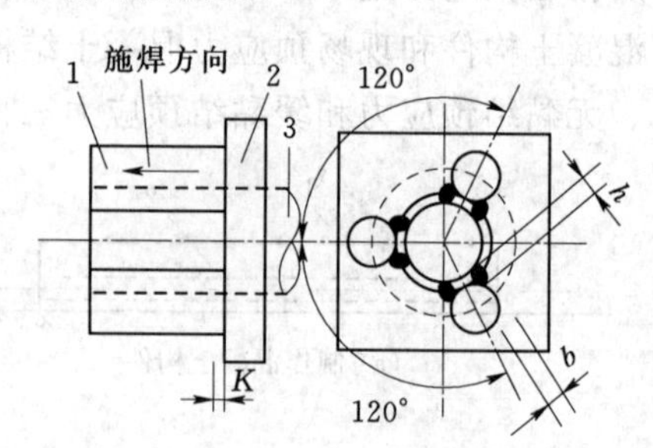


图 4-14　帮条锚具

1—帮条；2—衬板；3—主筋

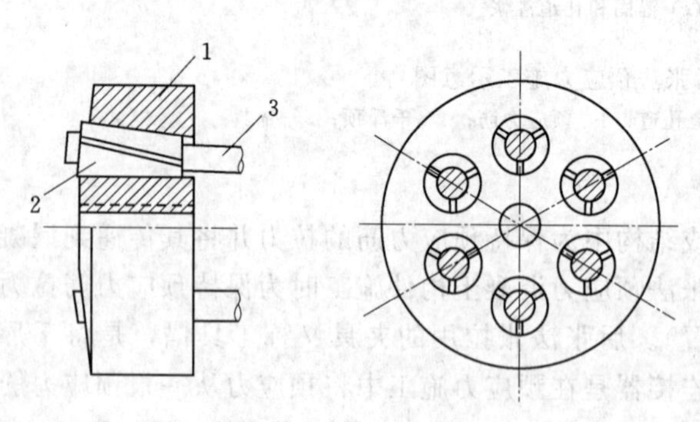


图 4-15　XM 型锚具

1—锚板；2—夹片（三片）；3—钢绞线

### 2. 钢筋束、钢绞线锚具

钢筋束、钢绞线通常采用的锚具由 JM 型、XM 型、QM 型和镦头锚具等。XM 型、QM 型锚具如图 4-15、图 4-16所示。

钢筋束所用钢筋是成圆盘工艺，不需对焊接头。钢筋束或钢绞线束预应力筋的制作包括冷拉、下料、编束等工序。预应力钢筋束下料应在冷拉后进行。当采用镦头锚具时，应增加镦头工序。

当采用 JM 型或 XM 型锚具，用穿心式千斤顶张拉时，钢筋束和钢丝束的下料长度 $L$ 应等于构件孔道长度加上两端为张拉、锚固所需的外露长度。

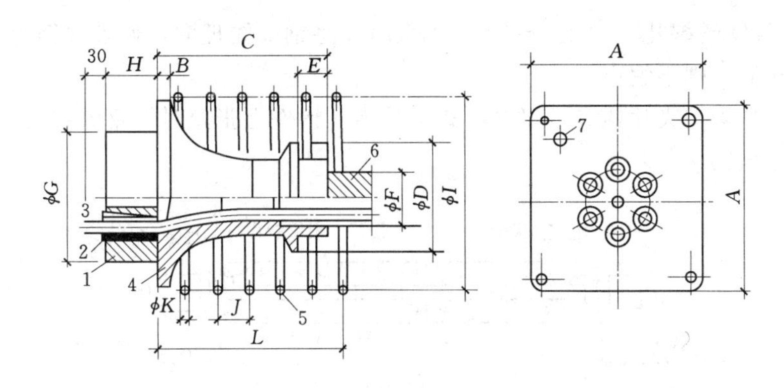


图 4-16　QM 型锚具（单位：mm）

1、4、6—垫板；2—夹片；3—金属波纹管；5—螺旋筋；7—灌浆孔

3. 钢丝束锚具

当钢丝束用做预应力筋时，是由几根到几十根直径 3～5mm 的平行碳素钢丝组成。采用的锚具有钢质锥塞锚具、锥形螺杆锚具、XM 型锚具、QM 型锚具和钢丝束镦头锚具等。锥形螺杆锚具和钢丝束镦头锚具如图 4-17、图 4-18 所示。

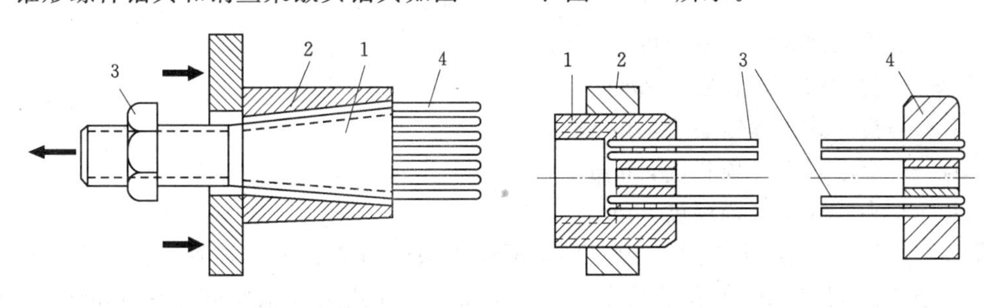


图 4-17　锥形螺杆锚具

1—锥形螺杆；2—套筒；3—螺母；4—钢丝

图 4-18　钢丝束镦头锚具

1—A 型锚环；2—螺母；3—钢丝束；4—锚板

锥形螺杆锚具、钢丝束镦头锚具宜用拉杆式千斤顶（YL60 型）或穿心式千斤顶（YC60 型）张拉锚固。钢质锥形锚具应用锥锚式双作用千斤顶（常用 YZ60 型）张拉锚固。

钢丝束制作一般需经调制、下料、编束和安装锚具等工序。当用钢质锥形锚具、XM 型锚具时，钢丝束的制作和下料长度计算基本上与预应力钢筋束相同。钢丝束镦头锚固体系，如采用镦头锚具一端张拉时，应考虑钢丝束张拉锚固后螺母位于锚环中部。用钢丝束镦头锚具锚固钢丝束时，其下料长度力求精确。编束是为了防止钢筋扭结。采用镦头锚具时，内圈和外圈钢丝分别用铁丝按次序编排成片，然后将内圈放在外圈内绑扎成钢丝束。

## 二、预应力筋的制作

1. 钢绞线预应力筋的制作与下料

钢绞线质量大、盘卷小、弹力大，为了防止在下料过程中钢绞线紊乱并弹出伤人，事先应制作一个简易的铁笼。下料时，将钢绞线盘卷装在铁笼内，从盘卷中逐步抽出，较为安全。

钢绞线不需要对焊接长，下料宜用砂轮锯或切断机切断，不得采用电弧切割。钢绞线

编束宜用 20 号铁丝绑扎，间距 2～3m。编束时先将钢绞线理顺，使各根钢绞线松紧一致。如单根穿入孔道，则不编束。

钢绞线下料采用夹片锚具，以穿心式千斤顶在构件上张拉时，钢绞线束的下料长度 $L$ 按图 4－19 计算。

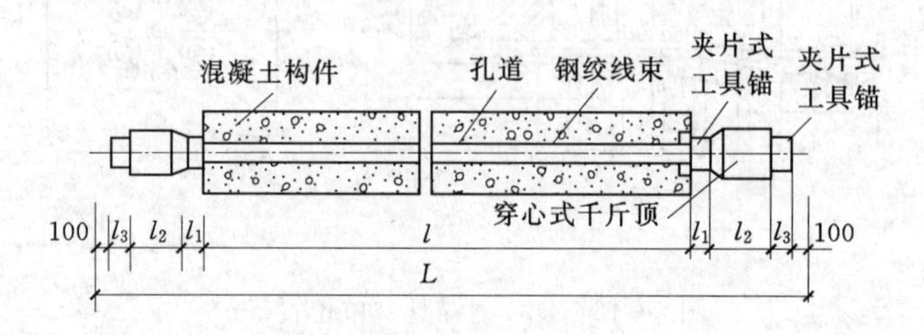


图 4－19　钢绞线下料长度计算示意图（单位：mm）

两端张拉：

$$L=l+2(l_1+l_2+l_3+100) \tag{4-1}$$

一端张拉：

$$L=l+2(l_1+100)+l_2+l_3 \tag{4-2}$$

式中　$L$——钢绞线束的下料长度，mm；

$l$——构件的孔道长度，mm；

$l_1$——夹片式工具锚厚度，mm；

$l_2$——穿心式千斤顶长度，mm；

$l_3$——夹片式工具锚厚度，mm。

**【例 4－1】** 某预应力混凝土构件采用钢绞线预应力筋、夹片锚具，以穿心式千斤顶在构件上张拉。已知构件的孔道长度 $l=20.00$m，夹片式工具锚厚度 $l_1=60$mm，穿心式千斤顶长度 $l_2=455$mm，夹片式工具锚厚度 $l_3=60$mm。

若采用两端张拉时，钢绞线预应力筋的下料长度为：

$$L=20\times10^3+2\times(60+455+60+100)=21.350(\text{m})$$

若采用一端张拉时，钢绞线预应力筋的下料长度为：

$$L=20\times10^3+2\times(60+100)+455+60=20.835(\text{m})$$

2. 钢丝束预应力筋的制作与下料

用作预应力筋的钢丝为碳素钢丝，用优质高碳钢盘条经索氏体处理、酸洗、镀铜或磷化后冷拔而成。碳素钢丝的品种有冷拔钢丝、消除应力钢丝、刻痕钢丝、低松弛钢丝和镀锌钢丝等。钢丝束预应力筋常用的锚具有钢质锥形锚具、镦头锚具和锥形螺杆锚具。

钢丝束预应力筋的制作一般需经过下料、编束和组装锚具等工作。消除应力钢丝放开后是直的，可直接下料。钢丝在应力状态下切断下料，控制应力为 300N/mm$^2$。下料长度的误差要控制在 $L/5000$ 以内，且不大于 5mm。较常采用的是“钢管限位法下料”。为保证钢丝束两端钢丝排列顺序一致，穿束与张拉不致紊乱，钢丝必须编束。钢丝编束可分为空心束和实心束，都需用梳丝板理顺钢丝，在距钢丝端部 5～10cm 处编扎一道。实心束工艺简单，空心束孔道灌浆效果优于实心束。

当钢丝束采用钢质锥形锚具时，预应力钢丝的下料长度计算基本上与钢绞线预应力筋

相同。采用钢质锥形锚具、锥锚式千斤顶张拉时，钢丝束预应力筋的下料长度 $L$ 如图 4-20计算。

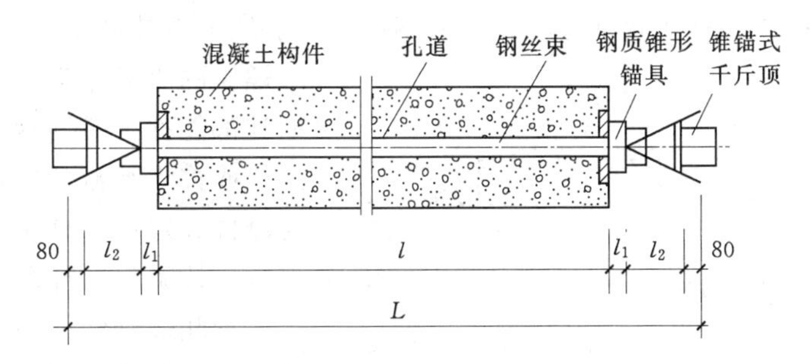


图 4-20　采用钢质锥形锚具时钢丝下料长度计算简图（单位：mm）

两端张拉：

$$L=l+2(l_1+l_2+80) \quad (4-3)$$

一端张拉：

$$L=l+2(l_1+80)+l_2 \quad (4-4)$$

式中　$L$——钢丝束预应力筋的下料长度；

$l$——构件的孔道长度；

$l_1$——锚环厚度；

$l_2$——千斤顶分丝头至卡盘外端距离。

当采用镦头锚具，以拉杆式或穿心式千斤顶在构件上张拉时，钢丝束预应力筋的下料长度 $L$ 按图 4-21 计算。

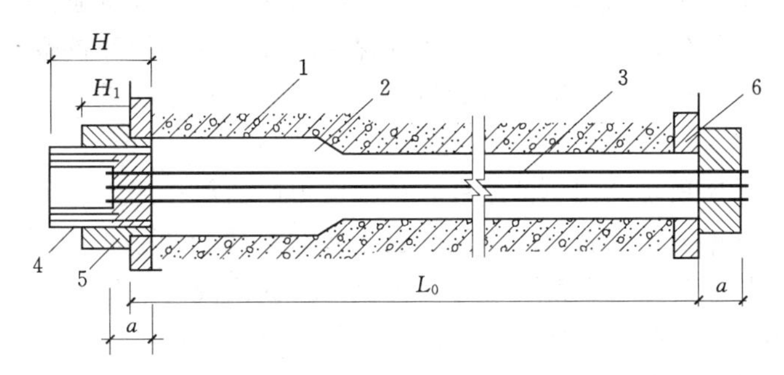


图 4-21　采用镦头锚具时下料长度计算示意图

1—混凝土构件；2—孔道；3—钢丝束；4—锚环；5—螺母；6—锚板

$$L=L_0+2(a+\delta)-K(H-H_1)-\Delta L-C$$

式中　$L$——钢丝束预应力筋的下料长度；

$L_0$——孔道长度，按实际确定；

$a$——锚环底部厚度或锚板厚度；

$\delta$——钢丝镦头留量（取钢丝直径的 2 倍）；

$K$——系数，一端张拉时取 0.5，两端张拉时取 1.0；

$H$——锚环高度；

$H_1$——螺母高度；

$\Delta L$——钢丝束张拉伸长值；

$C$——张拉时构件混凝土的弹性压缩值。

3. 精轧螺纹钢筋的制作与下料

精轧螺纹钢筋是一种用热轧方法在整根钢筋表面上轧出不带纵肋而横肋为不连续的梯形螺纹的直条钢筋。该钢筋在任意界面处都能拧上带内螺纹的连接器进行接长或拧上特制的螺母进行锚固，无需冷拉和焊接，施工方便，主要用于房屋、桥梁与构筑物等直线筋。

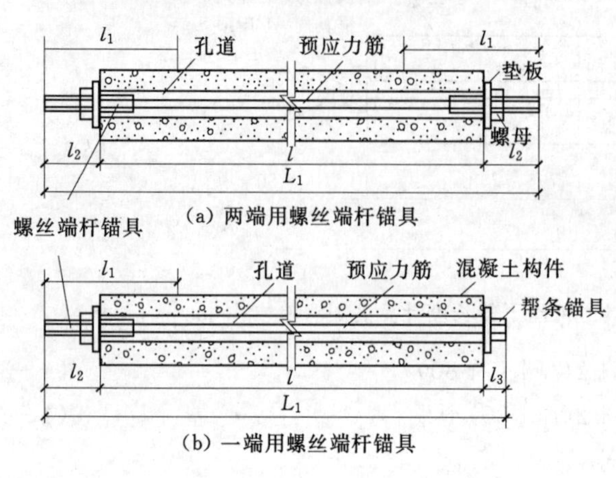


图 4-22　精轧螺纹钢筋下料长度计算简图

精轧螺纹钢筋锚具是利用与该钢筋螺纹匹配的特制螺母锚固的一种支承式工具。其制作工序是配料→对焊→冷拉。

下料时长度应计算确定，计算时要考虑锚具种类、对焊接头或镦粗头的压缩量、张拉伸长值、冷拉率和弹性回缩率、构件长度等因素。如图 4-22 所示。

## 三、后张法预应力筋张拉机具

后张法预应力筋的张拉工作必须配置有成套的张拉机具设备。后张法预应力施工所用的张拉设备由液压千斤顶、高压油泵和外接油管等组成。张拉设备应装有测力仪器，以便准确建立预应力值。张拉设备应由专人使用和保管，并定期维护和校验。

预应力液压千斤顶按机型不同可分为拉杆式千斤顶、穿心式千斤顶、锥锚式千斤顶等几种。

其中，拉杆式千斤顶是利用单活塞杆张拉预应力筋的单作用千斤顶，只能张拉吨位不大（不大于 600kN）的支承式锚具，但近年已逐步被多功能的穿心式千斤顶代替。

高压油泵主要与各类千斤顶配套使用，提供高压的油液。高压油泵的类型较多，性能不一，主要由泵体、控制阀、油压表、管路等部件组成。

## 四、后张有黏结预应力混凝土施工工艺

后张有黏结预应力混凝土施工工艺如图 4-23 所示。下面主要介绍孔道留设、穿筋、预应力筋张拉和锚固、孔道灌浆等内容。

### （一）孔道留设

构件中留设孔道主要为穿预应力钢筋及张拉锚固后灌浆用。孔道留设要求：孔道直径应保证预应力筋能顺利穿过；孔道应按设计要求的位置、尺寸埋设准确、牢固，浇筑混凝土时应避免出现移位和变形；在设计规定位置上留设灌浆孔；在曲线孔道的曲线波峰部位应设置排气兼泌水管，必要时可在最低点设置排水管；灌浆孔及泌水管的孔径应能保证浆液畅通。

预留孔道形状有直线、曲线和折线形，孔道留设方法有钢管抽芯法、胶管抽芯法和预埋管法。

使用预埋管法留孔时，常用的埋管材料为金属波纹管和塑料波纹管。波纹管直接埋在

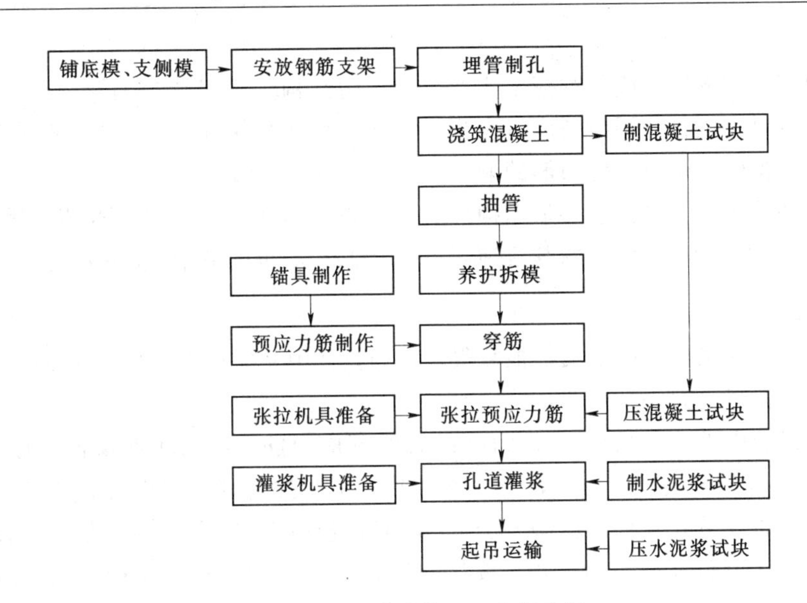


图 4-23　后张法施工工艺流程图

构件或结构中不再取出，这种方法特别使用于留设曲线孔道。波纹管的安装，应事先按设计图中预应力筋的曲线坐标在箍筋上定出曲线位置。波纹管的固定应采用钢筋支托，支托钢筋间距为0.8～1.2m。支托钢筋应焊在箍筋上，箍筋底部应垫实。波纹管固定后，必须用铁丝扎牢，以防止浇筑混凝土时波纹管上浮而引起严重的质量事故。

在孔道留设的同时应留设灌浆孔和排气孔。灌浆孔一般在构件两端和中间每隔12m设置一个灌浆孔，孔径20～25mm（与灌浆机输浆管嘴外径相适应），用木塞留设。曲线孔道应在最低点设置灌浆孔，以利于排出空气，保证灌浆密实；一个构件有多根孔道时，其灌浆孔不应集中留在构件的同一截面上，以免构件截面削弱过大。灌浆孔的方向应使灌浆时水泥浆自上而下垂直或倾斜注入孔道；灌浆孔的最大间距，抽芯成孔的不宜大于12m，预埋波纹管不大于30m。

构件的两端应留设排气孔，曲线孔道的峰顶处应留设排气兼泌水孔，必要时可在最低点设置排水孔。

（二）预应力筋穿入孔道

预应力筋穿入孔道，简称穿筋。根据穿筋与浇筑混凝土之间的先后关系，分为先穿筋和后穿筋。

先穿筋法即在浇筑混凝土之前穿筋。此法穿筋省力，但穿筋占用工期，预应力筋的自重引起的波纹管摆动会增大摩擦损失，预应力筋端部保护不当易生锈。

后穿筋法即在浇筑混凝土之后穿筋。此法可在混凝土养护期内进行，不影响工期，便于用通孔器或高压水通孔，穿筋后即行张拉，易于防锈，但穿筋较为费力。

根据一次穿入数量，可分为整束穿和单根穿。钢丝束应整束穿；钢绞线宜采用整束穿，也可以单根穿。穿筋工作可由人工、卷扬机和穿筋机进行。

（三）预应力筋张拉

预应力筋的张拉控制应力应符合设计要求，施工时预应力筋需超张拉，可比设计要求提高 3%～5%。

预应力筋张拉顺序，应使混凝土不产生超应力、构件不扭转与侧弯、结构不变位等，因此，张拉宜对称进行，同时还应考虑到尽量减少张拉设备的移动次数。平卧重叠浇筑的预应力混凝土构件，张拉预应力筋的顺序是先上后下，逐层进行。

预应力筋的张拉程序，主要根据构件类型、张锚体系、松弛损失取值等因素来确定。用超张拉方法减少预应力筋的松弛损失时，预应力筋的张拉程序宜为 $0\rightarrow 105\%\sigma_{con}\xrightarrow{\text{持荷 2min}}\sigma_{con}$。

如果预应力筋张拉吨位不大，根数很多，而设计中又要求采取超张拉以减少应力松弛损失时，其张拉程序为 $0\rightarrow 103\%\sigma_{con}$。

对于曲线预应力筋和长度大于 24m 的直线预应力筋，应采用两端同时张拉的方法；长度不大于 24m 的直线预应力筋，可一端张拉，但张拉端宜分别设置在构件两端。对预埋波纹管孔道曲线预应力筋和长度大于 30m 的直线预应力筋宜在两端张拉；长度不大于 30m 的直线预应力筋可在一端张拉。安装张拉设备时，对于直线预应力筋，应使张拉力的作用线与孔道中心线重合；对于曲线预应力筋，应使张拉力的作用线与孔道中心线末端的切线方向重合。

（四）孔道灌浆

预应力筋张拉后，利用灌浆泵将水泥浆压灌到预应力筋孔道中去，目的是为了保护预应力筋，防止锈蚀，同时使预应力筋与构件混凝土能有效地黏结，以便控制超载时裂缝的间距与宽度并减轻梁端锚具的负荷状况。

预应力筋张拉后，应尽早进行孔道灌浆。水泥浆强度不应低于 M20，且应具有较好的流动性，流动度约为 150～200mm，应有较小的干缩性和泌水性。水泥应选用不低于 32.5 号的普通硅酸盐水泥，水灰比要控制在 0.40～0.45，搅拌后 3h 泌水率宜控制在 2%，最大不得超过 3%，对孔隙较大的孔道，可采用水泥砂浆灌浆。为改善水泥浆性能，可掺缓凝减水剂。水泥浆应采用机械搅拌，以确保搅拌均匀。

灌浆用的水泥浆或砂浆应过筛，搅拌时间应保证水泥浆混合均匀，一般需 2～3min。灌浆过程中应不断搅拌，当灌浆过程短暂停顿时，应让水泥浆在搅拌机和灌浆机内循环流动。灌浆设备包括砂浆搅拌机、灌浆泵、储浆桶、过滤网、橡胶管和喷浆嘴等。灌浆泵应根据灌浆高度、长度和形态等选用，并配备计量校验合格的压力表。

灌浆前应用压力水冲洗孔道，湿润孔壁，保证水泥浆流动正常。对于金属波纹管孔道，可不冲洗，但应用空气泵检查通气情况。

灌浆从一个灌浆孔开始，连续进行，不得中断。由近至远逐个检查出浆口，待出浓浆后逐一封闭，待最后一个出浆孔出浓浆后，封闭出浆孔并继续加压至 0.5～0.6MPa。当有上下两层孔道时，应先下后上，以避免上层孔道漏浆时把下层孔道堵塞。

灌浆用水泥浆的配合比应通过试验确定，施工中不得任意更改。灌浆试块采用 $7.07cm^3$ 的试模制作，其标准养护 28 天的抗压强度不应低于 $30N/mm^2$。当灰浆强度达到 $20N/mm^2$ 时，方可拆除结构的底部支撑。孔道灌浆后，应检查孔道上凸部位灌浆密实性，如有空隙，应采取人工补浆措施。对孔道阻塞或孔道灌浆密实情况有疑问时，可局部

凿开或钻孔检查，但以不损坏结构为前提，否则应采取加固措施。

孔道灌浆的质量可通过冲击回波仪检测。

### (五) 预应力专项施工与普通钢筋混凝土有关工序的配合要求

预应力作为混凝土结构分部工程中的一个分项工程，在施工中须与钢筋分项工程、模板分项工程、混凝土分项工程等密切配合。

1. 模板安装与拆除

(1) 确定预应力混凝土梁、板底模起拱值时，应考虑张拉后产生的反拱，起拱高度宜为全跨长度的0.5‰～1‰。

(2) 现浇预应力梁的一侧模板可在金属波纹管铺设前安装，另一侧模板应在金属波纹管铺设后安装。梁的端模应在端部预埋件安装后封闭。

(3) 现浇预应力梁的侧模宜在预应力筋张拉前拆除。底模支架的拆除应按施工技术方案执行，当无具体要求时应在预应力筋张拉及灌浆强度达到15MPa后拆除。

2. 钢筋安装

(1) 普通钢筋安装时应避让预应力筋孔道；梁腰筋间的拉筋应在金属波纹管安装后绑扎。

(2) 金属波纹管或无黏结预应力筋铺设后，其附近不得进行电焊作业；如有必要，则应采取防护措施。

3. 混凝土浇筑

(1) 混凝土浇筑时，应防止振动器触碰金属波纹管、无黏结预应力筋和端部预埋件等。

(2) 混凝土浇筑时，不得踏压或碰撞无黏结预应力筋、支撑等。

(3) 预应力梁板混凝土浇筑时，应多留置1～2组混凝土试块，并与梁板同条件养护，用以测定预应力筋张拉时混凝土的实际强度值。

(4) 施加预应力时临时断开的部位，在预应力筋张拉后即可浇筑混凝土。

【应用案例】

**施工安全技术交底记录**

中铁×局×公司××至××铁路一项目部技术交底　　　　编号：________

| 项目工程名称 | 新建××至××铁路工程 | 建设单位 | ×× |
|---|---|---|---|
| 单位名称 | ××至××高架特大桥 | 施工单位 | 中铁×局集团有限公司<br>××至××铁路一项目部 |
| 交底部位 | 48m简支梁预应力 | 交底日期 | ××××年×月×日 |
| 交底内容<br>本交底适用于××系特大桥西河6×48m简支梁预应力施工。<br>一、预应力体系<br>(1) 预应力钢绞线采用抗拉强度标准值为 $f_{pk}=1860$MPa、弹性模量 $E_p=195$GPa，公称直径为15.2mm高强度低松弛钢绞线，其技术条件符合GB 5224《预应力混凝土用钢绞线》的规定。<br>(2) 管道形成：纵横预应力钢束孔道采用金属波纹管成孔。 | | | |

续表

| 项目工程名称 | 新建××至××铁路工程 | 建设单位 | ×× |
|---|---|---|---|
| 单位名称 | ××至××高架特大桥 | 施工单位 | 中铁×局集团有限公司<br>××至××铁路一项目部 |
| 交底部位 | 48m 简支梁预应力 | 交底日期 | ××××年×月×日 |

(3) 张拉锚固体系：采用符合国家标准、经铁道部产品认证中心认可的锚具及其配套产品。

(4) 纵向预应力锚具张拉端采用 M15－15 圆塔形锚具，固定端采用 M15－15PT 圆 P 形锚具，张拉千斤顶采用 YCW305B 纵向钢束管道采用金属波纹管成孔，金属波纹管内径 90mm，外径 97mm。

(5) 横向预应力钢束锚具张拉端采用 BM15－2 扁锚，固定端采用 BM15P－2 扁形锚具。

(一) 预应力体系组成

后张法预应力体系一般由夹片、锚板、锚环（磨阻锚具）、螺帽（承压锚）、锚垫板（喇叭管）、螺旋钢筋、波纹管、预应力钢筋等构成。如图 4－24 所示。

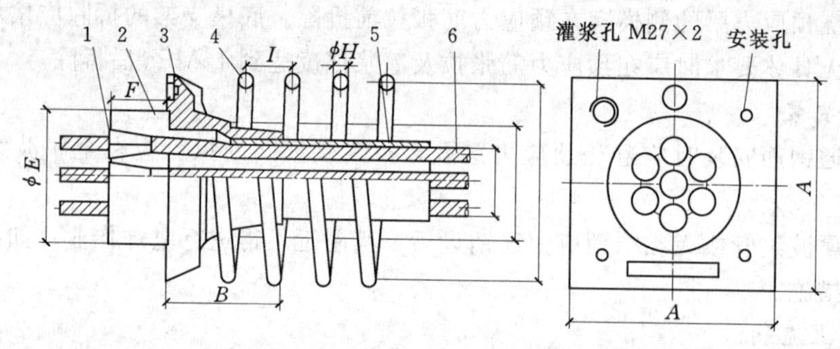


图 4－24　预应力体系组成

1—夹片；2—锚板；3—锚垫板；4—螺旋筋；5—波纹管；6—预应力筋

(二) 后张法预应力损失

在张拉过程中，由于施工工艺本身的限制，有一部分应力必然会损失，后张法预应力混凝土结构的预应力损失可以分两大部分：短期损失和长期损失。短期损失包括管道摩阻，锚口摩阻（与施工关系最大），锚具变形、钢筋回缩、锚具接缝压缩；长期损失包括混凝土收缩徐变、预应力筋松弛引起的损失。

1. 管道摩阻损失

管道摩阻损失的主要由摩擦引起的摩阻（摩擦系数 $\mu$）和管道偏差引起的摩阻（与管道长度有关）两部分构成，其影响损失的主要因素有摩擦系数（相对较稳定）、管道的长度、管道弯起的角度、直管道的平顺程度，其中管道弯起的角度、直管道的平顺程度与施工工艺及质量（定位情况及质量）关系密切，变化相对较大。

2. 锚口摩阻

锚口摩阻损失产生的原因如图 4－24 所示，影响锚口摩阻损失的主要因素有夹片的加工精度、限位高度、钢绞线的直径、分丝角度、喇叭口弹性压缩。

3. 锚具变形、钢筋回缩、锚具接缝压缩

张拉高应力导致锚具本身的变形、预应力钢筋锚固过程中预应力钢筋的滑动、回缩（无顶压夹片回缩小于 6mm，即限位板槽深减去锚固后夹片外露长度），及锚垫板接缝的压密。

4. 混凝土收缩徐变损失、预应力筋松弛

预应力钢筋应力松弛损失主要由钢绞线的原材料性能、加工工艺引起。混凝土收缩徐变损失主要影响因素包括混凝土的弹性模量、张拉龄期、混凝土的配合比（胶凝材料及骨料性能）、应力的大小、外界环境等。因此，需要控制终张拉时混凝土的弹性模量、龄期。

二、预应力体系施工工艺

预应力材料，包括预应力、钢筋、锚具及波纹管和铁皮管，进场后都应根据规范及要求进行检验，并分类堆码做好标识，防淋防锈。

续表

| 项目工程名称 | 新建××至××铁路工程 | 建设单位 | ×× |
|---|---|---|---|
| 单位名称 | ××至××高架特大桥 | 施工单位 | 中铁×局集团有限公司<br>××至××铁路一项目部 |
| 交底部位 | 48m 简支梁预应力 | 交底日期 | ××××年×月×日 |

（一）预应力管道安装

1. 纵向预应力安装

现浇梁为两向预应力体系，由于钢筋、管道密集，在浇筑混凝土时应加强捣固，不得出现空洞或漏捣，并注意养护，确保混凝土质量。如果预应力管道与普通钢筋在安装时发生冲突，原则上保证纵向预应力钢束管道位置不动。对普通钢筋进行局部调整，钢束管道位置用定位钢筋固定，定位网基本间距 50cm，在管道转折控制点处定位钢筋应做加密处理，（采用 30cm 间距），定位钢筋应牢固地焊接在钢筋骨架上，以确保预应力钢束的定位准确，并采取有效措施防止灌注混凝土时波纹管上浮、侧偏。

纵向和横向预应力管道均采用金属波纹管成孔，注意管道接头处理，施工中不得碰坏或压扁管道，以及焊接时烧坏波纹管。

安装后要检查管道线型是否圆顺，有局部折弯时要及时处理。锚具垫板尺寸应正确，锚具垫板平面与管道垂直并准确对中，千斤顶与垫板准确对中，以免张拉时发生滑丝、断丝现象。喇叭管与波纹管的衔接要平顺，不得出现漏浆和堵管现象。

波纹管节段间的接头应采用较制孔的波纹管大一号的同型波纹管，长度不得小于 30cm，接头两端应用密封胶带或塑料热缩管封裹，接头位置宜避开孔道弯曲处。

混凝土灌注完后，所有孔道必须经过检孔器检孔，保持孔道通畅。

2. 横向预应力筋安装

（1）两端距翼缘边的距离及锚垫板至约束圈的距离要符合规范要求。

（2）挤压头在与钢垫板贴紧。

（3）螺旋筋长度尺寸要准确、位置及方向要安装正确。

（4）定位网间下挠部分要用铁丝吊在顶板钢筋上。

（5）保持横向预应力筋线性顺直，横桥向要保持一条直线。

（6）张拉端和锚固段交错安装。

（二）预应力钢绞线的下料和穿束

钢绞线下料前应进行进场验收，应细致检查外观，发现劈裂重皮、小刺、折弯、油污等需进行处理。验收合格后，运至下料场地，装入防止钢绞线松盘的防护笼内。在下料平台上用标定过的钢尺严格按照各束要求下料长度准确测量并做标记后方可用砂轮锯切割，严禁用电弧切割。不得施行任何形式的热加工，严禁接触焊接火花或接地电流，并应采取适当措施将已下好料防潮防锈。

预应力钢绞线下料后应梳整编束。捆扎牢固，保持预应力筋顺直不扭转，编好的预应力筋应按编号分类存放。搬运时支点距离不得大于 3m，端部悬出长度不得大于 1.5m，不得出现死弯、沾上油渍和泥土。钢绞线穿束前，用空压机吹入压缩空气的办法清除孔道内的杂物及积水。

穿束时为了钢绞线不在孔道内顺序变乱或打拧，应将整束钢绞线的端部（先入孔道内的一端）应扎紧并裹缠胶布或套上弹头型壳帽，然后采用人工配合卷扬机将整束钢绞线穿入孔道中，调整两端外露钢绞线长度使其基本一致。

（三）预应力张拉及预应力锚固体系安装

1. 预应力张拉机具

（1）施加预应力前应对张拉设备进行核查。施加预应力所用的机具设备以及仪表应由专人使用和管理，并应定期（每月）维护和校验。千斤顶及其配套的油压表一起进行校验。每台油泵配套的压力表应有两块，在操作时一块作为备用。

（2）张拉机具设备应与锚具配套使用，并应在进场时进行检查和校验。对长期不使用的张拉机具设备，应在使用前进行全面校验。

2. 预应力张拉

（1）张拉方法和张拉顺序。

1）预施应力分阶段一次张拉完成。

2）预应力钢束张拉，截面左、右侧需同步对称进行，且同类型钢束伸长量也需相同，预防梁端因受较大剪力扭

续表

| 项目工程名称 | 新建××至××铁路工程 | 建设单位 | ×× |
|---|---|---|---|
| 单位名称 | ××至××高架特大桥 | 施工单位 | 中铁×局集团有限公司<br>××至××铁路一项目部 |
| 交底部位 | 48m简支梁预应力 | 交底日期 | ××××年×月×日 |

而开裂。张拉顺序先张拉纵向预应力，再张拉横向预应力；先腹板后底板。

3）纵向钢束采用单端张拉，张拉端相同编号钢束须沿截面中心线对称张拉。

4）待梁体混凝土强度等级达到95%，弹性模量达到100%以上且期龄不小于5天张拉纵向预应力第一批钢束，钢束张拉顺序依次为N8、N6、N1、N4；待梁体混凝土强度等级及弹性模量达到设计值，且期龄不小于10天张拉第二批钢束，钢束张拉顺序依次为N7、N5、N3、N2。

5）预施应力采用双控措施，预施应力值以油表读数为主，以预应力筋伸长值进行校核。预应力筋张拉前应计算每一束预应力筋的理论伸长值，作为张拉时与预应力筋实际伸长值的对比依据。实际伸长值与理论伸长值的差值应控制在±6%以内。

（2）预应力锚固体系安装。

1）张拉前高空部位必须搭设操作平台，张拉操作平台要有足够承受张拉设备和人员荷载的能力。

2）预应力锚固体系安装前先清除锚具与锚垫板接触处的焊渣、毛刺、混凝土残渣，并检查锚固混凝土的密实性。

3）安装锚具工作锚板必须对中，夹片均匀打紧并外露一致；千斤顶上的工具锚孔位与构件端部工作锚孔位排列一致，以防钢绞线在千斤顶穿心孔内打叉。

4）张拉设备安装时，直线预应力筋，张拉力的作用线与孔道中心线必须重合；曲线预应力筋，张拉力的作用线必须与孔道末端中心线的切线重合。

5）竖向预应力张拉前先选择配套的连接器，将垫板与螺母安装在构件端头，安装时注意排气槽不能装反。

6）张拉程序如下：0→初始应力（终张拉控制应力的20%，测钢绞线伸长值并做标记，测工具夹片外露量→张拉控制应力（测钢绞线伸长值，测工具锚夹片外露量）→持荷5min，并校核到张拉控制应力箭头回油锚固（测总回缩量，测工具锚夹片外露量）。

（3）注意事项。

1）加卸荷过程中必须均匀缓慢。

2）伸长量测点标记要细、始终如一，读数精确到0.1mm。

3）张拉过程中要尽量使两端伸长量接近一致，如相差过大可暂停伸长量大的一端。

4）注意千斤顶的行程要留有余地（一般额定行程为200mm）如果行程不够需进行倒顶。

5）退顶后应检查锚固情况，如需重新锚固时则应先将缸体伸出50mm左右后再装工具锚进行张拉。

6）钢绞线张拉锚固后，应做回缩标记。

7）油泵内贮油量，最高液面距箱顶距离不要超过30mm，便于泵内各轴承的润滑和冷却；最低液面距箱底不得少于100mm，以免吸空。

8）如在张拉过程中出现了钢绞线断丝情况，应立即停止张拉，用单索顶从一端退出钢绞线，重新更换。

三、预应力孔道压浆

（1）管道压浆前，对采用的压浆料进行试配。每方各项材料用量和水胶比由试验报告确定。水泥浆应满足表4-3要求。

**表4-3　　水泥浆应满足的要求**

| 序号 | 检验项目 | | 指标 |
|---|---|---|---|
| 1 | 凝结时间/h | 初凝 | ≥5 |
| 2 | | 终凝 | ≤24 |
| 3 | 流动度/s | 出机流动度 | 10～17 |
| 4 | | 30min流动度 | 10～20 |
| 5 | 泌水率/% | 24h自由泌水率 | 0 |
| 6 | | 3h钢丝间泌水率 | 0 |

续表

| 项目工程名称 | 新建××至××铁路工程 | 建设单位 | ×× |
|---|---|---|---|
| 单位名称 | ××至××高架特大桥 | 施工单位 | 中铁×局集团有限公司<br>××至××铁路一项目部 |
| 交底部位 | 48m简支梁预应力 | 交底日期 | ××××年×月×日 |

续表

| 序号 | 检验项目 | | 指标 |
|---|---|---|---|
| 7 | 压力泌水率/% | 0.22MPa<br>当孔道垂直度≤1.8m时 | ≤2.0 |
| 8 | | 0.38MPa<br>当孔道垂直度>1.8m时 | |
| 9 | 充盈度 | | 合格 |
| 10 | 7d强度/MPa | 抗折 | ≥6 |
| 11 | | 抗压 | ≥40 |
| 12 | 28d强度/MPa | 抗折 | ≥10 |
| 13 | | 抗压 | ≥50 |
| 14 | 24h自由膨胀率/% | | 0～3 |
| 15 | 对钢筋的腐蚀作用 | | 无腐蚀 |

(2) 浆体搅拌前，必须清洗施工设备，不得有残渣。清理后，湿润施工设备，随后排除设备中多余的积水，使设备中无可见明水。并检查搅拌机的过滤网，在压浆料由搅拌机进入储料罐时，须经过过滤网，过滤网空格不得大于3mm×3mm。水泥浆拌制材料投放顺序：水→外加剂→水泥，拌制5min。

(3) 水泥浆应随拌随用，置于储浆罐，置于储浆罐的浆体应持续搅拌。从拌制到压入孔道的时间间隔一般不应超过40min。

(4) 工艺流程：拌浆→取样→浆液过滤1.2mm孔筛→开阀压浆→压力表上升至0.6～0.7MPa后持荷2～5min(竖向筋为0.3～0.4MPa)。

(5) 孔道压浆采用真空辅助压浆，真空泵性能应能达到0.1MPa的负压力。压浆前应用真空泵将孔道抽到真空度−0.06～−0.1MPa，并应在真空度稳定后立即开启进浆阀门以0.6MPa压力进行连续压浆，待真空端透明胶管内流出的浆体稠度与压入端一致时关闭抽真空阀门及真空泵，继续按0.6MPa压机保压不少于3min，然后关闭压浆口阀门，使孔道内维持正压力真至水泥浆凝固。

(6) 孔道压浆应在预应力筋张拉后24h内完成，特殊情况时必须在48h内完成，并应按先纵向、再竖向、后横向顺序进行施工，竖向预应力孔道应从最低点开始压浆。同一孔道压浆应连续一次完成，以免串到临近孔道的水泥浆凝固、堵塞孔道；不能连续压浆时，后压的孔道先用压力水冲洗通畅。

(7) 孔道压浆顺序应自下而上。竖向孔道压浆应有下端进浆孔压入，压力应达到0.3～0.4MPa，上升不宜太快，待顶部出浆槽口流出浓浆后，堵死槽口，然后关闭压浆阀，待水泥浆终凝后方可预拔压浆机出浆阀门。

(8) 压浆时浆体温度应为5～30℃，压浆及压浆后3d内，梁体及环境温度不得低于5℃，否则应采取保温措施以满足要求。在环境温度高于35℃时，选择温度较低的时间施工，如在夜间进行。在环境温度低于5℃时，应按冬期施工处理，可适当增加引气剂，含气量通过试验确定，不宜在压浆剂中使用防冻剂。

(9) 压浆后应从检查孔抽查压浆的密实情况，如有不实，应及时处理和纠正。压浆时每班留取不少于3组的7.07cm×7.07cm×7.07cm的立方体试件，标养28d，检查其抗压强度，并作为评定水泥浆质量的依据。

(10) 压浆机具、胶管、阀门等应在压浆完毕后清洗干净，压浆时对梁体及模板挂蓝的污染要及时洗净，底板上的灰浆要及时清除。

四、梁端封锚

(1) 封锚混凝土采用C55收缩补偿混凝土，封锚在注浆后进行。

(2) 封锚前应先凿毛梁体端面混凝土，保证封端混凝土与梁体混凝土结合成整体，封锚钢筋应与锚垫板焊接或利用锚具安装孔固定一端带螺纹，一端带钩的钢筋形成钢筋骨架，封锚前应采用液态阻锈剂涂刷锚头后方能封锚，封锚后混凝土表面采用涂刷防水材料等进行防水。

(3) 待封锚混凝土初凝后，应采用保温、保湿养护。

# 学习单元三　无黏结预应力混凝土施工

无黏结预应力施工又称为后张无黏结预应力施工，是在混凝土浇筑前将预应力筋铺设在模板内，然后浇筑混凝土，待混凝土达到设计规定强度后进行预应力筋的张拉锚固的施工方法。

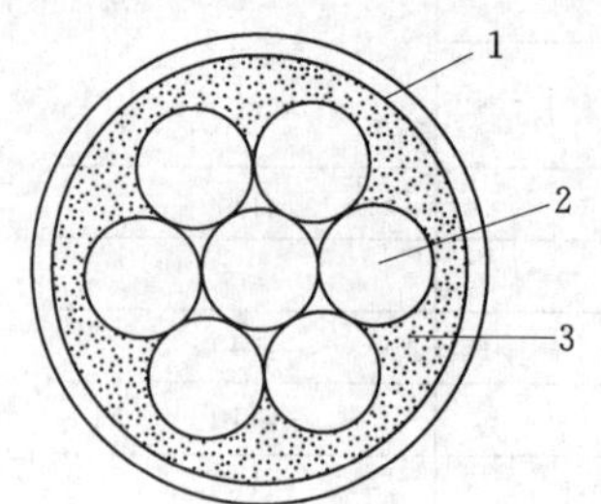


图 4-25　无黏结预应力筋截面

1—塑料管；2—钢绞线或钢丝束；3—防腐润滑油脂

无黏结预应力筋一般由钢绞线或 7Φ5 高强钢丝组成的钢丝束，通过专用设备涂包防腐油脂和塑料套管而构成的一种新型预应力筋，其截面如图 4-25 所示。

## 一、施工特点

无黏结预应力施工的特点有：施工工艺简便，预应力筋可以直接铺放在混凝土构建中，无需铺设波纹管和灌浆施工，施工工艺比有黏结预应力施工简便；预应力筋都是单根筋锚固，组装张拉端比较容易；预应力筋的张拉都是逐根进行的，张拉设备轻便；预应力筋耐腐蚀性优良。通常单根无黏结预应力筋直径较小，在板、扁梁结构构件中容易形成二次抛物线形状，能够更好地发挥预应力筋的作用。因此，后张无黏结预应力较适合楼盖体系。

## 二、施工工艺

后张无黏结预应力施工工艺为：预应力筋制作→预应力筋安放与绑扎→浇筑混凝土→养护至张拉强度→张拉预应力筋并锚固。

### 1. 无黏结预应力筋的下料和搬运

无黏结预应力筋下料应依据施工图纸，同时还要考虑预应力筋的曲线长度、张拉设备操作时张拉端的预留长度等。无黏结预应力筋下料切断应用砂轮锯切割，不得使用电气焊切割。下料时，一般情况下不需要考虑无黏结预应力筋的曲线长度影响，但当梁的高度大于 1000mm 或者多跨连续梁下料时则需要考虑预应力曲线对下料长度的影响。

吊装搬运无黏结预应力筋时，应整盘包装吊装搬运，搬运时要防止外皮出现破损。在搬运过程中严禁采用钢丝绳或者其他坚硬吊具直接勾吊无黏结预应力筋，以免预应力筋勒出死弯，一般采用吊装带或尼龙绳进行勾吊。

为了放置泥水污染预应力筋，避免外皮破损和锚具锈蚀，堆放预应力筋时，下边要放置垫木，保存放在干燥平整的地方，在夏季施工时要尽量避免阳光的暴晒。

### 2. 无黏结预应力筋的铺设

(1) 板中无黏结预应力筋的铺放。

无黏结预应力筋在平板结构中一般为双向配置，因此其铺设顺序很重要。一般是根据双向钢丝束交点的标高差，绘制钢丝束的铺设顺序图，底层钢丝束先行铺设，然后依次铺设上层钢丝束，这样可以避免钢丝束之间的相互穿插。用短钢筋或混凝土垫块等架起来控制标高，再用铁丝将无黏结预应力筋与非预应力筋绑扎牢固，防止钢丝束在浇筑混凝土施

工过程中位移。若有曲线形状，则用钢筋制成的“马凳”来架设。一般施工顺序是依次放置间距不大于2m的钢筋马凳，然后按顺序铺设钢丝束，钢丝束就位后，调整曲率及其水平位置，经检查无误后，用铁丝将无黏结预应力筋与非预应力筋绑扎牢固。

(2) 梁无黏结预应力筋的铺放。

无黏结预应力筋在梁中的铺放，主要有设置架立筋、铺放预应力筋和梁柱节点张拉端设置等步骤。

架立筋应按照施工图要求位置就位并固定，以保证预应力筋的矢高准确、曲线顺滑，架立筋的设置间距不应大于1.5m。无黏结预应力筋在铺设过程中应防止绞扭在一起，为保持预应力筋的顺直，梁中的无黏结预应力筋应成束设计，且应绑扎固定，以免在浇筑混凝土过程中预应力筋移位。通过梁柱节点处的无黏结预应力筋，张拉端应设置在柱子上，根据柱配筋情况可采用凹入式或凸出式节点构造。

(3) 张拉端与固定端节点的安装。

无黏结预应力筋的位置应按照施工图中规定在张拉端模板上钻孔，张拉端的承压板可采用钉子固定在端模板上或用点焊固定在钢筋上。当张拉端采用凹入式做法时，可采用塑料穴模或泡沫塑料、木块等形成凹槽。无黏结预应力曲线筋或折线筋末端的切线应与承压板相垂直，曲线段的起始点至张拉锚固点应有不小于300mm的直线段。

锚固端挤压锚具应放置在梁支座内。螺旋筋应紧贴锚固端承压板位置放置并绑扎牢固。

3. 混凝土的浇筑与振捣

在无黏结预应力筋铺放完成之后，经施工单位、质量检查部门、监理单位、建设单位进行隐蔽检查验收并确认合格后，方可浇筑混凝土。

混凝土浇筑时要振捣密实，特别是承压板、锚板周围的混凝土严禁漏振，并且不得有蜂窝麻面现象出现，保证密实。浇筑时应同时制作混凝土试块2～3组，试块应同条件养护，作为张拉前的混凝土强度依据。

混凝土浇筑后2～3天可以开始拆除张拉端部模板，并清理张拉端，为张拉做准备。

4. 无黏结预应力筋的张拉

同条件养护的混凝土试块达到设计要求强度后（如无设计要求，不应低于设计强度的75%）方可进行预应力筋的张拉。张拉程序等有关要求基本上与有黏结后张法相同。

无黏结预应力混凝土楼盖结构宜先张拉楼板，后张拉楼面梁。板中的无黏结筋，可依次张拉。梁中的无黏结筋宜对称张拉。常用的张拉设备一般采用前卡式千斤顶单根张拉，并用单孔夹片锚具锚固。

当施工需要超张拉时，无黏结预应力筋的张拉程序宜为：从应力为零开始拉至预应力筋张拉控制应力$\sigma_{con}$的1.03倍后锚固。此时，最大张拉应力应不大于钢绞线抗拉强度标准值的80%。

张拉时应注意梁板下的支撑在预应力筋张拉前严禁拆除，待该梁板预应力筋全部张拉后方可拆除；对于两端张拉的预应力筋，两个张拉端应分别按程序张拉；当无黏结曲线预应力筋长度超过30m时，宜采取两端张拉，当筋长超过60m时宜采取分段张拉。

无黏结预应力筋锚固后的外露长度不小于30mm，多余部分用砂轮锯或液压剪等机械切割，不得使用电弧切割。

对于外露锚具与锚垫板表面，应涂防锈漆或环氧涂料。在锚具端头涂防腐润滑油脂后，罩上封端塑料盖帽。对凹入式锚固区，锚具表面经上述处理后，再用微膨胀混凝土或低收缩防水砂浆密封。对凸出式锚固区，可采用外包钢筋混凝土圈梁封闭。对留有后浇带的锚固区，可采取二次混凝土浇筑的方法封锚。如图4－26锚头端部处理方法。

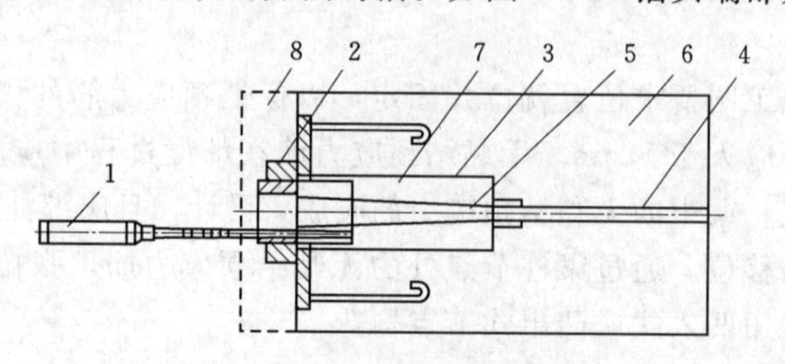


图4－26　锚头端部处理方法

1—油枪；2—锚具；3—端部孔道；4—有涂层的无黏结预应力筋；5—无涂层的端部钢丝；6—构件；7—注入孔道的油脂；8—混凝土封闭

## 【习题】

1. 简述预应力混凝土的概念及特点。
2. 试述先张法预应力混凝土的主要施工工艺过程。
3. 试述后张法预应力混凝土的主要施工工艺过程。
4. 后张法孔道灌浆有何作用？对灌浆材料有何要求？如何设置灌浆孔？